Dreifach Mathe 7

Lösungen zum Schulbuch

Cornelsen

Inhaltsverzeichnis

Seite 8 ▶ Wissen — Proportionale Zuordnungen

1

: 2 · 2 · 3

Anzahl der Erwachsenen	1	2	4	6
Eintritt zusammen (in €)	9	18	36	54

: 2 · 2 · 3

2

Anzahl der Erwachsenen	1	2	4	6
Eintritt zusammen (in €)	9	18	36	54
	9 : 1 = 9	18 : 2 = 9	36 : 4 = 9	54 : 6 = 9

Der Proportionalitätsfaktor ist 9.

Seite 9 ▶ Üben — Proportionale Zuordnungen

1

a)

· 2 · 2 · 2

Anzahl Flaschen	1	2	4	8
Preis (in €)	3	6	12	24

· 2 · 2 · 2

Zum Doppelten der Ausgangsgröße gehört immer das **Doppelte** der zugeordneten Größe.

b)

· 3 · 3 · 3

Anzahl der Melonen	1	3	9	27
Gewicht (in kg)	2	6	18	54

· 3 · 3 · 3

Zum **Dreifachen** der Ausgangsgröße gehört immer das **Dreifache** der zugeordneten Größe.

c)

· 2 · 2 · 2

Gewicht (in kg)	1	2	4	8
Preis (in €)	0,90	1,80	3,60	7,20

· 2 · 2 · 2

Zum **Doppelten** der Ausgangsgröße gehört immer **das Doppelte der zugeordneten Größe**.

2

a) Die Zuordnung *Anzahl der Hefte → Preis* ist proportional, wenn jedes Heft gleich viel kostet.

b) Die Zuordnung *Anzahl der Kinder → Anzahl der Kekse* ist proportional, wenn jedes Kind gleich viele Kekse hat oder bekommt.

c) Die Zuordnung *Anzahl der Stunden → Mietpreis für ein Auto* ist proportional, wenn jede Stunde gleich viel kostet (und der Mietpreis nur von der Dauer abhängt).

3

a)

Anzahl der Dosen	1	2	3
Preis (in €)	2	4	6
	2 : 1 = 2	4 : 2 = 2	6 : 3 = 2

Der Proportionalitätsfaktor ist 2.

b)

Anzahl der CDs	1	2	3	4
Preis (in €)	8	16	24	32
	8 : 1 = 8	16 : 2 = 8	24 : 3 = 8	32 : 4 = 8

Der Proportionalitätsfaktor ist 8.

Seite 9 ▶ Üben — Proportionale Zuordnungen

4 **a)** Die Zuordnung ist proportional, denn die Punkte liegen auf einer Geraden, die durch den Ursprung geht.

b) Die Zuordnung ist nicht proportional, denn die Punkte liegen auf einer Geraden, die nicht durch den Ursprung geht.

c) Die Zuordnung ist nicht proportional, denn die Punkte liegen auf einer Geraden, die nicht durch den Ursprung geht.

d) Die Zuordnung ist proportional, denn die Punkte liegen auf einer Geraden, die durch den Ursprung geht.

5 **a)**

Anzahl der Shorts	1	2	3	4
Preis (in €)	10	20	30	40

b)

Anzahl der T-Shirts	1	2	3	4
Preis (in €)	7	14	21	28

c)

Anzahl der Karten	1	2	4	6
Preis (in €)	2,50	5,00	7,50	10,00

6 **a)** Der Proportionalitätsfaktor ist 2, denn 2 : 1 = 4 : 2 = 6 : 3 = 8 : 4 = 2.

b) Der Proportionalitätsfaktor ist 0,5, denn 0,5 : 1 = 1 : 2 = 1,5 : 3 = 2 : 4 = 0,5.

c) Der Proportionalitätsfaktor ist 4, denn 4 : 1 = 8 : 2 = 12 : 3 = 16 : 4 = 4.

7

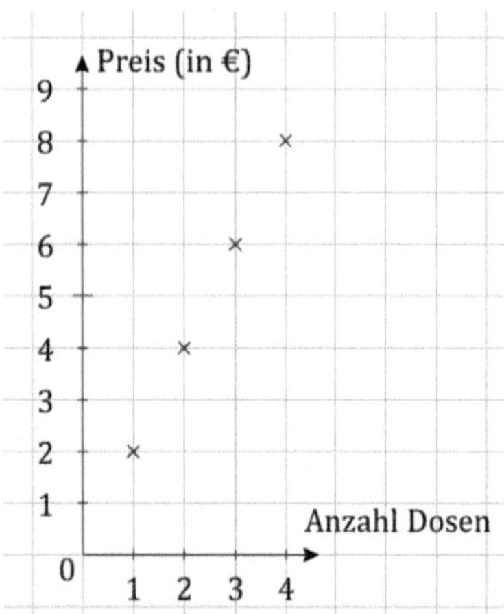

Seite 10 ▶ Üben — Proportionale Zuordnungen

1 **a)**

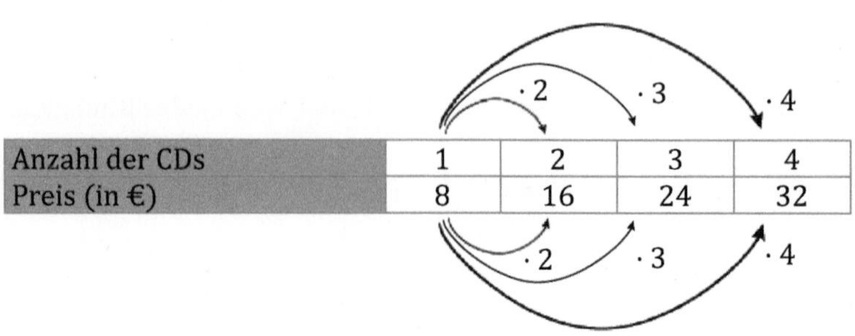

Anzahl der CDs	1	2	3	4
Preis (in €)	8	16	24	32

Die Zuordnung ist proportional.

b) Die Zuordnung ist nicht proportional, weil die Wertepaare nicht quotientengleich sind.

Seite 10 ▶ Üben ☒ — Proportionale Zuordnungen

1 ⇨ Fortsetzung

c)

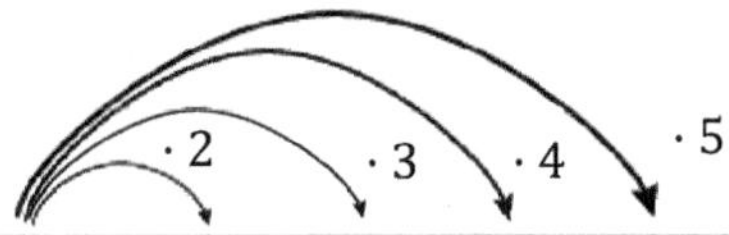

Anzahl der Pakete	1	2	3	4	5
Preis (in €)	2	4	6	8	10

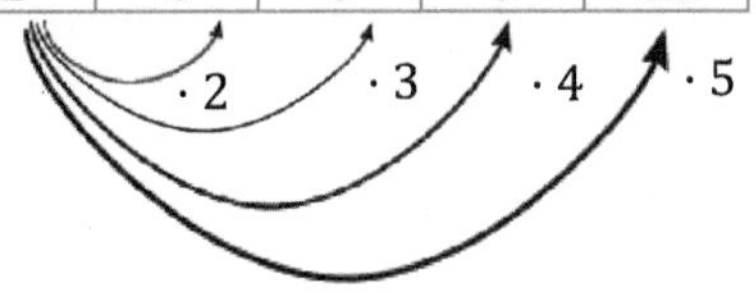

Die Zuordnung ist proportional.

d) Die Zuordnung ist nicht proportional, weil die Wertepaare nicht quotientengleich sind.

2 **a)** Die Zuordnung ist proportional, wenn jede CD gleich viel kostet.

b) Die Zuordnung ist nicht proportional, denn mit doppeltem Alter ist ein Mensch nicht doppelt so schwer.

c) Die Zuordnung ist proportional, wenn alle Bücher gleich dick sind.

d) Die Zuordnung ist proportional, wenn jeder Apfel gleich viel kostet.

3 **a)**

Gewicht (in kg)	1	2	3	4
Preis (in €)	11	22	33	44
	11 : 1 = 11	22 : 2 = 11	33 : 3 = 11	44 : 4 = 11

Der Proportionalitätsfaktor ist 11.

b)

Anzahl der Kisten	1	2	3	4
Preis (in €)	7	16	27	40
	7 : 1 = 7	16 : 2 = 8	27 : 3 = 9	40 : 4 = 10

Die Wertepaare sind nicht quotientengleich.

c)

Strecke (in km)	1	2	3	4	5
Zeit (in min)	1,5	3	4,5	6	7,5
	1,5 : 1 = 1,5	3 : 2 = 1,5	4,5 : 3 = 1,5	6 : 4 = 1,5	7,5 : 5 = 1,5

Der Proportionalitätsfaktor ist 1,5.

4 **a)** Die Darstellung gehört nicht zu einer proportionalen Zuordnung, weil die Punkte nicht auf einer Geraden liegen.

b) Die Darstellung gehört nicht zu einer proportionalen Zuordnung, weil die Gerade nicht durch den Ursprung geht.

5 **a)**

Anzahl der T-Shirts	1	2	3	4	5
Preis (in €)	13	26	39	52	65

b)

Anzahl der Dosen	1	2	3	4
Gewicht (in kg)	$\frac{1}{2}$	1	$1\frac{1}{2}$	2

c)

Anzahl der Bretter	1	2	3	4
Höhe (in cm)	15	30	45	60

6 **a)** Der Proportionalitätsfaktor ist 2, denn 10 : 5 = 20 : 10 = 30 : 15 = 40 : 20 = 2.
Der Proportionalitätsfaktor gibt an, wie hoch ein Buch ist.

b) Der Proportionalitätsfaktor ist 0,5, denn 0,25 : 1 = 0,5 : 2 = 0,75 : 3 = 1 : 4 = ... = 2 : 8 = 0,25.
Der Proportionalitätsfaktor gibt an, wie teuer ein Keks ist.

c) Der Proportionalitätsfaktor ist 1,5, denn 1,5 : 1 = 3 : 2 = 4,5 : 3 = 1,5.
Der Proportionalitätsfaktor gibt an, wie teuer ein Kilogramm ist.

Seite 10 ▶ Üben ☒ Proportionale Zuordnungen

7

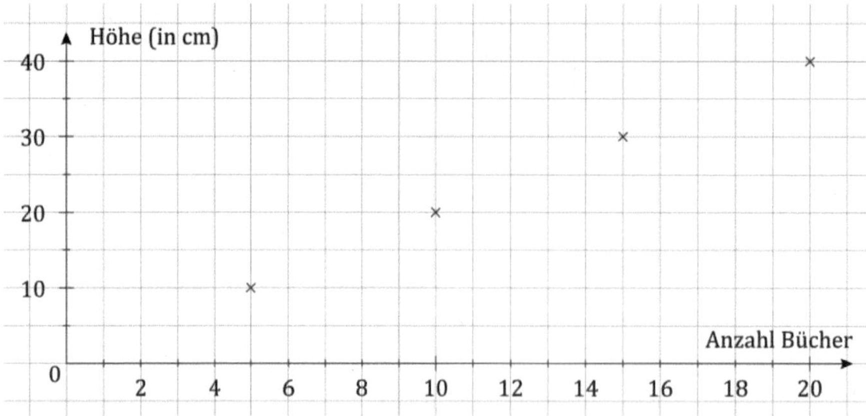

8 **a)**

Anzahl der Münzen	1	2	3	4	5	6	7	8	9	10
Gewicht (in g)	2,3	**4,6**	**6,9**	**9,2**	**11,5**	**13,8**	**16,1**	**18,4**	**20,7**	**23**

b)

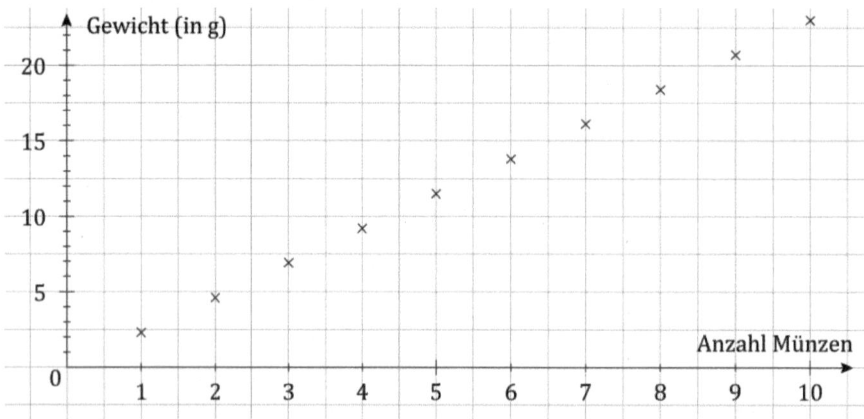

9 Zeichenübung

a) Ja, denn verdoppelt sich die Seitenlänge, dann verdoppelt sich auch der Umfang. Der Proportionalitätsfaktor ist 4.

Seitenlänge (in cm)	1	2	3	4	5	6	...
Umfang (in cm)	4	8	12	16	20	24	

b) Nein, denn verdoppelt sich die Seitenlänge, dann vervierfacht sich der Flächeninhalt.

Seitenlänge (in cm)	1	2	3	4	5	6	...
Flächeninhalt (in cm^2)	1	4	9	16	25	36	

Seite 11 ▶ Üben ☒ Proportionale Zuordnungen

1 a) Die Zuordnung ist nicht proportional, denn eine Verdopplung der Personenanzahl führt nicht zu einer Verdopplung des Preises.

b) Die Zuordnung ist proportional. Der Proportionalitätsfaktor ist 0,5.

c) Die Zuordnung ist proportional. Der Proportionalitätsfaktor ist 8.

d) Die Zuordnung ist proportional. Der Proportionalitätsfaktor ist 1,2.

2 **a)** Die Zuordnung *Anzahl der Äpfel → Gewicht* ist proportional, wenn alle Äpfel gleich viel wiegen.

b) Die Zuordnung *Anzahl der Bücher → Höhe des Stapels* ist proportional, wenn alle Bücher gleich dick sind.

c) Die Zuordnung *Entfernung zum Ziel → Fahrzeit zum Ziel* ist proportional, wenn sich die Fahrgeschwindigkeit nicht ändert.

d) Die Zuordnung *Anzahl der Mathe-Aufgaben → Zeit, um die Aufgaben zu lösen* ist proportional, wenn man für die Lösung bei jeder Aufgabe die gleiche Zeit benötigt.

Seite 11 ▶ Üben ☒ Proportionale Zuordnungen

3 a)

Anzahl der Bücher	1	2	3	4	5
Preis (in €)	9	18	27	36	45

Der Proportionalitätsfaktor ist 9.

b)

Gewicht (in kg)	1	2	3	4
Preis (in €)	1,90	3,80	5,70	7,60

Der Proportionalitätsfaktor ist 1,9.

c)

x	1	2	3	4
y	2,5	5	7,5	10

Der Proportionalitätsfaktor ist 2,5.

d)

x	1	2	3	4
y	7,5	15	22,5	30

Der Proportionalitätsfaktor ist 7,5.

4 a)

x	0	1	2	3	4	5
y	0	1,1	2,2	3,3	4,4	5,5

Der Proportionalitätsfaktor ist 1,1.

b) Individuell verschieden, z. B. *Anzahl Mehrkornbrötchen → Preis (in €)*

c) Ja, weil die Punkte auf einer Gerade liegen, die durch den Nullpunkt geht. Bei dem Beispiel ergibt es aber keinen Sinn, weil man zum Beispiel nicht 1,5 Brötchen kaufen kann.

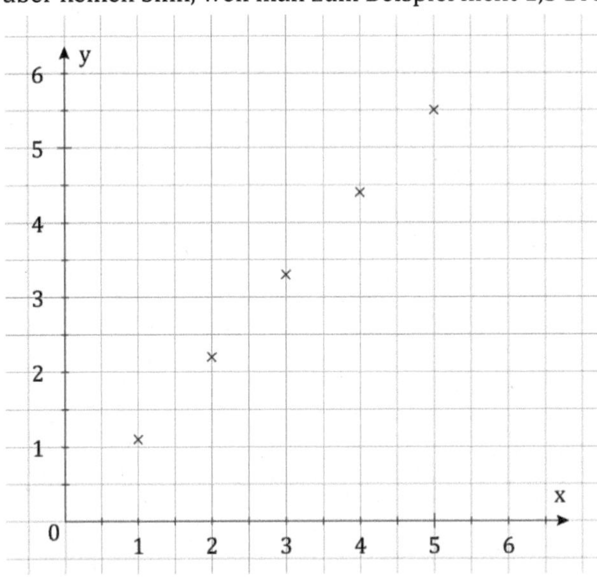

5 a) Die Zuordnung *Menge an Farbe → Gesamtpreis* ist proportional, wenn es keinen Mengenrabatt gibt. Die Zuordnung *Menge an Farbe → gestrichene Fläche* ist proportional, wenn gleichmäßig gestrichen wird; wenn also für jede Fläche die gleiche Menge Farbe benötigt wird.

b) Der Proportionalitätsfaktor für die Zuordnung *Menge an Farbe → Gesamtpreis* ist 2,5, denn 31,25 : 12,5 = 2,5. Er bedeutet, dass ein Liter Farbe 2,50 € kostet. Der Proportionalitätsfaktor für die Zuordnung *Menge an Farbe → gestrichene Fläche* ist 6, denn 75 : 12,5 = 6. Er bedeutet, dass man mit einem Liter Farbe eine Wandfläche von 6 m^2 streichen kann.

6 a) Die Aussage ist falsch, denn die Verdopplung des ersten Wertes muss zu einer Verdopplung des zweiten Wertes führen. Somit gehört das Wertepaar (2 | 4) zu dieser Zuordnung.

b) Die Aussage ist richtig, denn 3 : 2 = 1,5.

c) Die Aussage ist falsch, weil die Gerade außerdem noch durch den Ursprung verlaufen muss. Zum Beispiel ist die Zuordnung mit den Wertepaaren (0|1) und (1|2) nicht proportional.

d) Die Aussage ist richtig, da der Graph nicht durch den Ursprung verläuft. Also kann die Zuordnung nicht proportional sein.

7 a) Addiert man zwei x-Werte, so ist der Summe der x-Werte die Summe der zugehörigen y-Werte zugeordnet.

Seite 11 ▶ Üben ☒ — Proportionale Zuordnungen

7 ⇨ Fortsetzung

b)

x	1	2	3	5	8
y	27	54	27 + 54 = **81**	54 + 81 = **135**	81 + 135 = **216**

x	1	5	6	11	16
y	81	405	81 + 405= **486**	405 + 486 = **891**	405 +891= **1296**

8

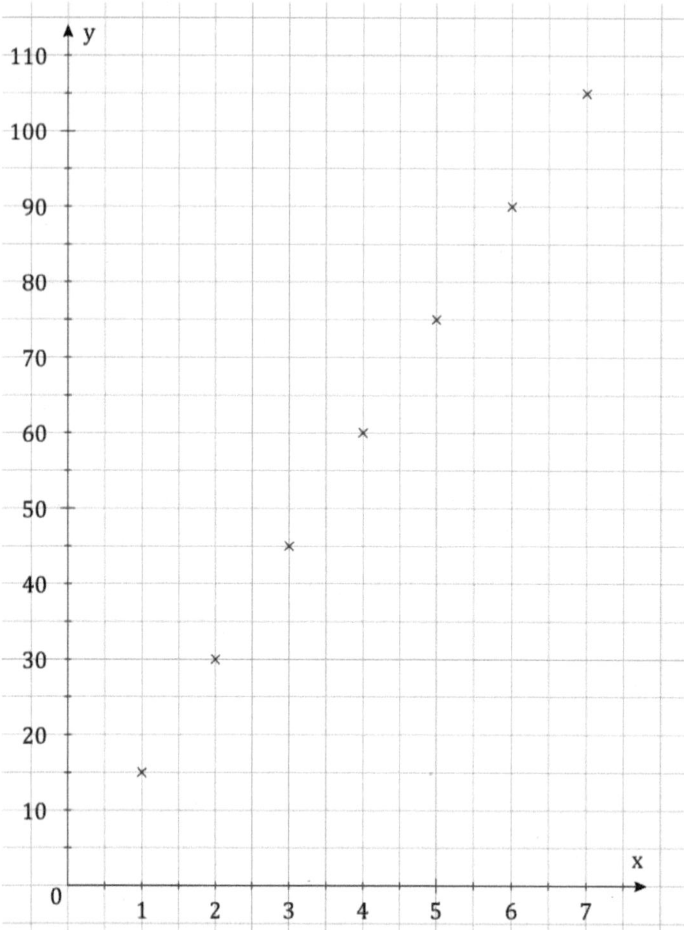

Seite 12 ▶ Wissen — Dreisatz bei proportionalen Zuordnungen

1

	Anzahl	Preis (in €)	
	2	2,40	
: 3			: 3
	6	7,20	

Sechs Kugeln Eis kosten 7,20 €.

2

	Anzahl	Preis (in €)	
	2	2,40	
: 2			: 2
	1	1,20	
· 5			· 5
	5	6,00	

Fünf Kugeln Eis kosten 6,00 €.

Seite 13 ▶ Üben

Dreisatz bei proportionalen Zuordnungen

1 a)

Anzahl	Gewicht (in kg)
2	5
4	**10**

(· 2 / · 2)

b)

Anzahl	Gewicht (in kg)
2	7
6	**21**

(· 3 / · 3)

c)

Anzahl	Höhe (in cm)
2	3
10	**15**

(· 5 / · 5)

d)

Gewicht (in kg)	Preis (in €)
3	2
12	**8**

(· 4 / · 4)

2 a)

Anzahl	Preis (in €)
3	9
6	18

(· 2 / · 2)

Sechs Paar Socken kosten **18** €.

b)

Anzahl	Preis (in €)
10	2
40	8

(· 4 / · 4)

40 Tüten Brausepulver kosten **8** €.

c)

Anzahl	Preis (in €)
2	10
12	60

(· 6 / · 6)

Zwölf Zeitschriften kosten **60** €.

3 a)

Gewicht (in kg)	Preis (in €)
3	15
1	5

(: 3 / : 3)

Ein Kilogramm Äpfel kostet 5 €.

b)

Anzahl	Preis (in €)
5	20
1	4

(: 5 / : 5)

Ein Heft kostet 4 €.

c)

Anzahl	Preis (in €)
4	4,80
1	1,20

(: 4 / : 4)

Eine Flasche Apfelsaft kostet 1,20 €.

d)

Anzahl	Preis (in €)
2	2,20
1	1,10

(: 2 / : 2)

Eine Kugel Eis kostet 1,10 €.

4 a)

Anzahl	Preis (in €)
2	6
1	**3**
5	**15**

(: 2 / : 2; · 5 / · 5)

b)

Gewicht (in kg)	Preis (in €)
4	20
1	**5**
9	**45**

(: 4 / : 4; · 9 / · 9)

Seite 13 ▶ Üben **Dreisatz bei proportionalen Zuordnungen**

4 ⇨ Fortsetzung

c)

	Anzahl	Preis (in €)	
	6	54	
: 6			: 6
	1	**9**	
· 4			· 4
	4	**36**	

d)

	Zeit (in h)	Strecke (in km)	
	3	36	
: 3			: 3
	1	**12**	
· 5			· 5
	5	**60**	

e) 2 Stifte kosten 6 €. 1 Stift kostet 3 €. 5 Stifte kosten 15 €.

5 a)

	Zeit (in h)	Strecke (in km)	
	2	12	
: 2			: 2
	1	6	
· 3			· 3
	3	18	

Er wandert in 3 Stunden **18** km.

b)

	Anzahl	Klebstoff (in g)	
	4	80	
: 4			: 4
	1	20	
· 3			· 3
	3	60	

3 Klebestifte enthalten **60** g Klebstoff.

c)

	Anzahl	Höhe (in cm)	
	4	6	
: 4			: 4
	1	1,5	
· 10			· 10
	10	15	

Ein Stapel mit 10 Büchern ist **15** cm hoch.

6 a) Kokosmilch und Ananassaft:

	Anzahl	Menge (in ml)	
	4	400	
: 4			: 4
	1	100	

Orangensaft:

	Anzahl	Menge (in ml)	
	4	200	
: 4			: 4
	1	50	

Schlagsahne:

	Anzahl	Menge (in g)	
	4	100	
: 4			: 4
	1	25	

Chai benötigt für einen Cocktail 100 ml Kokosmilch, 100 ml Ananassaft, 50 ml Orangensaft und 25 g Schlagsahne.

b) Kokosmilch und Ananassaft:

	Anzahl	Menge (in ml)	
	1	100	
· 10			· 10
	10	1000	

Orangensaft:

	Anzahl	Menge (in ml)	
	1	50	
· 10			· 10
	10	500	

Schlagsahne:

	Anzahl	Menge (in g)	
	1	25	
· 10			· 10
	10	250	

Chai benötigt für 10 Cocktails 1000 ml (= 1 ℓ) Kokosmilch, 1000 ml (= 1 ℓ) Ananassaft, 500 ml (= 0,5 ℓ) Orangensaft und 250 g Schlagsahne.

Seite 14 ▶ Üben ☒ Dreisatz bei proportionalen Zuordnungen

1 a)

	Anzahl	Gewicht (in kg)	
· 3	2	8	· 3
	6	**24**	

b)

	Gewicht (in kg)	Preis (in €)	
· 4	2	9	· 4
	8	**36**	

c)

	Anzahl	Preis (in €)	
· 5	3	14	· 5
	15	**70**	

d)

	Anzahl	Höhe (in cm)	
· 10	4	0,7	· 10
	40	**7**	

e)

	Anzahl	Preis (in €)	
· 4	2	9,60	· 4
	8	**38,40**	

2 a)

	Anzahl	Gewicht (in g)	
· 6	2	8	· 6
	12	48	

12 Münzen wiegen 48 g.

b)

	Anzahl	Preis (in €)	
· 3	3	2,40	· 3
	9	7,20	

9 Tafeln Schokolade kosten 7,20 €.

c)

	Anzahl	Preis (in €)	
· 10	2	2,40	· 10
	20	24,00	

20 Dosen Cola kosten 24 €.

d)

	Anzahl	Preis (in €)	
· 5	4	0,60	· 5
	20	3,00	

20 Kaugummis kosten 3 €.

3

	Strecke (in m)	Zeit (in s)	
· 7	80	4	· 7
	560	28	

Die Fahrt vom Erdgeschoss bis in die höchste Etage dauert 28 Sekunden, also ungefähr eine halbe Minute.

4 a)

	Gewicht (in kg)	Preis (in €)	
: 3	3	27	**: 3**
· 8	1	**9**	**· 8**
	8	**72**	

b)

	Zeit (in h)	Lohn (in €)	
: 8	8	96	**: 8**
· 20	1	**12**	**· 20**
	20	**240**	

c) 3 kg kosten 27 €. 1 kg kostet 9 €. 8 kg kosten 72 €.

Seite 14 ► Üben ☒ Dreisatz bei proportionalen Zuordnungen

5 **a)**

	Anzahl	Breite (in cm)	
	5	35	
: 5			: 5
	1	7	
· 6			· 6
	6	42	

6 Ordner brauchen 42 cm Platz.

b)

	Zeit (in h)	Strecke (in km)	
	4	320	
: 4			: 4
	1	80	
· 7			· 7
	7	560	

Der Zug legt in 7 Stunden 560 km zurück.

c)

	Anzahl	Preis (in €)	
	4	14	
: 4			: 4
	1	3,50	
· 5			· 5
	5	17,50	

Für 5 Kinder kostet der Eintritt 17,50 €.

d)

	Anzahl	Preis (in €)	
	10	14,90	
: 10			: 10
	1	1,49	
· 6			· 6
	6	8,94	

6 Dosen Schoko-Drink kosten 8,94 €.

e) 1 kg = 1000 g

	Gewicht (in g)	Preis (in €)	
	300	3,99	
: 3			: 3
	100	1,33	
· 10			· 10
	1000	13,30	

1 kg Süßigkeiten kostet 13,30 €.

6 Die Zuordnung ist nicht proportional, weil man mit doppeltem Anlauf nicht doppelt so weit springt. Daher kann man nicht berechnen, wie weit Marie mit einem Anlauf von 13 m springt.

7 **a)** Die Zuordnung *Fahrzeit (in min) → Strecke (in km)* ist proportional, wenn Francisco immer mit der gleichen Geschwindigkeit fährt.

b)

	Zeit (in min)	Strecke (in km)	
	45	13,5	
: 3			: 3
	15	4,5	
· 4			· 4
	60	18	

In 60 Minuten fährt Francisco 18 km.

c) Die Rechnung für eine Fahrzeit von 15 Minuten ist einfacher als die Rechnung über die 1, weil es einfach ist durch 3 zu teilen als durch 45. Die Rechnung über die 15 funktioniert, weil 15 Teiler von 45 und von 60 ist.

d) 1 Stunde = 60 Minuten

	Zeit (in min)	Strecke (in km)	
	40	12	
: 2			: 2
	20	6	
· 3			· 3
	60	18	

Helena fährt in einer Stunde 18 km.
Die Rechnung funktioniert auch, wenn man über eine Fahrzeit von 10 Minuten geht.

Seite 14 ► Üben ☒ Dreisatz bei proportionalen Zuordnungen

8 **a)** 1 min 15 s = 60 s + 15 s = 75 s

Größe (in MB)	Zeit (in s)
150	75
600	300

(· 4 auf beiden Seiten)

Der Download dauert 300 s.
Das sind 5 Minuten.

b) 2 GB = 2000 MB

Größe (in MB)	Zeit (in s)
150	75
50	25
2000	1000

(: 3 und · 40 auf beiden Seiten)

Der Download für diese Datei dauert 1000 s.
Das sind 16 Minuten und 40 Sekunden.

Seite 15 ► Üben ☒ Dreisatz bei proportionalen Zuordnungen

1 **a)**

Anzahl	Preis (in €)
3	48
6	**96**

(· 2 auf beiden Seiten)

b)

Gewicht (in kg)	Preis (in €)
2	3,90
8	**15,60**

(· 4 auf beiden Seiten)

c)

Anzahl	Gewicht (in t)
10	$\frac{3}{4}$
40	**3**

(· 4 auf beiden Seiten)

d)

Gewicht (in kg)	Preis (in €)
$\frac{1}{4}$	1,99
1	**7,96**

(· 4 auf beiden Seiten)

e)

Anzahl	Höhe (in cm)
6	14
72	**168**

(· 12 auf beiden Seiten)

f)

Anzahl	Preis (in €)
3	0,87
1	**0,29**

(: 3 auf beiden Seiten)

2 **a)**

Zeit (in s)	Strecke (in km)
9	3,1
18	6,2

(· 2 auf beiden Seiten)

Liegen 18 s zwischen Blitz und Donner, so ist das Gewitter 6,2 km entfernt.

b)

Anzahl	Gewicht (in g)
2	15
24	180

(· 12 auf beiden Seiten)

24 gleiche Münzen wiegen 180 g.

c)

Menge (in l)	Preis (in €)
10	15,89
40	63,56

(· 4 auf beiden Seiten)

40 Liter Diesel kosten 63,56 €.

Seite 15 ► Üben ☒ Dreisatz bei proportionalen Zuordnungen

3 **a)**

	Gewicht (in kg)	Preis (in €)	
	3	39	
: 3			**: 3**
	1	**13**	
· 7			**· 7**
	7	**91**	

b)

	Anzahl	Preis (in €)	
	4	3,96	
: 4			: 4
	1	**0,99**	
· 3			· 3
	3	**2,97**	

c)

	Zeit (in h)	Lohn (in €)	
	8	108	
: 8			: 8
	1	**13,50**	
· 40			· 40
	40	**540**	

4 **a)**

	Anzahl	Breite (in cm)	
	4	18	
: 4			: 4
	1	4,5	
· 7			· 7
	7	31,5	

7 Bücher brauchen 31,5 cm Platz.

b)

	Zeit (in h)	Strecke (in km)	
	6	4500	
: 6			: 6
	1	750	
· 5			· 5
	5	3750	

Das Flugzeug legt in 5 Stunden 3750 km zurück.

c) 1,5 kg = 1500 g

	Gewicht (in g)	Preis (in €)	
	200	1,98	
: 2			: 2
	100	0,99	
· 15			· 15
	1500	14,85	

1,5 kg Studentenfutter kosten 14,85 €.

d) 2,55 t = 2550 kg

	Anzahl	Preis (in €)	
	15	2550	
: 15			: 15
	1	170	
· 4			· 4
	4	680	

4 Motorräder wiegen 680 kg.

5 **a)**

	Anzahl	Preis (in €)	
	200	64	
: 200			**: 200**
	1	0,32	
· 150			**· 150**
	150	48	

	Anzahl	Preis (in €)	
	200	64	
: 4			**: 4**
	50	16	
· 3			**· 3**
	150	48	

Seite 15 ▶ Üben ☒ Dreisatz bei proportionalen Zuordnungen

5 ⇨ Fortsetzung

b) Der rechte Rechenweg ist einfacher, weil durch kleinere Zahlen geteilt wird. Er funktioniert, weil 50 Teiler von 200 und von 150 ist.

c)

	Anzahl	Zeit (in min)	
	200	50	
: 4			: 4
	50	12,5	
· 3			· 3
	150	37,5	

Die Mitarbeiter der Mensa brauchen 37,5 Minuten, um 150 Brötchen zu belegen.

6 Größe des Grundstücks von Familie Alt:
12,5 m · 40 m = 500 m²
Größe des Grundstücks von Familie Lang:
17,5 m · 30 m = 525 m²

	Größe (in m²)	Preis (in €)	
	500	112 500	
: 20			: 20
	20	5625	
· 21			· 21
	525	118 125	

Familie Lang muss für das Grundstück 118 125 € bezahlen.

7 Die Zuordnung ist nicht proportional, weil man mit doppeltem Alter nicht doppelt so groß ist. Daher kann man nicht berechnen, wie groß Marie an ihrem 5. Geburtstag sein wird.

8 **a)** Die Zuordnungen sind proportional, wenn der Reisepreis für jede Person gleich hoch ist und der Reisepreis für jeden Tag gleichbleibend teuer ist.

b)

	Anzahl	Preis (in €)	
	5	8000	
: 5			: 5
	1	1600	
· 8			· 8
	8	12 800	

Eine zehntägige Reise kostet für 8 Personen 12 800 €.

c) Eine zehntägige Reise kostet für 8 Personen 12 800 € (siehe Aufgabenteil b).

	Reisedauer (in Tagen)	Preis (in €)	
	10	12 800	
: 10			: 10
	1	1280	
· 14			· 14
	14	17 920	

Eine 14-tägige Reise kostet für 8 Personen 17 920 €.

d)

	Anzahl	Preis (in €)	
	5	8000	
: 5			: 5
	1	1600	
· 6			· 6
	6	9600	

Eine 10-tägige Reise kostet für 6 Personen 9600 €.

	Reisedauer (in Tagen)	Preis (in €)	
	10	9600	
: 10			: 10
	1	960	
· 7			· 7
	7	6720	

Eine 7-tägige Reise kostet für 6 Personen 6720 €.

Seite 16 ▶ Wissen — Antiproportionale Zuordnungen

1

$:2$ $\cdot 2$ $\cdot 4$

Anzahl der Personen	1	2	4	8
Benötigte Zeit (in h)	8	4	2	1

$\cdot 2$ $:2$ $:4$

2

Anzahl der Erwachsenen	1	2	4	8
Eintritt zusammen (in €)	8	4	2	1
	$1 \cdot 8 = 8$	$2 \cdot 4 = 8$	$4 \cdot 2 = 8$	$8 \cdot 1 = 8$

Die Wertepaare sind produktgleich, weil der Wert des Produkts immer 8 ist.

Seite 17 ▶ Üben — Antiproportionale Zuordnungen

1

a)

$\cdot 2$ $\cdot 2$ $\cdot 2$

Anzahl der Arbeiter	1	2	4	8
Zeit (in h)	40	20	10	5

$:2$ $:2$ $:2$

Zum Doppelten der Ausgangsgröße gehört immer die **Hälfte** der zugeordneten Größe.

b)

$\cdot 2$ $\cdot 2$ $\cdot 2$

Anzahl der Bagger	1	2	4	8
Zeit (in Tagen)	32	16	8	4

$:2$ $:2$ $:2$

Zum **Doppelten** der Ausgangsgröße gehört immer die **Hälfte** der zugeordneten Größe.

c)

$\cdot 3$ $\cdot 3$ $\cdot 3$

Anzahl der Maschinen	1	3	9	27
Zeit (in h)	54	18	6	2

$:3$ $:3$ $:3$

Zum **Dreifachen** der Ausgangsgröße gehört immer **ein Drittel der zugeordneten Größe**.

2 **a)** Die Zuordnung *Anzahl der Personen → Zeit für den Umzug* ist antiproportional, wenn alle Personen, die helfen, die gleiche Arbeitsleistung erbringen.

b) Die Zuordnung *Anzahl der Kinder → Zeit fürs Aufräumen* ist antiproportional, wenn jedes Kind gleich schnell aufräumt.

c) Die Zuordnung *Anzahl der Rasenmäher → Zeit, um einen Fußballplatz zu mähen* ist antiproportional, wenn jeder Rasenmäher gleich viel Rasenfläche pro Zeiteinheit mäht.

3 **a)**

Anzahl der Lkw	1	2	3
Zeit (in Tagen)	18	9	6
	$1 \cdot 18 = 18$	$2 \cdot 9 = 18$	$3 \cdot 6 = 18$

Der Wert des Produkts ist immer 18.

Seite 17 ▶ Üben — Antiproportionale Zuordnungen

3 ⇨ Fortsetzung

b)

Anzahl der Bagger	1	2	3	4
Zeit (in h)	24	12	8	6
	$1 \cdot 24 = 24$	$2 \cdot 12 = 24$	$3 \cdot 8 = 24$	$4 \cdot 6 = 24$

Der Wert des Produkts ist immer 24.

c)

Anzahl der Maschinen	1	2	3	4	5
Zeit (in min)	60	30	20	15	12
	$1 \cdot 60 = 60$	$2 \cdot 30 = 60$	$3 \cdot 20 = 60$	$4 \cdot 15 = 60$	$5 \cdot 12 = 60$

Der Wert des Produkts ist immer 60.

4 Nur Zuordnung a) ist antiproportional, denn alle Punkte liegen auf einer fallenden Kurve.
Die Punkte von Zuordnung b) liegen auf einer fallenden Gerade. Also ist die Zuordnung nicht antiproportional.
Die Punkte von Zuordnung c) liegen auf einer steigenden Kurve. Also ist die Zuordnung nicht antiproportional.
Die Punkte von Zuordnung d) steigen ebenfalls an. Also ist die Zuordnung nicht antiproportional.

5 a)

Anzahl der Arbeiter	1	2	3	4
Zeit (in h)	36	18	12	9

b)

Anzahl der Maschinen	1	2	4	5
Zeit (in h)	20	10	5	4

c)

Anzahl der Lkw	1	2	4	8
Zeit (in Tagen)	80	40	20	10

6 a)

Münze	5 ct	10 ct	20 ct	50 ct	1 €
Anzahl der Münzen	20	10	5	2	1

b) Die Zuordnung ist antiproportional, weil die Wertepaare produktgleich sind. Der Wert des Produkts beträgt immer 100 ct = 1 €.

Seite 18 ▶ Üben — Antiproportionale Zuordnungen

1 **a)** Die Zuordnung ist antiproportional.
b) Die Zuordnung ist nicht antiproportional.
c) Die Zuordnung ist antiproportional.
d) Die Zuordnung ist nicht antiproportional.

2 **a)** Die Zuordnung *Download-Geschwindigkeit → Zeit, um eine 1 GB große Datei zu downloaden* ist antiproportional, wenn die Download-Geschwindigkeit zu jeder Zeit gleich ist.

b) Die Zuordnung *Zeit → Wasserhöhe in einem Eimer mit Loch* ist nicht antiproportional, denn die Wasserhöhe sinkt gleichmäßig. Die Wertepaare liegen also auf einer fallenden Geraden und nicht auf einer fallenden Kurve.

c) Die Zuordnung *Geschwindigkeit → Zeit, um von Köln nach Berlin zu fahren* ist antiproportional, wenn die Geschwindigkeit auf der gesamten Strecke gleich ist.

3 a)

Zeit (in Tagen)	1	2	3	4
Benötigte Arbeiter	36	18	12	9
	$1 \cdot 36 = 36$	$2 \cdot 18 = 36$	$3 \cdot 12 = 36$	$4 \cdot 9 = 36$

Die Wertepaare sind produktgleich.

Seite 18 ► Üben ☒ Antiproportionale Zuordnungen

3 ⇨ Fortsetzung

b)

Anzahl der Lkw	1	2	3	4
Ladung (in t)	1	$\frac{1}{2}$	$\frac{1}{3}$	$\frac{1}{4}$
	$1 \cdot 1 = 1$	$2 \cdot \frac{1}{2} = 1$	$3 \cdot \frac{1}{3} = 1$	$4 \cdot \frac{1}{4} = 1$

Die Wertepaare sind produktgleich.

c)

Anzahl der T-Shirts	1	2	3	4
Preis (in €)	9	18	27	36
	$1 \cdot 9 = 9$	$2 \cdot 18 = 36$	$3 \cdot 27 = 81$	$4 \cdot 36 = 144$

Die Wertepaare sind nicht produktgleich.

4 **a)** Die Darstellung gehört nicht zu einer antiproportionalen Zuordnung, weil die Punkte auf einer steigenden Kurve und nicht auf einer fallenden Kurve liegen.

b) Die Darstellung gehört nicht zu einer antiproportionalen Zuordnung, weil die Punkte auf einer fallenden Gerade und nicht auf einer fallenden Kurve liegen.

5 a)

Anzahl der Personen	10	20	30	50
Kosten pro Person (in €)	30	15	10	6

b)

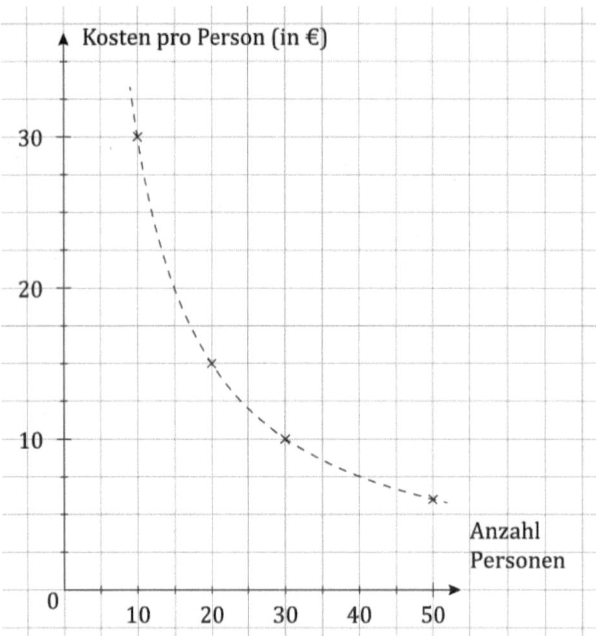

6 a)

Anzahl	1	2	3	4	5
Zeit (in h)	60	**30**	**20**	**15**	**12**

b)

Anzahl	1	2	3	4	5
Zeit (in h)	**360**	180	**120**	**90**	**72**

c)

Anzahl	1	2	3	4	5	6
Zeit (in h)	**150**	75	**50**	**37,5**	**30**	**25**

7 Wenn man die Schriftgröße verdoppelt, dann **halbiert** sich die Anzahl der Zeilen in der Tabelle. Die Zuordnung ist **antiproportional**.
Wenn man die **Schriftgröße** mit der Anzahl der Zeilen multipliziert, dann erhält man immer das Ergebnis **160**. Die Wertepaare der Zuordnung *Schriftgröße → Anzahl der Zeilen* sind also **produktgleich**.

Seite 19 ▶ Üben ☒ Antiproportionale Zuordnungen

1 **a)** Die Zuordnung ist antiproportional.
b) Die Zuordnung ist antiproportional.
c) Die Zuordnung ist antiproportional.
d) Die Zuordnung ist nicht antiproportional.

2 **a)** Die Zuordnung *Geschwindigkeit → Fahrzeit bis zum Ziel* ist antiproportional, wenn die Geschwindigkeit auf der Strecke immer gleich bleibt.
b) Die Zuordnung *Entfernung bis zum Ziel → Fahrzeit* ist nicht antiproportional, denn mit zunehmender Entfernung nimmt auch die Fahrzeit gleichzeitig zu.
c) Die Zuordnung *Anzahl der Arbeiter → Zeit, die die Arbeiter für eine Arbeit brauchen* ist antiproportional, wenn die Arbeiter gleich schnell arbeiten.
d) Die Zuordnung *Flächeninhalt einer Fliese → Anzahl der Fliesen für den Küchenfußboden* ist antiproportional, wenn man die Breite der Fugen nicht berücksichtigt.

3 **a)**

x	1	2	3	4	5
y	10	5	3	2,5	2
b)	$1 \cdot 10 = 10$	$2 \cdot 5 = 10$	$3 \cdot 3 = 9$	$4 \cdot 2{,}5 = 10$	$5 \cdot 2 = 10$

Die Wertepaare sind nicht produktgleich. Also ist die Zuordnung nicht antiproportional.

c) Dem x-Wert 3 muss der y-Wert $\frac{10}{3} = 3\,\frac{1}{3}$ zugeordnet werden. Dann ist das Produkt dieses Wertepaares ebenfalls 10 und die Zuordnung produktgleich.

d) Ein Maler benötigt für das Streichen einer Mauer 10 Stunden. Zwei Maler benötigen für die gleiche Arbeit 5 Stunden. ...

4 **a)**

Größe der Flaschen (in ℓ)	0,5	0,75	1	1,5	2
Anzahl der Flaschen	240	160	120	80	60

Der Wert des Produkts ist immer 120.

b)

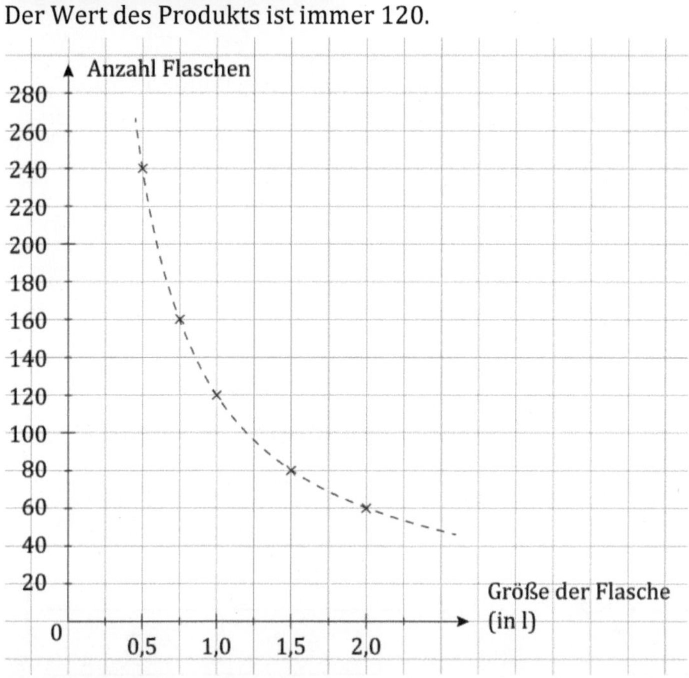

Die Punkte dürfen miteinander verbunden werden, da man Flaschen in allen Größen herstellen, bzw. Mengen in allen Größen abfüllen kann.

5 **a)**

x	1	2	3	4
y	18	**9**	**6**	**4,5**

b)

x	1	2	4	5	8
y	**20**	**10**	5	**4**	**2,5**

Seite 19 ▶ Üben ☒ Antiproportionale Zuordnungen

5 ⇨ Fortsetzung

c)

x	1	2	3	4	5	6
y	**15**	7,5	**5**	**3,75**	**3**	**2,5**

d)

x	0,5	1	1,5	2	2,5
y	12	**6**	**4**	**3**	**2,4**

6 **a)** Die Aussage ist richtig, denn die Halbierung des ersten Wertes muss bei einer antiproportionalen Zuordnung zu einer Verdopplung des zweiten Wertes führen.

b) Die Aussage ist falsch. Antiproportionale Zuordnungen sind produktgleich. Zum Beispiel ist die Zuordnung aus 5d) antiproportional, aber nicht quotientengleich, denn 6 : 1 = 6 und 3 : 2 = 1,5.

c) Die Aussage ist richtig, weil das Produkt beider Wertepaare 56 ist.

d) Die Aussage ist falsch, denn die Punkte müssen auf einer fallenden Kurve liegen. Zum Beispiel liegen die Wertepaare (1|2) und (2|0) auf einer fallenden Geraden, aber die Zuordnung ist nicht produktgleich.

7 **a)** Die Zuordnung *Zeit (in h) → Höhe der Kerze* ist nicht antiproportional, denn die Höhe der Kerze sinkt gleichmäßig. Die Wertepaare liegen also auf einer fallenden Geraden und nicht auf einer fallenden Kurve.

Seite 20 ▶ Wissen Dreisatz bei antiproportionalen Zuordnungen

1

	Anzahl	Zeit (in Tagen)	
	6	10	
· 2 ↓	12	5	↓ : 2

Für 12 Pferde reicht das Futter 5 Tage.

2

	Anzahl	Zeit (in Tagen)	
	6	10	
: 6 ↓	1	60	↓ · 6
· 4 ↓	4	15	↓ : 4

Für 4 Pferde reicht das Futter 15 Tage.

Seite 21 ▶ Üben ◩ Dreisatz bei antiproportionalen Zuordnungen

1 **a)**

	Anzahl	Zeit (in Tagen)	
	2	18	
· 2 ↓	4	**9**	↓ **: 2**

b)

	Anzahl	Zeit (in Tagen)	
	2	21	
· 3 ↓	6	**7**	↓ **: 3**

c)

	Anzahl	Zeit (in h)	
	3	32	
· 4 ↓	12	**8**	↓ **: 4**

d)

	Anzahl	Zeit (in h)	
	3	40	
· 5 ↓	15	**8**	↓ **: 5**

Seite 21 ▶ Üben

Dreisatz bei antiproportionalen Zuordnungen

2 **a)**

Anzahl	Zeit (in Tagen)
3	4
6	2

$\cdot 2$ / $: 2$

Für 6 Hunde reicht das Futter **2** Tage.

b)

Anzahl	Zeit (in h)
2	15
6	5

$\cdot 3$ / $: 3$

Mit 6 Freunden dauert der Umzug **5** Stunden.

c)

Anzahl	Zeit (in h)
3	12
9	4

$\cdot 3$ / $: 3$

9 Pumpen brauchen **4** Stunden.

3 **a)**

Anzahl	Zeit (in h)
4	10
1	40

$: 4$ / $\cdot 4$

Eine Person braucht 40 Stunden.

b)

Anzahl	Zeit (in Tagen)
3	4
1	12

$: 3$ / $\cdot 3$

Für eine Katze reicht das Futter 12 Tage.

c)

Anzahl	Zeit (in h)
3	6
1	18

$: 3$ / $\cdot 3$

Ein Lkw braucht 18 Stunden.

d)

Anzahl	Zeit (in h)
6	2
1	12

$: 6$ / $\cdot 6$

Mit einem Rasenmäher braucht man 12 Stunden.

4 **a)**

Anzahl	Zeit (in h)
2	6
1	**12**
3	**4**

$: 2$ / $\cdot 2$; $\cdot 3$ / $: 3$

b)

Anzahl	Zeit (in h)
4	10
1	**40**
5	**8**

$: 4$ / $\cdot$ **4**; $\cdot 5$ / **: 5**

c)

Anzahl	Zeit (in h)
3	14
1	**42**
7	**6**

: 3 / **· 3**; **· 7** / **: 7**

d) 2 Pumpen brauchen 6 Stunden.
1 Pumpe braucht 12 Stunden.
3 Pumpen brauchen 4 Stunden.

Seite 21 ▶ **Üben** ◩ **Dreisatz bei antiproportionalen Zuordnungen**

5 a)

Anzahl	Zeit (in h)
3	4
1	12
2	**6**

(Anzahl: : 3, · 2; Zeit: · 3, **: 2**)

12 : 2 ist 6. Es wurde nicht durch 2 geteilt, sondern mit 2 multipliziert.

b)

Anzahl	Zeit (in h)
4	10
1	**40**
5	**8**

(Anzahl: : 4, · 5; Zeit: **· 4**, **: 5**)

In der zweiten Spalte wurde gerechnet wie bei einer proportionalen Zuordnung.

c)

Anzahl	Zeit (in h)
5	6
1	**30**
3	**10**

(Anzahl: : 5, · 3; Zeit: **· 5**, **: 3**)

In der zweiten Spalte wurde gerechnet wie bei einer proportionalen Zuordnung.

d)

Anzahl	Zeit (in h)
7	5
1	**35**
5	7

(Anzahl: : 7, · 5; Zeit: **· 7**, **: 5**)

In der zweiten Spalte wurde erst 7 durch 5 geteilt und dann das Ergebnis mit 5 multipliziert.

6 a)

Anzahl	Zeit (in min)
3	20
1	60
5	12

(Anzahl: : 3, · 5; Zeit: · 3, : 5)

5 S.u.S. brauchen 12 Minuten.

b)

Anzahl	Zeit (in min)
5	90
15	30

(Anzahl: · 3; Zeit: : 3)

15 S.u.S. brauchen 30 Minuten.

c)

Anzahl	Zeit (in h)
3	8
1	24
4	6

(Anzahl: : 3, · 4; Zeit: · 3, : 4)

4 Bagger brauchen 6 Stunden.

Seite 22 ▶ **Üben** ☒ **Dreisatz bei antiproportionalen Zuordnungen**

1 a)

Anzahl	Zeit (in Tagen)
3	20
12	**5**

(Anzahl: · 4; Zeit: : 4)

b)

Anzahl	Zeit (in h)
2	40
10	**8**

(Anzahl: · 5; Zeit: : 5)

c)

Anzahl	Zeit (in h)
5	48
60	**4**

(Anzahl: · 12; Zeit: : 12)

d)

Anzahl	Zeit (in h)
3	1,5
6	**0,75**

(Anzahl: · 2; Zeit: : 2)

Seite 22 ▶ Üben ☒ Dreisatz bei antiproportionalen Zuordnungen

1 ⇨ Fortsetzung

e)

	Anzahl	Gewicht pro Kiste (in kg)	
· 4 ↓	0,25	24	↓ : 4
	1	**6**	

2 a)

	Anzahl	Zeit (in Tagen)	
· 2 ↓	4	6	↓ : 2
	8	3	

Für 8 Pferde reicht das Futter für 3 Tage.

b)

	Anzahl	Fahrten	
· 4 ↓	2	20	↓ : 4
	8	5	

8 Lkw müssen je 5 Fahrten mit Sand machen.

c)

	Anzahl	Zeit (in h)	
: 3 ↓	9	2	↓ · 3
	3	6	

3 Mitarbeiter brauchen 6 Stunden für die Arbeit.

3

Anzahl der Spieler	Gewinn pro Spieler (in €)
1	6000
2	3000
3	2000
4	1500
5	1200
6	1000

4 a)

	Anzahl	Zeit (in min)	
: 3 ↓	3	15	↓ · 3
	1	45	

b)

	Anzahl	Zeit (in h)	
: 4 ↓	4	2,5	↓ · 4
	1	10	

c)

	Anzahl	Zeit (in h)	
: 5 ↓	5	12	↓ · 5
	1	60	

d)

	Anzahl	Zeit (in min)	
: 7 ↓	7	21	↓ · 7
	1	147	

5 a)

	Anzahl	Zeit (in h)	
: 3 ↓	3	12	↓ · 3
· 4 ↓	1	**36**	↓ : 4
	4	**9**	

b)

	Anzahl	Zeit (in Tagen)	
: 5 ↓	5	24	↓ · 5
· 8 ↓	1	**120**	↓ : 8
	8	**15**	

Seite 22 ▶ **Üben** **Dreisatz bei antiproportionalen Zuordnungen**

5 ⇨ Fortsetzung

c)

	Anzahl	Zeit (in h)	
	3	2,5	
: 3	1	**7,5**	· 3
· 5	5	**1,5**	: 5

6 **a)** $40\ m^3/h \cdot 10\ h = 400\ m^3$
In das Becken passen $400\ m^3$ Wasser.

b)

	Zeit (in h)	Zulauf (in m^3/h)	
	10	40	
: 10	1	400	· 10
· 8	8	50	: 8

Damit das Becken in 8 Stunden gefüllt ist, müssen pro Stunde $50\ m^3$ Wasser einlaufen.

7 Rechnerisch ergibt sich, dass 100 Arbeiter eine Minute benötigen, um den Sandhaufen abzutragen. In der Realität stehen sich die Arbeiter aber gegenseitig im Weg, denn sie können nicht zeitgleich an dem Sandhaufen arbeiten. Insofern macht es keinen Sinn, die Arbeit von 100 Arbeitern erledigen zu lassen.

	Anzahl	Zeit (in min)	
	4	25	
: 4	1	100	· 4
· 100	100	1	: 100

8 **a)**

	Geschw. (in km/h)	Zeit (in h)	
	60	**10**	
: 3	20	**30**	· 3
· 4	80	**7,5**	: 4

Bei einem Durchschnitt von 80 km/h würde Mias Familie 7,5 Stunden für die Strecke benötigen.

b) Der Rechenweg aus a) ist einfacher, weil durch kleinere Zahlen geteilt bzw. mit kleineren Zahlen multipliziert wird. Er funktioniert, weil 20 Teiler von 60 und Teiler von 80 ist.

c)

	Geschw. (in km/h)	Zeit (in h)	
	75	4	
: 3	25	12	· 3
· 4	100	3	: 4

Bei einer durchschnittlichen Geschwindigkeit von 100 km/h würde das Auto 3 Stunden für die Strecke benötigen.

Seite 23 ► Üben ☒ Dreisatz bei antiproportionalen Zuordnungen

1 a)

Anzahl	Zeit (in h)
3	34
6	**17**

$\cdot 2$ / $: 2$

b)

Anzahl	Zeit (in Tagen)
10	10
40	**2,5**

· 4 / $: 4$

c)

Anzahl	Zeit (in min)
4	132
48	**11**

$\cdot 12$ / **: 12**

d)

Anzahl	Zeit (in h)
12	$1\frac{1}{4}$
2	$7\frac{1}{2}$

$: 6$ / $\cdot 6$

2 a)

Anzahl	Zeit (in s)
3	80
12	20

· 4 / **: 4**

12 S.u.S. brauchen **20 Sekunden**.

b)

Geschw. (in km/h)	Zeit (in h)
15	6
60	1,5

· 4 / **: 4**

Eine Autofahrerin braucht bei einer Geschwindigkeit von 60 km/h für die gleiche Strecke **1,5 h**.

c) 2 Wochen = 14 Tage

Anzahl	Zeit (in Tagen)
3	14
21	2

$\cdot 7$ / $: 7$

Dann reicht der Vorrat für 21 Kühe **2 Tage**.

3 a)

Geschw. (in km/h)	Zeit (in min)
3	20
1	**60**
4	**15**

$: 3$ / **· 3**; $\cdot 4$ / **: 4**

b)

Anzahl	Zeit (in h)
7	25
1	**175**
5	**35**

$: 7$ / $\cdot 7$; $\cdot 5$ / $: 5$

c)

Anzahl	Zeit (in h)
3,5	9
1	**31,5**
3	**10,5**

$: 3{,}5$ / $\cdot 3{,}5$; $\cdot 3$ / $: 3$

d)

Anzahl	Zeit (in h)
4	$\frac{3}{8}$
1	**1,5**
3	**0,5**

$: 4$ / $\cdot 4$; $\cdot 3$ / $: 3$

e)

Anzahl	Zeit (in h)
$1\frac{1}{2}$	15
1	**22,5**
5	**4,5**

$: 1{,}5$ / $\cdot 1{,}5$; $\cdot 5$ / $: 5$

Seite 23 ► Üben ☒ Dreisatz bei antiproportionalen Zuordnungen

4

Zeit (in h)	Geschw. (in km/h)
5	120
1	600
1,5	400

(links: : 5, · 1,5; rechts: · 5, : 1,5)

Der Schnellzug müsste mit einer Durchschnittsgeschwindigkeit von 400 km/h fahren.

5

20 min = 1200 s

Anzahl	Zeit (in s)
6	1200
1	7200
500	14,4

(links: : 6, · 500; rechts: · 6, : 500)

Rechnerisch würden sie zwischen 14 und 15 Sekunden benötigen. In der Realität stehen sich die Schüler aber gegenseitig im Weg, denn sie können nicht zeitgleich das Treppenhaus fegen. Insofern macht es keinen Sinn, die Arbeit von 500 Schülerinnen und Schülern erledigen zu lassen.

6 **a)** Bei einer Durchschnittsgeschwindigkeit von 750 km/h dauert der Flug 8 Stunden.

Der linke Rechenweg ist einfacher, weil durch kleinere Zahlen geteilt, bzw. mit kleineren Zahlen multipliziert wird. Er funktioniert, weil 50 Teiler von 800 und Teiler von 750 ist.

b)

Geschw. (in km/h)	Zeit (in h)
800	7,5
50	120
850	7,06

(links: : 16, · 17; rechts: · 16, : 17)

Der Flug dauert etwas länger als 7 Stunden: 7 Stunden 3 Minuten und 32 Sekunden.

7 Die Zuordnung *gefahrene Strecke (in km) → verbrauchte Spritmenge (in ℓ)* ist proportional!

Strecke (in km)	Menge (in ℓ)
100	6
1000	60

(links: · 10; rechts: · 10)

In einer Tankfüllung sind 60 ℓ.

Verbrauch (in ℓ /100 km)	Reichweite (in km)
6	1000
1	6000
5	1200

(links: : 6, · 5; rechts: · 6, : 5)

Bei einem Verbrauch von 5 ℓ pro 100 km kommt der Fahrer 1200 km weit.

8 **a)** Die Zuordnung *Anzahl Schweine → Zeit (in Tagen)* ist antiproportional.
Die Zuordnung *Anzahl Futtersäcke → Zeit (in Tagen)* ist proportional.

Rechnung für einen Futtersack:

Schweine	Zeit (in Tagen)
20	14
80	3,5

(links: **· 4**; rechts: **: 4**)

Der Vorrat reicht 28 Tage, also 4 Wochen.

b) Rechnung für 8 Futtersäcke:

Futtersäcke	Zeit (in Tagen)
1	3,5
8	28

(links: **· 8**; rechts: **: 8**)

b) Alternativ könnte zunächst ausgerechnet werden, wie lange 8 Säcke Futter ausreichen, wenn 20 Schweine davon fressen (nämlich 112 Tage). Danach könnte dann berechnet werden, wie lange der Futtervorrat ausreicht, wenn 80 Schweine davon fressen (nämlich 28 Tage).

Seite 26 ▶ Methode — Wertetabellen erstellen mit einer Tabellenkalkulation

1

	A	B	C	D	E	F	G	H	I
1	Anzahl der Getränke	1	2	3	4	5	6	7	8
2	Preis in €	1,30 €	2,60 €	3,90 €	5,20 €	6,50 €	7,80 €	9,10 €	10,40 €

2

	A	B	C	D	E	F	G	H	I
1	Anzahl der Getränke	1	2	3	4	5	6	7	8
2	Preis in €	1,90 €	3,80 €	5,70 €	7,60 €	9,50 €	11,40 €	13,30 €	15,20 €

3

	A	B	C	D	E	F
1	Anzahl der Würstchen	1	2	3	4	5
2	Preis in €	1,60 €	3,20 €	4,80 €	6,40 €	8,00 €

Seite 27 ▶ Vermischte Übungen — Zuordnungen

1 Tabelle ① gehört zu Zeichnung Ⓐ und Tabelle ② gehört zu Zeichnung Ⓑ.
Tabelle ① und Zeichnung Ⓐ gehören zu einer antiproportionalen Zuordnung. Die Wertepaare sind produktgleich. Zum Doppelten der 1. Größe gehört die Hälfte der 2. Größe. Die Punkte liegen auf einer fallenden Kurve.
Tabelle ② und Zeichnung Ⓑ gehören zu einer proportionalen Zuordnung. Die Wertepaare sind quotientengleich. Zum Doppelten der 1. Größe gehört das Doppelte der 2. Größe. Die Punkte liegen auf einer Geraden, die durch den Ursprung verläuft.

2 a)

1. Größe	1	2	3
2. Größe	10	20	30
	$10 : 1 = 10$	$20 : 2 = 10$	$30 : 3 = 10$

Die Wertepaare sind quotientengleich. Also ist die Zuordnung proportional.

b)

1. Größe	1	2	3
2. Größe	18	9	6
	$1 \cdot 18 = 18$	$2 \cdot 9 = 18$	$3 \cdot 6 = 18$

Die Wertepaare sind produktgleich. Also ist die Zuordnung antiproportional.

c)

1. Größe	1	2	3
2. Größe	30	20	10
	$30 : 1 = 30$ $1 \cdot 30 = 30$	$20 : 2 = 10$ $2 \cdot 20 = 40$	$30 : 3 = 3{,}3$ $3 \cdot 10 = 30$

Die Wertepaare sind weder quotientengleich noch produktgleich. Also ist die Zuordnung weder proportional noch antiproportional.

d)

1. Größe	1	2	3
2. Größe	30	15	10
	$1 \cdot 30 = 30$	$2 \cdot 15 = 30$	$3 \cdot 10 = 30$

Die Wertepaare sind produktgleich. Also ist die Zuordnung antiproportional.

3 a)

1. Größe	1	2	3	4	5
2. Größe	11	**22**	33	**44**	**55**

b)

1. Größe	1	2	3	4	5
2. Größe	7	**14**	**21**	**28**	**35**

c)

1. Größe	1	2	3	4
2. Größe	48	**24**	16	**12**

Seite 27 ▶ Vermischte Übungen — Zuordnungen

4 **a)** Die Zuordnung *Anzahl der Monate → Kosten fürs Streaming* ist proportional.

b)

Anzahl der Monate	1	2	3	4	5	6
Kosten (in €)	10	20	30	40	50	60

c)

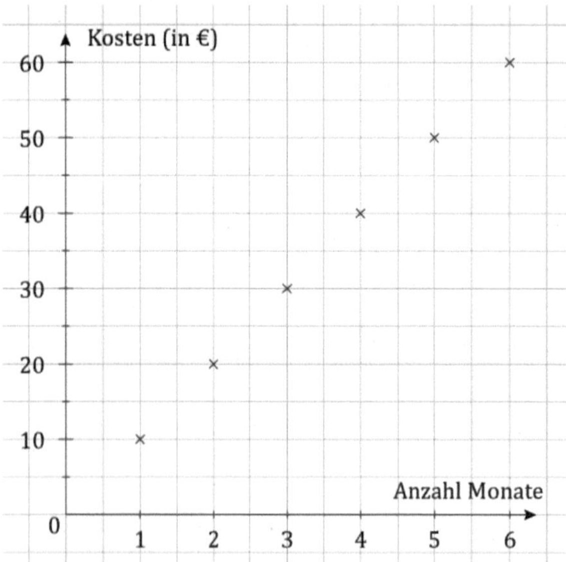

5 Individuell verschieden, z. B.:

a) Wenn sich **das Gewicht der Äpfel** verdoppelt, dann verdoppelt sich auch **der Preis für die Äpfel**.
Wenn sich **die Anzahl der Stifte** verdoppelt, dann verdoppelt sich auch **der Preis für die Stifte**.

b) Wenn sich **die Anzahl der Helfer** verdoppelt, halbiert sich **die Zeit für den Umzug**.
Wenn sich **die Anzahl der Maschinen** verdoppelt, halbiert sich **die Zeit für den Arbeitsvorgang**.

6 **a)** Die Zuordnung ist proportional.

	Anzahl	Preis (in €)	
	2	1,60	
: 2	1	0,80	: 2
· 3	3	2,40	· 3

Drei Packungen kosten 2,40 €.

b) Die Zuordnung ist antiproportional.

	Anzahl	Zeit (in min)	
	3	12	
: 3	1	36	· 3
· 4	4	9	: 4

4 Kinder benötigen 9 Minuten.

c) Die Zuordnung ist proportional.

	Anzahl	Preis (in €)	
	5	6	
: 5	1	1,20	: 5
· 6	6	7,20	· 6

6 Flaschen kosten 7,20 €.

7 **a)**

a	1 cm	2 cm	4 cm	5 cm	10 cm
b	20 cm	10 cm	5 cm	4 cm	2 cm

b) Die Zuordnung ist antiproportional, weil die Wertepaare produktgleich sind. Der Wert des Produkts ist immer 20, weil der Flächeninhalt von 20 cm^2 das Produkt von a und b ist.

Seite 28 ► Vermischte Übungen ☒ — Zuordnungen

1

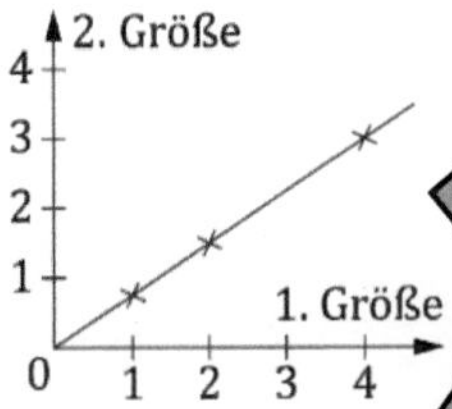

Zuordnungen

Proportional
- quotientengleich
- Dem Doppelten der ersten Größe wird das Doppelte der zweiten Größe zugeordnet.

1. Größe	1	2	4
2. Größe	0,75	1,5	3

Antiproportional
- produktgleich
- Dem Doppelten der ersten Größe wird die Hälfte der zweiten Größe zugeordnet.

1. Größe	1	2	4
2. Größe	4	2	1

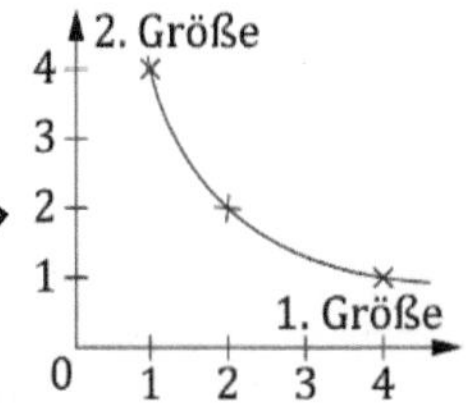

2 a)

1. Größe	1	2	3	4	5
2. Größe	4,5	**9**	**13,5**	18	**22,5**

b)

1. Größe	1	2	3	4	5
2. Größe	600	**300**	**200**	**150**	**120**

c)

1. Größe	1	2	4	6	10
2. Größe	**18**	**9**	4,5	**3**	**1,8**

3 Die Wertepaare liegen auf einer steigenden Geraden, die durch den Ursprung verläuft. Also gehören die Punkte zu einer proportionalen Zuordnung. Weitere Wertepaare sind (1/1,5) und (3/4,5).

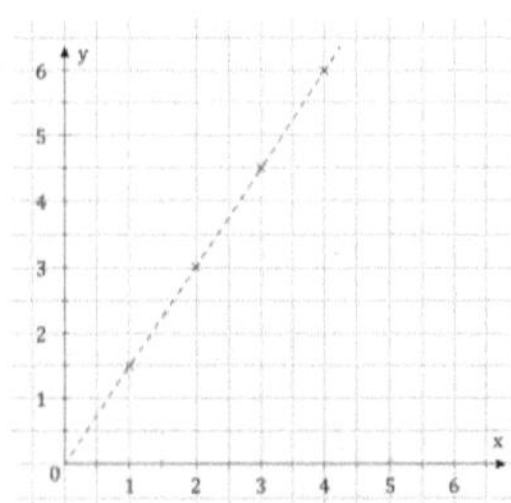

4

a) Die Zuordnung ist proportional.

	Anzahl	Preis (in €)	
· 20	10	6	· 20
	200	120	

200 Briefumschläge kosten 120 €.

b) Die Zuordnung ist proportional.

	Anzahl	Preis (in €)	
: 2	2	1,98	: 2
· 3	1	0,99	· 3
	3	2,97	

3 Flaschen kosten 2,97 €.

c) Die Zuordnung ist antiproportional.

	Anzahl	Zeit (in Tagen)	
: 8	8	5	· 8
· 10	1	40	: 10
	10	4	

Für 10 Pferde reicht der Heuvorrat 4 Tage.

d) Die Zuordnung ist proportional.

	Anzahl	Preis (in €)	
: 3	3	60	: 3
· 10	1	20	· 10
	10	200	

Für 10 Monate muss er 200 € bezahlen.

Seite 28 ▶ Vermischte Übungen ☒ Zuordnungen

5 Tomaten:

	Personen	Gewicht (in kg)	
	4	1	
: 4			: 4
	1	$\frac{1}{4} = 0{,}25$	
· 10			· 10
	10	2,5	

Zwiebeln:

	Personen	Zwiebeln	
	4	2	
: 4			: 4
	1	$\frac{1}{2} = 0{,}5$	
· 10			· 10
	10	5	

Knoblauch:

	Personen	Gewicht (in kg)	
	4	3	
: 4			: 4
	1	$\frac{3}{4} = 0{,}75$	
· 10			· 10
	10	7,5	

Gemüsebrühe:

	Personen	Menge (in mℓ)	
	4	750	
: 4			: 4
	1	187,5	
· 10			· 10
	10	1875	

Tomatenmark:

	Personen	Teelöffel	
	4	3	
: 4			: 4
	1	$\frac{3}{4} = 0{,}75$	
· 10			· 10
	10	7,5	

Für 10 Personen benötigt man 2,5 kg Tomaten, 5 Zwiebeln, 7,5 Zehen Knoblauch, 1875 mℓ Gemüsebrühe und 7,5 Teelöffel Tomatenmark.

6 **a)** Die Zuordnung *Breite der Bretter → Anzahl der Bretter* ist antiproportional, wenn es keine Fugen zwischen den Brettern gibt, wenn die Bretter also direkt aneinander liegen.

b)

	Breite (in cm)	Anzahl	
	20	300	
: 20			· 20
	1	6000	
· 15			: 15
	15	400	

Man benötigt 400 Bretter mit einer Breite von 15 cm.

7 Die Zuordnung ist nicht proportional, weil Celine über 800 m nicht die Geschwindigkeit wie beim Sprint halten kann. Daher kann die Zeit nicht rechnerisch bestimmt werden.

8 **a)**

	Geschw. (in km/h)	Zeit (in min)	
	28	75	
: 4			· 4
	7	300	
· 3			: 3
	21	100	

Bei einer Geschwindigkeit von 21 km/h benötigt die Fähre 100 Minuten.

b) 75 Minuten = 1,25 Stunden
28 km/h · 1,25 h = 35 km
Die Strecke ist 35 km lang

Seite 29 ► Vermischte Übungen ☒ Zuordnungen

1 Individuelle Lösungen (vgl. Mindmap zur Aufgabe 1 auf Seite 54)

2 a)

x	1	2	3	4	5
y	**1,4**	**2,8**	4,2	**5,6**	**7**

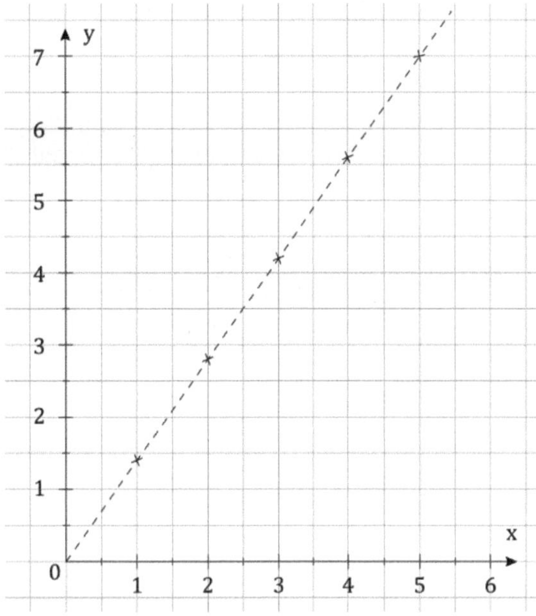

b)

x	1	2	3	4	5
y	$\mathbf{\frac{3}{4}}$	$1\frac{1}{2}$	$\mathbf{2\frac{1}{4}}$	**3**	$\mathbf{3\frac{3}{4}}$

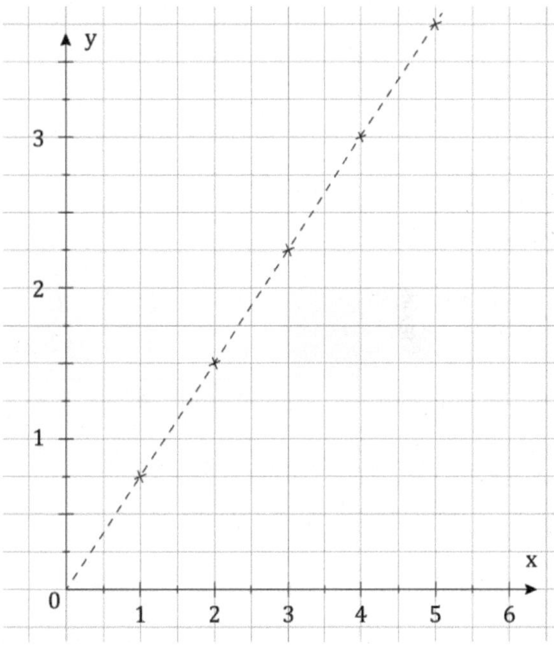

3 a)

x	1	2	3	4	**5**
y	0,6	1,2	1,8	2,4	**2,8**
	0,6 : 1 = 0,6	1,2 : 2 = 0,6	1,8 : 3 = 0,6	2,4 : 4 = 0,6	**2,8 : 5 = 0,56**

Abgesehen vom letzten Wertepaar sind die Wertepaare quotientengleich. Die Zuordnung wäre proportional, wenn der 5 die 3 zugeordnet wäre, da 5 : 3 = 0,6.

b)

x	1	2	**3**	4	5
y	300	150	**90**	75	60
	1 · 300 = 300	2 · 150 = 300	**3 · 90 = 270**	4 · 75 = 300	5 · 60 = 300

Abgesehen vom dritten Wertepaar sind die Wertepaare produktgleich. Die Zuordnung wäre antiproportional, wenn der 3 die 100 zugeordnet wäre, da 3 · 100 = 300.

Seite 29 ▶ Vermischte Übungen ☒ Zuordnungen

3 ⇨ Fortsetzung

c)

x	1	2	**3**	4	5
y	$\frac{5}{8}$	$1\frac{1}{4}$	$\mathbf{1\frac{5}{6}}$	$2\frac{1}{2}$	$3\frac{1}{8}$
	$\frac{5}{8}:1=\frac{5}{8}$	$1\frac{1}{4}:2=\frac{5}{8}$	$\mathbf{1\frac{5}{6}:3=\frac{11}{18}}$	$2\frac{1}{2}:4=\frac{5}{8}$	$3\frac{1}{8}:5=\frac{5}{8}$

Abgesehen vom dritten Wertepaar sind die Wertepaare quotientengleich. Die Zuordnung wäre proportional, wenn der 3 die $1\frac{7}{8}$ zugeordnet wäre, da $1\frac{7}{8}:3=\frac{15}{8}\cdot\frac{1}{3}=\frac{5}{8}$.

4 a)

x	1	2	3	4	5
y	6	3	2	1,5	1,2

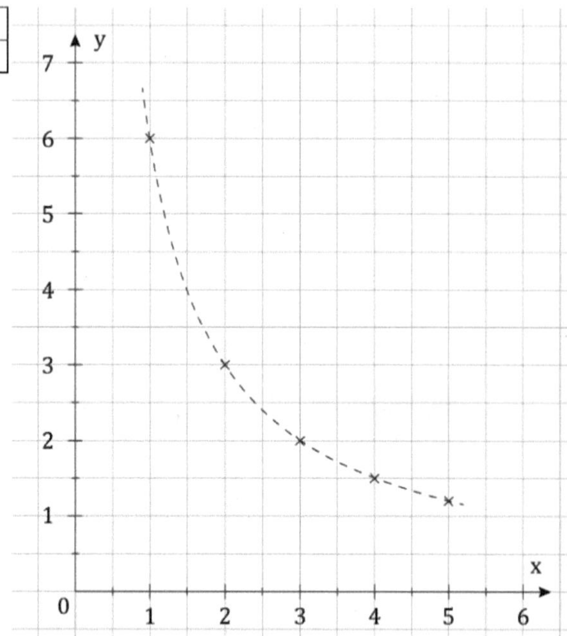

b)

x	1	2	3	4	5
y	10	5	$3\frac{1}{3}$	2,5	2

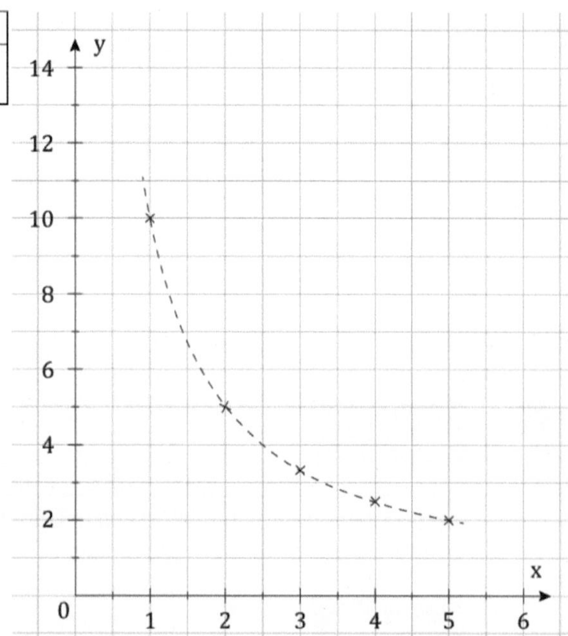

Seite 29 ▶ Vermischte Übungen ☒ — Zuordnungen

5 **a)**

	Menge (in m³)	Preis (in €)	
	80	176	
: 4			: 4
	20	44	
· 5			· 5
	100	220	

Familie Marks muss 220 € bezahlen.

b)

	Preis (in €)	Menge (in m³)	
	176	80	
: 176			: 176
	1	$\frac{5}{11}$	
· 143			· 143
	143	65	

Familie Neuhaus hat 65 m³ Wasser verbraucht.

6 **a)** *Anzahl Kugeln → Preis (in €)*
Der Proportionalitätsfaktor ist 0,70 €. Er gibt den Preis einer Kugel Eis an.

b) *Anzahl Steinreihen → Höhe der Mauer (in cm)*
Der Proportionalitätsfaktor ist 20 cm. Er gibt die Höhe eines Steins an.

c) *Anzahl Bücher → Breite der Buchreihe (in cm)*
Der Proportionalitätsfaktor ist 6 cm. Er gibt die Breite eines Buches an.

7 **a)** Die Zuordnung ist antiproportional.
Wie lang ist ein Schritt von Sam?

	Anzahl	Schrittlänge (in cm)	
	7	60	
: 7			· 7
	1	420	
· 60			: 60
	6	70	

Sam hat eine Schrittlänge von 70 cm.

b) Die Zuordnung ist proportional.
Wie viel Liter Benzin hat Herr Hansen bezahlt?

	Preis (in €)	Menge (in ℓ)	
	50,70	30	
: 50,7			: 50,7
	1	$\frac{300}{507} = \frac{100}{169}$	
· 42,25			· 42,25
	42,25	$\frac{4225}{169} = 25$	

Herr Hansen hat 25 Liter Benzin getankt.

c) Die Zuordnung ist antiproportional. Wie viele Ordner von 8 cm Breite passen in das Regal?

	Breite (in cm)	Anzahl	
	5	20	
: 5			· 5
	1	100	
· 8			: 8
	8	12,5	

Es passen 12 Ordner in das Regal.

8 Die Zuordnung ist nicht proportional, weil die Temperatur nicht gleichmäßig steigt und fällt. Daher kann die Temperatur nicht rechnerisch bestimmt werden.

9 **a)**

Die Zuordnung ist antiproportional, denn verdoppelt sich die Fläche der Fliesen, so halbiert sich die Anzahl der benötigten Fliesen. Dabei wird die Breite der Fugen nicht berücksichtigt!

b) 20 cm × 20 cm = 400 cm²;
50 cm × 50 cm = 2500 cm²

	Fläche (in cm²)	Anzahl	
	400	300	
: 4			· 4
	100	1200	
· 25			: 25
	2500	48	

Die Familie benötigt 48 Fliesen.

Seite 29 ▶ Vermischte Übungen ☒ — Zuordnungen

10 20 Sekunden sind $\frac{1}{3}$ von einer Sekunde.

a) 8 min 20 s = 500 s

	Entfernung (in Mio. km)	Zeit (in s)	
: 75	150	500	: 75
· 29	2	$6\frac{2}{3}$	· 29
	58	$193\frac{1}{3}$	

Ein Lichtstrahl benötigt ca. 193 Sekunden. Das sind 3 Minuten und 13 s.

b) 4 h 10 min = 250 min

	Zeit (in min)	Entfernung (in Mio. km)	
: $8\frac{1}{3}$	$8\frac{1}{3}$	150	: $8\frac{1}{3}$
· 250	1	18	· 250
	250	4500	

Der Neptun ist 4500 Mio. (= 4,5 Mrd.) km von der Sonne entfernt.

Seite 30 ▶ Tieftauchen — In der Mensa

A

Anzahl der kleinen Salate	1	2	3	4
Preis (in €)	2	**4**	**6**	**8**

B

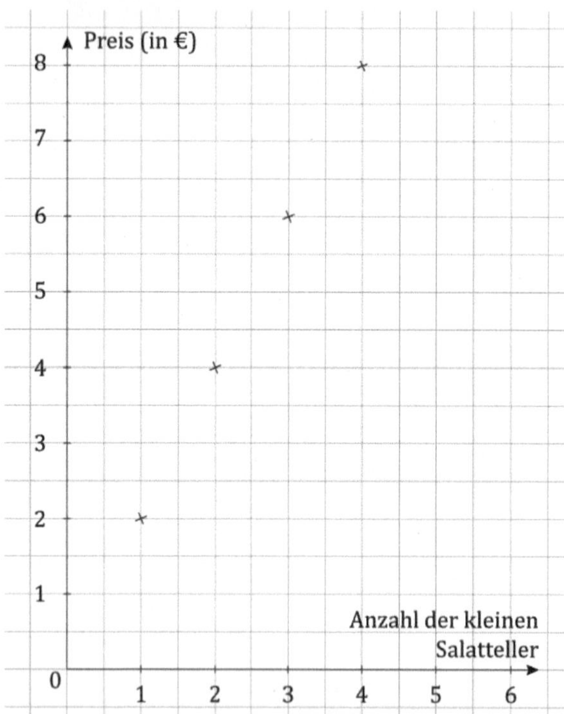

C Die Zuordnung *Anzahl der kleinen Salate → Preis (in €)* ist **proportional**. Der zur doppelten Anzahl gehört der **doppelte** Preis. Die Wertepaare der Zuordnung liegen auf einer **Geraden**.

Seite 30 ▶ Tieftauchen — In der Mensa

D

Anzahl der Hauptgerichte	1	2	3	4
Preis (in €)	**3,90**	7,80	**11,70**	**15,60**

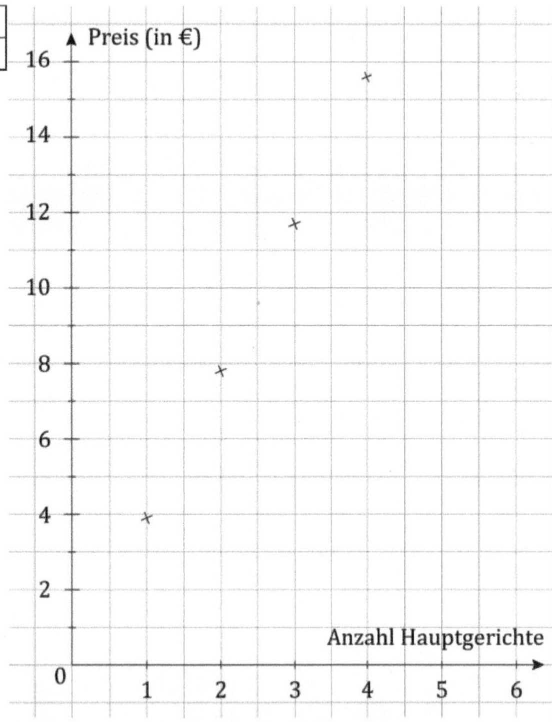

E Die Zuordnung ist antiproportional, wenn alle Schülerinnen und Schüler das gleiche Arbeitstempo haben und wenn sie sich nicht gegenseitig bei der Arbeit behindern. Zudem muss die Arbeitsmenge an jedem Tag gleich groß sein.

F

	Anzahl	Zeit (in min)	
	6	30	
: 6			· 6
	1	180	
· 5			: 5
	5	36	

5 Schülerinnen und Schüler benötigen für den Mensadienst 36 Minuten.

Seite 30 ► Tieftauchen **In der Mensa**

G Die Zuordnung *Anzahl der großen Salate → Preis (in €)* hat den Proportionalitätsfaktor 3,5.

Anzahl der großen Salate	1	2	3	4
Preis (in €)	3,5	7	10,5	14

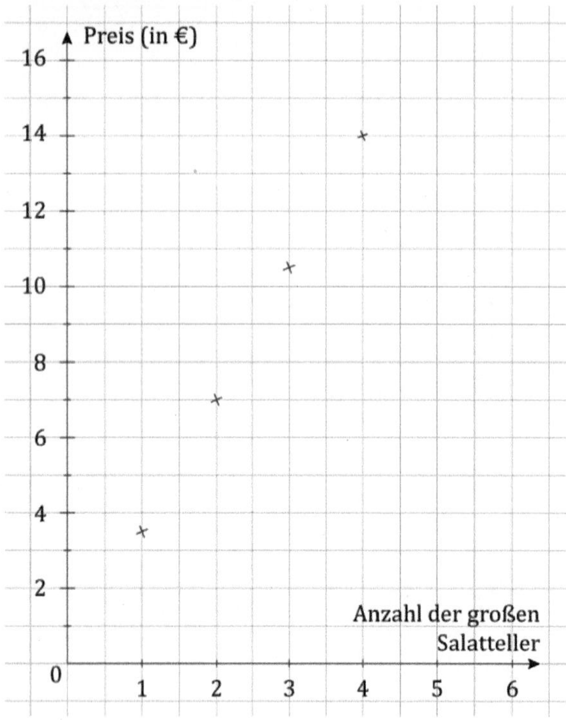

Seite 36 ▶ Wissen — Dreiecksarten

1 Individuelle Lösungen

2 Braune Dreiecke: spitzwinklig und gleichseitig
Orangene Dreiecke: rechtwinklig und unregelmäßig
Gelbe Dreiecke: spitzwinklig und gleichschenklig

Seite 37 ▶ Üben — Dreiecksarten

1

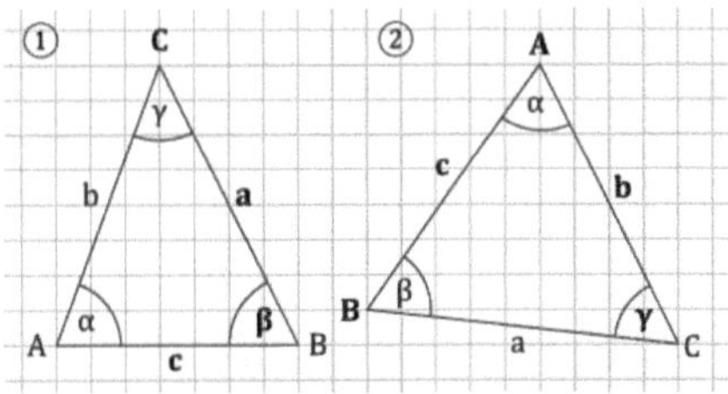

2 **a)** Bei ① sind die Seiten falsch beschriftet. Bei ② sind die Seiten a und b mit Großbuchstaben beschriftet und die Punkte mit Kleinbuchstaben.

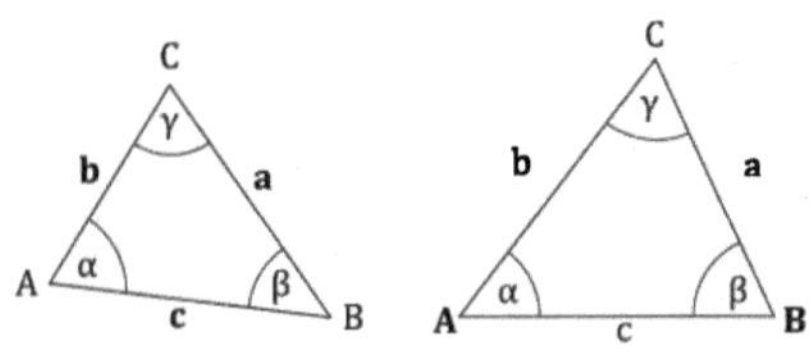

b) Gruppenarbeit

3 **a)** ① ⑤ ⑨
b) ⑥ ⑦ ⑧
c) ④
d) ② ③ ④
e) Es gibt kein gleichschenkliges und stumpfwinkliges Dreieck.

4 **a)** Wenn in einem Dreieck alle Seiten gleich lang sind, dann ist es ein **gleichseitiges** Dreieck.
b) Wenn in einem Dreieck alle Winkel kleiner als 90° sind, dann ist es ein **spitzwinkliges** Dreieck.
c) Wenn in einem Dreieck zwei Seiten gleich lang sind, dann ist es ein **gleichschenkliges** Dreieck.

5 **a)** Dreiecke im Vogel: spitzwinkliges Dreieck (z.B. grün), stumpfwinkliges Dreieck (blau), unregelmäßiges Dreieck (alle)
Dreiecke im Dach: rechtwinkliges und gleichschenkliges Dreieck (links und rechts vom Fenster)
b) Gruppenarbeit

6 **a), b)**

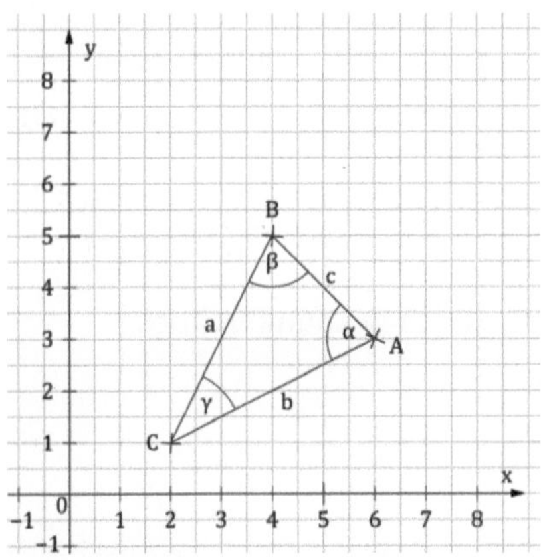

c) Das ist ein spitzwinkliges, unregelmäßiges Dreieck.

7 Individuelle Lösungen

8 **a)** Individuelle Lösungen **b)** Man entdeckt stumpfwinklige und unregelmäßige Dreiecke.

Seite 38 ▶ Üben ☒ Dreiecksarten

1

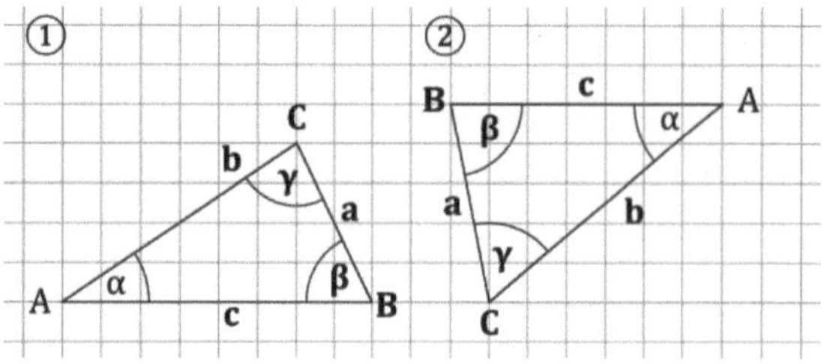

2 **a)** Die Seite a liegt gegenüber von **dem Eckpunkt A.**
b) Die Eckpunkte beschriftest du immer **gegen den Uhrzeigersinn.**
c) Der Winkel α liegt immer **am Eckpunkt A.**
d) Die Seiten beschriftest du mit **kleinen Buchstaben.**

3 ① spitzwinklig und gleichschenklig
② rechtwinklig und gleichschenklig
③ rechtwinklig und unregelmäßig
④ stumpfwinklig und unregelmäßig

4 **a)**

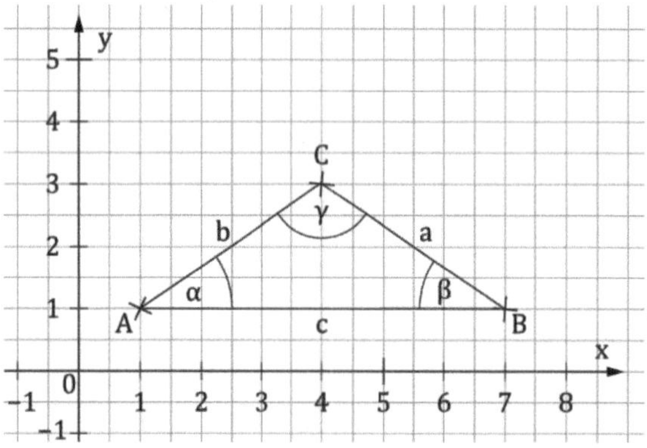

Das Dreieck ABC ist stumpfwinklig und gleichschenklig.

b) zum Beispiel: C(2|8)
c) zum Beispiel: C(10|4)
d) zum Beispiel: B(9|7)

5 Dreiecke im Drachen: gleichschenkliges, rechtwinkliges, spitzwinkliges und unregelmäßiges Dreieck
Dreieck im Verkehrsschild: spitzwinkliges, gleichseitiges Dreieck
Dreieck im Strommast: rechtwinkliges und gleichschenkliges Dreieck; stumpfwinkliges und gleichschenkliges Dreieck; spitzwinkliges und gleichschenkliges Dreieck

6 **a)** ③ ⑥ **b)** ④ **c)** ② **d)** ① ③ ④ ⑤ ⑥

7 Du kannst rechtwinklige Dreiecke, stumpfwinklige Dreiecke und spitzwinklige Dreiecke erkennen. Es gibt unregelmäßige Dreiecke.

Seite 39 ▶ Üben ☒ Dreiecksarten

1 **a)**

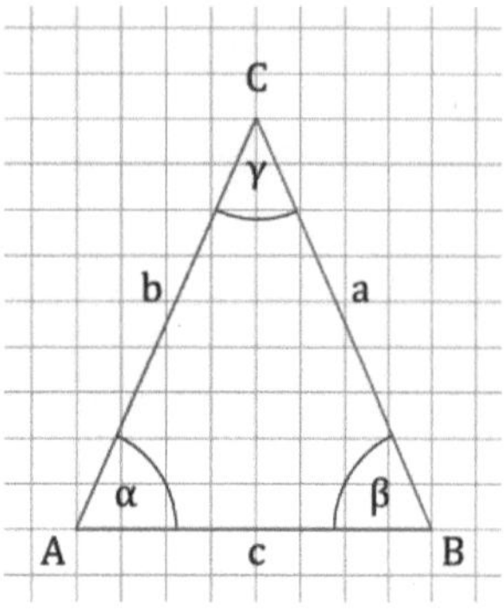

b) 1. Weil die Ecken gegen den Uhrzeigersinn beschriftet werden.
2. Weil die Seite b gegenüber vom Eckpunkt B liegt.
3. Weil Seiten immer mit Kleinbuchstaben beschriftet werden.
4. Weil der Winkel α beim Eckpunkt A liegt.

Seite 39 ▶ Üben ☒ Dreiecksarten

2 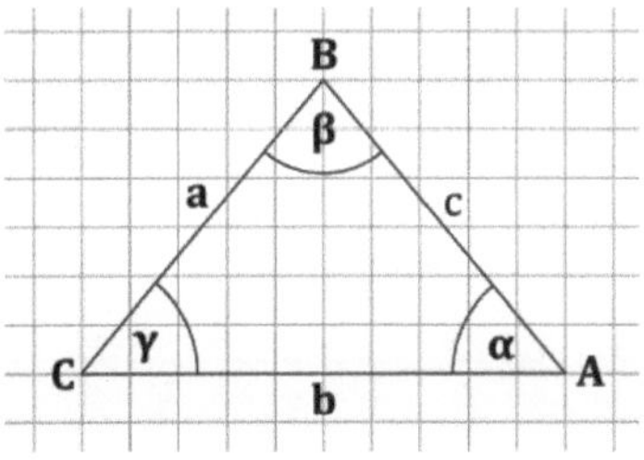

Der Punkt C muss gegenüber der Seite c liegen. Dann wird das Dreieck gegen den Uhrzeigersinn beschriftet.

3 **a)** A, E **b)** - **c)** D **d)** A, F **e)** D

4 Rechtwinklige Dreiecke, spitzwinklige Dreiecke, gleichschenklige Dreiecke, unregelmäßige Dreiecke

5 **a)** Stimmt. Bei einem gleichseitigen Dreieck sind alle Winkel 60° groß. Bei einem stumpfwinkligen Dreieck gibt es einen Winkel, der größer als 90° ist.

b) Doch, kann es.
Zum Beispiel:

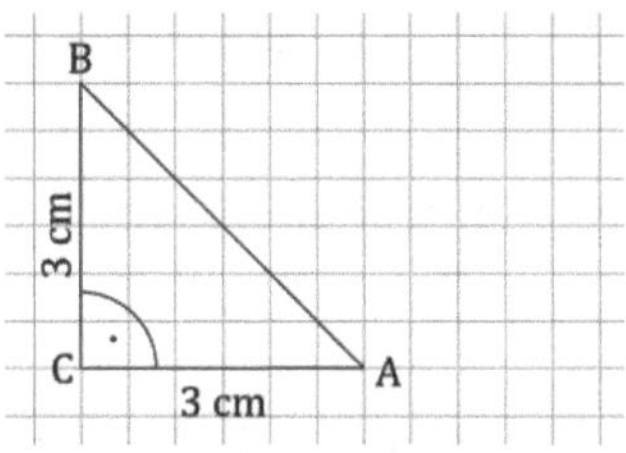

6 **a)** Die Zeichnung enthält 30 Dreiecke. Man kann zum Beispiel an der Spitze anfangen, und alle Dreiecke bis zur ersten Linie zählen.

b) Man findet spitzwinklige Dreiecke, rechtwinklige Dreiecke, stumpfwinklige Dreiecke, unregelmäßige Dreiecke und gleichschenklige Dreiecke.

7 **a)**

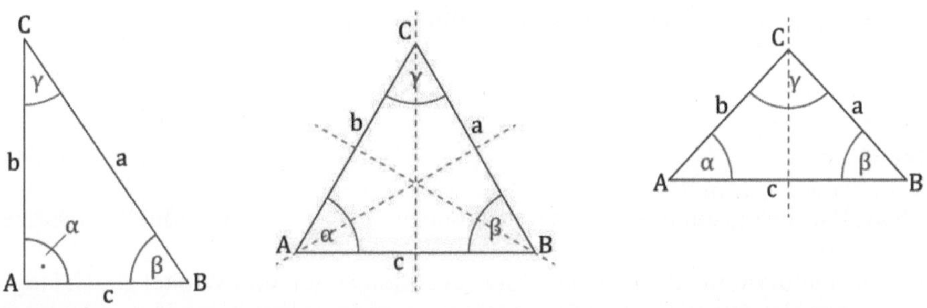

b) Das rechtwinklige Dreieck ist nicht achsensymmetrisch. Das gleichseitige Dreieck hat drei Symmetrieachsen. Das gleichschenklige Dreieck hat eine Symmetrieachse.

8 **a)** C(3|2) **b)** C(4|5)

9 Individuelle Lösungen

Seite 40 ▶ Wissen Vierecksarten

1 Das rote Viereck ist ein Parallelogramm. Die gegenüberliegenden Seiten sind gleich lang und jeweils parallel zueinander. Die gegenüberliegenden Winkel sind gleich groß. Die Diagonalen halbieren sich.

Seite 41 ▶ Üben ◩ Vierecksarten

1 ① Ⓐ ② Ⓑ ③ Ⓕ ④ Ⓒ ⑤ Ⓔ ⑥ Ⓓ

2 ① – Quadrat/Raute ② – das Trapez ③ – Rechteck/Quadrat ④ – Parallelogramm/Raute

3 **a)** ein Parallelogramm und ein Trapez sowie Rechtecke **b), c)** Individuelle Lösungen

Seite 41 ► Üben Vierecksarten

4 Individuelle Lösungen

5 **a)** B(6|1) **b)** B(3|1), D(0|4)

c) Rechteck: Eckpunkte A, B, C, D – Seiten a, b, a, b – Winkel α, β, γ, δ (vier rechte Winkel)
Quadrat: Eckpunkte A, B, C, D – Seiten (alle) a - Winkel α, β, γ, δ (vier rechte Winkel)

6

Eigenschaft	Vierecksarten
4 Seiten sind gleich lang.	Quadrat, Raute
2 Seiten sind gleich lang. Es sind nicht alle Seiten gleich lang.	Drachenviereck, gleichschenkliges Trapez, Parallelogramm, Rechteck
2 gegenüberliegende Seiten sind gleich lang.	Rechteck, Parallelogramm, Raute, Quadrat, Trapez
4 rechte Winkel	Quadrat, Rechteck
2 Winkel sind gleich groß. Es gibt aber keine 4 rechten Winkel.	Drachenviereck, gleichschenkliges Trapez

Seite 42 ► Üben Vierecksarten

1 **a)** ① – Eckpunkte: A, B, C, D; Seiten: a, a, b, b; Winkel: α, β, γ, δ
② – Eckpunkte: A, B, C, D; Seiten: (alle) a; Winkel: α, β, γ, δ
③ – Eckpunkte: A, B, C, D; Seiten: a, b, c, d; Winkel: α, β, γ, δ
④ – Eckpunkte: A, B, C, D; Seiten: a, b, a, b; Winkel: α, β, γ, δ

b) ① – Winkel: β und δ
② – Winkel: α und γ, β und δ
③ – Winkel: alle unterschiedlich
④ – Winkel: α und γ, β und δ

c) Siehe Seite 66. Verbinde die gegenüberliegenden Eckpunkte

d) ① – Drachenviereck
② – Raute
③ – Trapez
④ – Parallelogramm

2 **a)** Quadrate, Rechtecke, Parallelogramme, Rauten und Trapeze **b)** Individuelle Lösungen

3 Das Viereck ① ist ein Parallelogramm, da die gegenüberliegenden Seiten und Winkel gleich lang sind, ebenfalls sind die Seiten parallel. Die Vierecke ② und ④ sind aus denselben Gründen auch Parallelogramme. Die anderen beiden Vierecke sind Trapeze.

4 Individuelles Parallelogramm

a) Die Eckpunkte werden mit A, B, C, D beschriftet und die Seiten mit a, b, c, d.

b) Die Aussage von Marie ist korrekt. Da die gegenüberliegenden Winkel gleich groß sind, ist die Summe bei jedem benachbarten Winkelpaar 180°. Beispiel: $\alpha = 138°, \beta = 42°$

5 **a)** C (7|3) **b)** B (2|5), D (0|10) **c)** B (7|8)

6

Eigenschaft	Vierecksarten
2 Paar benachbarter Seiten sind gleich lang.	Drachenviereck, Raute, Quadrat
2 gegenüberliegende Seiten sind zueinander parallel, die anderen beiden Seiten nicht.	Trapez, gleichschenkliges Trapez
Die gegenüberliegenden Winkel sind gleich groß.	Quadrat, Rechteck, Parallelogramm, Raute
Die Diagonalen sind gleich lang.	Quadrat, Rechteck
Die Diagonalen sind zueinander senkrecht.	Quadrat, Raute, Drachenviereck

7 **a)** Individuelle Lösungen **b)** Beispiel: zwei Dreiecke an einem Quadrat

Seite 43 ▶ Üben ☒ Vierecksarten

1 **a)** ① – Eckpunkte: A, B, C, D; Seiten: (alle) a; Winkel: α, β, γ, δ (vier rechte Winkel)
② – Eckpunkte: A, B, C, D; Seiten: a, a, b, b; Winkel: α, β, γ, δ
③ – Eckpunkte: A, B, C, D; Seiten: a, b, a, b; Winkel: α, β, γ, δ
④ – Eckpunkte: A, B, C, D; Seiten: a, b, c, d; Winkel: α, β, γ, δ

b) ① – Winkel: α
② – Winkel: α und γ
③ – Winkel: α und γ, β und δ
④ – Winkel: alle unterschiedlich

c) Siehe Seite 66. Verbinde die gegenüberliegenden Eckpunkte.

d) ① – Quadrat
② – Drachenviereck
③ – Parallelogramm
④ – Trapez

e) Es fehlen Quadrat und Rechteck. Individuelle Zeichnung

2 **a)**

Eigenschaft	Vierecksarten
① Gegenüberliegende Winkel sind gleich groß.	Quadrat, Rechteck, Parallelogramm, Raute
② Die Diagonalen sind gleich lang und halbieren sich.	Quadrat, Rechteck
③ Die Diagonalen sind zueinander senkrecht.	Quadrat, Rechteck, Raute, Drachenviereck
④ Gegenüberliegende Seiten sind gleich lang und zueinander parallel. Gegenüberliegende Winkel sind gleich groß.	Quadrat, Rechteck, Parallelogramm, Raute

b) Individuelle Lösungen

3 **a)-c)** Individuelle Lösungen

4 **a)** D(4|15) **b)** C(8|8), D(0|6) **c)** C(15|7)

5 **a), b)** ① – Mögliche Figuren: Rechteck, Trapez
② – Mögliche Figuren: Parallelogramm, Trapez
③ – Mögliche Figuren: Quadrat, Rechteck, Parallelogramm, Raute, Trapez, Drachenviereck
④ – Mögliche Figuren: Raute, Drachenviereck, Quadrat

6 **a)-c)** Individuelle Lösungen

Seite 44 ▶ Thema Haus der Vierecke

1 **a)** Die Eigenschaften eines Parallelogramms sind, dass die gegenüberliegenden Seiten gleich lang und parallel sind. Ebenfalls sind die gegenüberliegenden Winkel gleich groß. Die Diagonalen halbieren sich. Die Raute besitzt die gleichen Eigenschaften, wie das Parallelogramm.
Bei der Raute sind die gegenüberliegenden Winkel ebenfalls gleich groß. Die gegenüberliegenden Seiten sind auch parallel und gleich lang. Darüber hinaus besitzt die Raute weitere Eigenschaften.

b) Die Eigenschaften eines Drachenvierecks sind, dass zwei Paar benachbarte Seiten gleichlang sind. Zwei gegenüberliegende Winkel sind gleich groß. Die Diagonalen stehen senkrecht zueinander. Eine Diagonale wird durch die anderen Diagonale halbiert.
Die Raute hat die gleichen Eigenschaften, darüber hinaus hat sie weitere Eigenschaften, die sie charakterisieren.

c) Die Eigenschaften einer Raute sind, dass alle vier Seiten gleich lang sind und die gegenüberliegenden Winkel gleich groß sind. Die gegenüberliegenden Seiten sind parallel zueinander. Die Diagonalen halbieren sich und sind senkrecht zueinander.
Parallelogramm: Vier Seiten sind nicht alle gleich lang. Ebenfalls stehen die Diagonalen nicht senkrecht zueinander.
Drachenviereck: Vier Seiten sind nicht alle gleich lang. Nur zwei gegenüberliegende Winkel sind gleich groß. Nur eine Diagonale wird halbiert.

Seite 44 ▶ Thema — Haus der Vierecke

2 **a)** Ein Parallelogramm hat sogar zwei Paar parallele Seiten und ist daher ein besonderes Trapez.
b) Diese Eigenschaften besitzt ein Parallelogramm, ein Trapez aber nicht:
1. Gegenüberliegende Seiten sind gleich lang und parallel zueinander.
2. Gegenüberliegende Winkel sind gleich groß.
3. Die Diagonalen halbieren sich.

c) Ein Quadrat ist auch eine Raute.
d) Diese Eigenschaften besitzt ein Quadrat, eine Raute aber nicht:
1. Alle vier Winkel sind gleich groß, es sind rechte Winkel.
2. Die Diagonalen sind gleich lang.

3 **a)** Stimmt nicht. **b)** Stimmt.
c) Individuelle Lösungen
Beispiel: „Ein Quadrat ist auch ein Viereck." „Ein Rechteck ist auch ein Parallelogramm."

Seite 45 ▶ Wissen — Symmetrieeigenschaften

1 Handarbeit

2 2. Quadrat, Raute, Drachenviereck, Rechteck

3 2. Quadrat, Parallelogramm, Raute, Rechteck

4 2. Quadrat

5 **a)**

Quadrat:	achsensymmetrisch, punktsymmetrisch, drehsymmetrisch
Parallelogramm:	punktsymmetrisch
Raute:	achsensymmetrisch, punktsymmetrisch
Drachenviereck:	achsensymmetrisch
Rechteck:	achsensymmetrisch, punktsymmetrisch
Trapez:	/
Viereck:	/

b) Jannicks Aussage stimmt.
c) Nein, die Aussage stimmt nicht. Zum Beispiel ist ein Drachenviereck achsensymmetrisch, aber nicht punktsymmetrisch.

Seite 46 ▶ Wissen — Umfang von Dreiecken und Vierecken

1 ① gegeben: $a = 450$ m; $b = 220$ m; $c = 360$ m
gesucht: u

$u = a + b + c$
$u = 450\text{ m} + 220\text{ m} + 360\text{ m}$
$u = 1030\text{ m}$

② gegeben: $a = 330$ m; $b = 140$ m; $c = 110$ m; $d = 420$ m
gesucht: u

$u = a + b + c + d$
$u = 330\text{m} + 140\text{ m} + 110\text{ m} + 420\text{ m}$
$u = 1000\text{ m}$

2 ① gegeben: $a = 9$ cm; $b = 6$ cm
gesucht: u

$u = 2 \cdot a + 2 \cdot b$
$u = 2 \cdot 9\text{ cm} + 2 \cdot 6\text{ cm}$
$u = 30\text{ cm}$

② gegeben: $a = 9$ cm
gesucht: u

$u = 4 \cdot a$
$u = 4 \cdot 9\text{ cm}$
$u = 36\text{ cm}$

③ gegeben: $a = 9$ cm; $b = 6$ cm
gesucht: u

$u = 2 \cdot a + 2 \cdot b$
$u = 2 \cdot 9\text{ cm} + 2 \cdot 6\text{ cm}$
$u = 30\text{ cm}$

Seite 47 ▶ Üben — Umfang von Dreiecken und Vierecken

1 a) gegeben: a = 6 cm; b = 7 cm; c = 11 cm — gesucht: u
u = a + b + c = 6 cm + 7 cm + 11 cm = **24 cm**

b) gegeben: a = 7 cm; b = 10 cm; c = 14 cm — gesucht: u
u = a + b + c = 7 cm + 10 cm + 14 cm = **31 cm**

2 a) gegeben: a = 6 cm; b = 5 cm; c = 7 cm — gesucht: u
u = a + b + c = 6 cm + 5 cm + 7 cm = **18 cm**

b) gegeben: a = 15 m; b = 10 m; c = 25 m — gesucht: u
u = a + b + c = 15 m + 10 m + 25 m = **50 m**

c) gegeben: a = 6,5 cm; b = 2,5 cm; c = 9 cm — gesucht: u
u = a + b + c = 6,5 cm + 2,5 cm + 9 cm = **18 cm**

3 a) gegeben: a = 10 cm; b = 4 cm; c = 2 cm; d = 9 cm — gesucht: u
u = a + b + c + d = 10 cm + 4 cm + 2 cm + 9 cm = **25 cm**

b) gegeben: a = 8 cm; b = 5 cm; c = 11 cm; d = 10 cm — gesucht: u
u = a + b + c + d = 8 cm + 5 cm + 11 cm + 10 cm = **34 cm**

c) gegeben: a = 9 m; b = 4 m; c = 12 m; d = 7 m — gesucht: u
u = a + b + c + d = 9 m + 4 m + 12 m + 7 m = **32 m**

d) gegeben: a = 8 m; b = 13 m; c = 6 m; d = 9 m — gesucht: u
u = a + b + c + d = 8 m + 13 m + 6 m + 9 m = **36 m**

4 a) Individuelle Lösungen

b) a = 3 cm, b = 4 cm. Die Vierecksart ist ein Drachenviereck.

c) gegeben: a =3 cm; b = 4 cm — gesucht: u
u = 2 · a + 2 · b = 2 · 3 cm + 2 · 4 cm = **14 cm**

5 Individuelle Lösungen

6

Dreieck:	① u = a + b + c	Raute:	② u = 4 · a
Drachenviereck:	③ u = 2 · a + 2 · b	Parallelogramm:	③ u = 2 · a + 2 · b

7 a) gegeben: a = 5 cm; b = 3 cm; c = 2 cm; d = 2,5 cm — gesucht: u
u = a + b + c + d = 5 cm + 3 cm + 2 cm + 2,5 cm = **12,5 cm**

b) gegeben: a = 5 cm; b = 6 cm — gesucht: u
u = 2 · a + 2 · b = 2 · 5 cm + 2 · 6 cm = **22 cm**

c) gegeben: a = 8 cm — gesucht: u
u = 4 · a = 4 · 8 cm = **32 cm**

d) gegeben: a = 7 cm; b = 2,5 cm — gesucht: u
u = 2 · a + 2 · b = 2 · 7 cm + 2 · 2,5 cm = **19 cm**

8 a) ① gegeben: a = 3,5 m; b = 2 m; c = 1,5 m; d = 2 m — gesucht: u
u = a + b + c + d = 3,5 m + 2 m + 1,5 m + 2 m = **9 m**

② gegeben: a = 3,5 m; b = 2,5 m; c = 2 m — gesucht: u
u = a + b + c = 3,5 m + 2,5 m + 2 m = **8 m**

Bei ① brauchst du 9 m Zaun und bei ② brauchst du 8 m Zaun.

b) Individuelle Lösungen
Mögliche Lösung: Du kannst ② kleiner machen, indem du die untere Seite des Dreiecks um 1 m kürzt.

9 gegeben: u = 20 cm; a = 3 cm; b = 4 cm; c = 5 cm — gesucht: d
d = u - a - b - c = 20 cm - 3 cm - 4 cm - 5 cm = **8 cm**

10 Individuelle Lösungen
Beispiel: a = 6 cm, b = 7 cm, c = 5 cm

Seite 48 ▶ Üben ☒ Umfang von Dreiecken und Vierecken

1 **a)** gegeben: a = 14,6 cm; b = 14 cm; c = 8,4 cm gesucht: u
u = a + b + c = 14,6 cm + 14 cm + 8,4 cm = **37 cm**

b) gegeben: a = 16 cm; b = 8,2 cm; c = 18,8 cm gesucht: u
u = a + b + c = 16 cm + 8,2 cm + 18,8 cm = **43 cm**

c) gegeben: a = 5,2 m; b = 7 m; c = 4,3 m gesucht: u
u = a + b + c = 5,2 m + 7 m + 4,3 m = **16,5 m**

d) gegeben: a = 8,5 cm; b = 3 cm 4 mm = 3,4 cm; c = 12,6 cm gesucht: u
u = a + b + c = 8,5 cm + 3,4 cm + 12,6 cm = **24,5 cm**

2 **a)** gegeben: a = 16,1 cm; b = 10 cm; c = 9 cm; d = 8,9 cm gesucht: u
u = a + b + c + d = 16,1 cm + 10 cm + 9 cm + 8,9 cm = **44 cm**

b) gegeben: a = 10 cm; b = 10,8 cm; c = 8,2 cm; d = 8 cm gesucht: u
u = a + b + c + d = 10 cm + 10,8 cm + 8,2 cm + 8 cm = **37 cm**

c) gegeben: a = 12,3 m; b = 5,5 m; c = 25,7 m; d = 9,5 m gesucht: u
u = a + b + c + d = 12,3 m + 5,5 m + 25,7 m + 9,5 m = **53 m**

d) gegeben: a = 6,5 m; b = 7 m; c = 10,5 m; d = 8,5 m gesucht: u
u = a + b + c + d = 6,5 m + 7 m + 10,5 m + 8,5 m = **32,5 m**

3 **a)** ① Dreieck: a, b, c ② Viereck: a, b, c, d

b) Individuelle Lösungen
① gegeben: a = 4,5 cm; b = 4 cm; c = 5 cm gesucht: u
u = a + b + c = 4,5 cm + 4 cm + 5 cm = **13,5 cm**

② gegeben: a = 2 cm; b = 3 cm; c = 4,5 cm; d = 3,5 cm gesucht: u
u = a + b + c + d = 2 cm + 3 cm + 4,5 cm + 3,5 cm = **13 cm**

4 **a)**

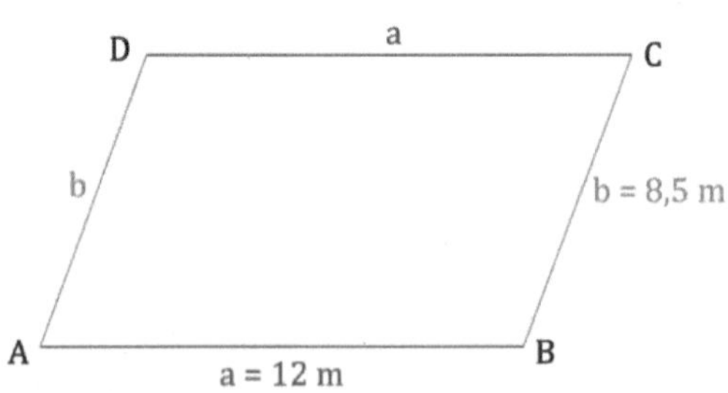

gegeben: a = 12 m; b = 8,5 m
gesucht: u
$u = 2 \cdot a + 2 \cdot b$
$u = 2 \cdot 12\text{ m} + 2 \cdot 8{,}5\text{ m}$
u = 41 m

b)

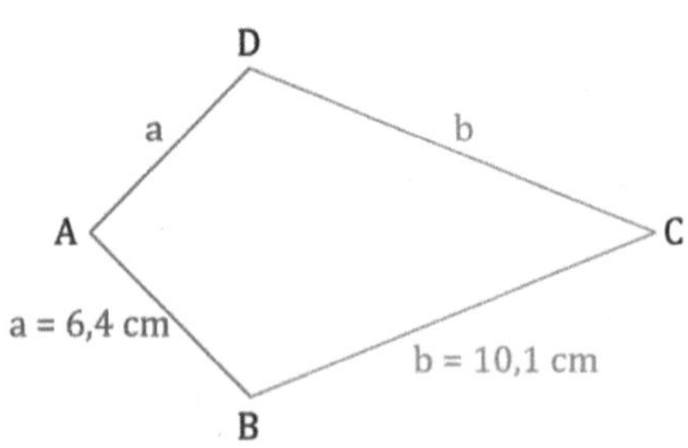

gegeben: a = 6,4 cm; b = 10,1 cm
gesucht: u
$u = 2 \cdot a + 2 \cdot b$
$u = 2 \cdot 6{,}4\text{ cm} + 2 \cdot 10{,}1\text{ cm}$
u = 33 cm

c)

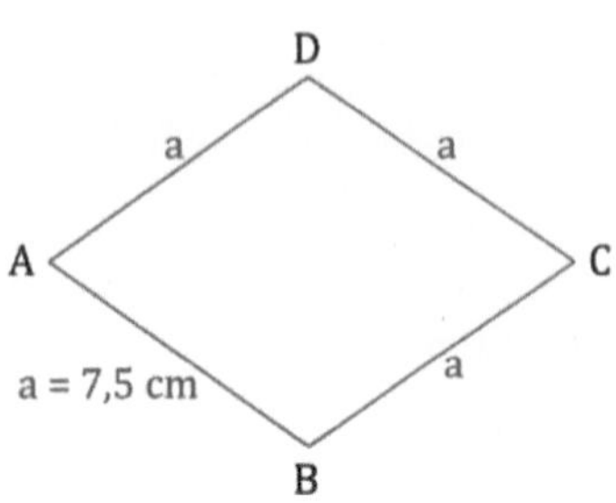

gegeben: a = 7,5 cm
gesucht: u
$u = 4 \cdot a$
$u = 4 \cdot 7{,}5\text{ cm}$
u = 30 cm

Seite 48 ▶ Üben ☒ Umfang von Dreiecken und Vierecken

5 a) Grünes Quadrat: gegeben: a = 4 cm gesucht: u
u = 4 · a = 4 · 4 cm = **16 cm**

b) Blaues Quadrat: gegeben: a = 2,8 cm gesucht: u
u = 4 · a = 4 · 2,8 cm = **11,2 cm**

c) Grüne Dreiecke: gegeben: c = 2,8 cm, a =2 cm, b = 2cm gesucht: u
u = a + b + c = 2 cm + 2 cm + 2,8 cm = **6,8 cm**
6,8 cm · 4 = 27,2 cm
Vorgehen: Berechnung eines grünen Dreiecks. Die Seiten a und b lassen sich bestimmen, indem man die Hälfte der Strecke $\overline{AB}$ nimmt. Also 4 cm : 2 = 2 cm.
Zur Berechnung aller vier Dreiecke multipliziert man das Ergebnis des Umfangs mit 4.

6

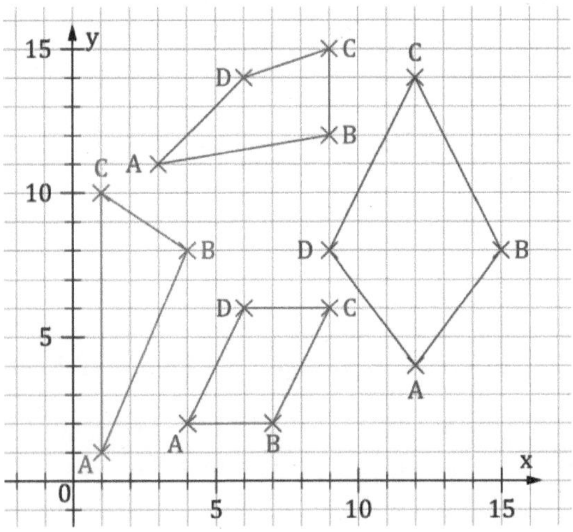

a) Rot: gesucht: u
u = 3 cm + 4,5 cm + 3 cm + 4, 5 cm
u = 15 cm

b) Blau: gesucht: u
u = 7,5 cm + 3,5 cm + 9 cm
u = 20 cm

c) Grün: gesucht: u
u = 6,1 cm + 3 cm + 3,2 cm + 4,2 cm
u ≈ 16,5 cm

d) Lila: gesucht: u
u = 5 cm + 5 cm + 6,8 cm + 6,8 cm
u = 23,6 cm

7 a) Füchse:
gegeben: a = 85 m; b = 40 m, gesucht: u
u = 2 · a + 2 · b = 2 · 85 m + 2 · 40 m = **250 m**

Erdmännchen:
gegeben: a = 12,5 m, gesucht: u
u = 4 · a = 4 · 12,5 m = **50 m**

Geparden:
gegeben: a = 155 m; b = 105 m, gesucht: u
u = 2 · a + 2 · b = 2 · 155 m + 2 · 105 m = **520 m**

Pinguine:
gegeben: a = 27 m; b = 17 m; c = 40 m, gesucht: u
u = a + b + c = 27 m + 17 m + 40 m = **84 m**

b) Gehege insgesamt: gegeben: 250 m; 50 m; 520 m, 84 m, gesucht: u
u = 250 m + 50 m +520 m + 84 m = **904 m** 904 m · 1,30 € = **1175,20 €**

c) Individuelle Lösungen

Beispiel: Füchse:
u = 250 m = **2 · 80 m + 2 · 45 m**

Beispiel: Erdmännchen
u = 50 m = **2 · 15 m + 2 · 10 m**

Beispiel: Geparden
u = 520 m = **2 · 180 m + 2 · 80 m**

Beispiel: Pinguine:
u = 84 m = **2 · 25 m + 2 · 17 m**

8 Individuelle Lösungen
Beschreibung: Berechne zuerst die Seiten a und b. Für a legst du 8 cm fest.
Das bedeutet, 30 cm – 2 · 8 cm = 14 cm. Berechne daraus die Seite b: 14 cm : 2 = 7 cm
Zeichne das Parallelogramm mit a = 8 cm. Trage an A die Seite d mit 7 cm ab. Benenne den Endpunkt mit D. Zeichne eine Parallele durch D zu a. Trage c = 8 cm ab. Verbinde die Punkt B und C.

9 a) gegeben: u = 29 cm; a = 7 cm; c = 8 cm gesucht: b
b = u – a – c = 29 cm – 7 cm – 8 cm = **14 cm**
Subtrahiere vom Umfang die Seiten a und c, erhalte die Länge b.

b) gegeben: u = 14 cm; b = 2,5 cm gesucht: a
2 · a = u – 2 · b = 14 cm – 2 · 2,5 cm = **9 cm** **a = 4,5 cm**
Subtrahiere vom Umfang 2 · b, erhalte 2 · a. Dividiere durch 2 und erhalte die Länge der Seite a

c) gegeben: u = 23 cm; a = 7 cm gesucht: b
2 · b = u – 2 · a = 23 cm – 2 · 7 cm = **9 cm** **b = 4,5 cm**
Subtrahiere vom Umfang 2 · a, erhalte 2 · b. Dividiere durch 2 und erhalte die Länge der Seite b.

Seite 49 ► Üben ☒ Umfang von Dreiecken und Vierecken

1 **a)** gesucht: u $u = a + b + c = 9\text{ cm} + 4{,}9\text{ cm} + 5{,}7\text{ cm} = \mathbf{19{,}6\text{ cm}}$
b) gesucht: u $u = a + b + c = 10{,}5\text{ m} + 9{,}2\text{ m} + 8{,}7\text{ m} = \mathbf{28{,}4\text{ cm}}$
c) gesucht: u $u = a + b + c = 6{,}4\text{ cm} + 7{,}7\text{ cm} + 3{,}3\text{ cm} = \mathbf{17{,}4\text{ cm}}$
d) gesucht: u $u = a + b + c = 27{,}45\text{ m} + 45{,}3\text{ m} + 62{,}25\text{ m} = \mathbf{135\text{ m}}$

2 **a)** gesucht: u $u = a + b + c + d = 6{,}5\text{ m} + 7\text{ m} + 10{,}5\text{ m} + 8{,}5\text{ m} = \mathbf{32{,}5\text{ m}}$
b) gesucht: u $u = a + b + c + d = 12{,}3\text{ m} + 5{,}5\text{ m} + 25{,}7\text{ m} + 9{,}5\text{ m} = \mathbf{53\text{ m}}$
c) gesucht: u $u = a + b + c + d = 276\text{ m} + 105\text{ m} + 723\text{ m} + 481\text{ m} = \mathbf{1585\text{ m}}$
d) gesucht: u $u = a + b + c + d = 60{,}5\text{ m} + 70{,}1\text{ m} + 110\text{ m} + 30{,}8\text{ m} = \mathbf{271{,}4\text{ m}}$

3 **a)**

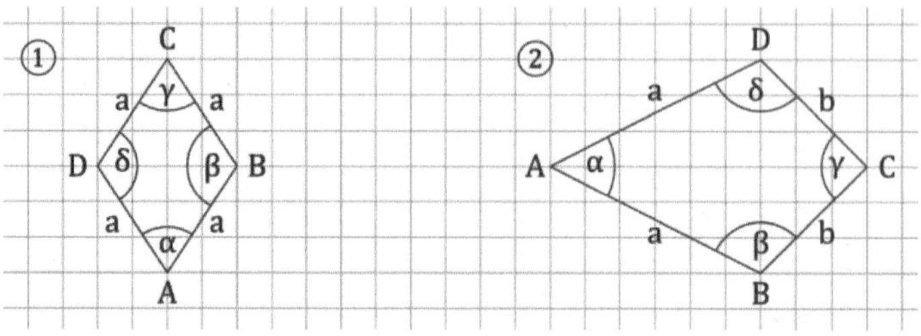

b) Individuelle Lösungen

① $a = 1{,}8\text{ cm}$ gesucht: u
$u = 4 \cdot a = 4 \cdot 1{,}8\text{ cm} = \mathbf{7{,}2\text{ cm}}$

② $a = 3{,}4\text{ cm}$; $b = 2{,}1\text{ cm}$ gesucht: u
$u = 2 \cdot a + 2 \cdot b$ $u = 2 \cdot 3{,}4\text{ cm} + 2 \cdot 2{,}1\text{ cm} = \mathbf{11\text{ cm}}$

4 **a)** Parallelogramm gesucht: u
$u = 2 \cdot a + 2 \cdot b = 2 \cdot 15\text{ cm} + 2 \cdot 10\text{ cm} = \mathbf{50\text{ cm}}$

b) Raute gesucht: u
$u = 4 \cdot a = 4 \cdot 88\text{ mm} = \mathbf{352\text{ mm}}$

c) Drachenviereck gesucht: u
$u = 2 \cdot a + 2 \cdot b = 2 \cdot 7\text{ m} + 2 \cdot 13{,}4\text{ m} = \mathbf{40{,}8\text{ m}}$

5 **a)** Fiona: Die Formel ist falsch. Sie muss a und b jeweils · 2 nehmen, da es jeweils zwei Seiten gibt.
Amar: Die Formel ist richtig. Aber in der zweiten Zeile, in der die Werte eingesetzt werden, hat er nur einmal b multipliziert.

b) Gesucht: u $u = 2 \cdot a + 2 \cdot b = 2 \cdot 12{,}5\text{ m} + 2 \cdot 6{,}4\text{ m} = \mathbf{37{,}8\text{ m}}$

6 Ⓐ Dreieck gesucht: u $u = a + b + c = 90\text{ cm} + 75\text{ cm} + 120\text{ cm} = \mathbf{285\text{ cm}}$
Ⓑ Parallelogramm gesucht: u $u = 2 \cdot a + 2 \cdot b = 2 \cdot 64\text{ cm} + 2 \cdot 18\text{ cm} = \mathbf{164\text{ cm}}$
Ⓒ Raute gesucht: u $u = 4 \cdot a = 4 \cdot 65\text{ cm} = \mathbf{260\text{ cm}}$
Ⓓ Viereck gesucht: u $u = a + b + c + d = 72\text{ cm} + 85\text{ cm} + 60\text{ cm} + 45\text{ cm} = \mathbf{262\text{ cm}}$
Die folgenden Strecken kann er mit seiner Rennbahn bauen: B, C und D.

7 **a)**

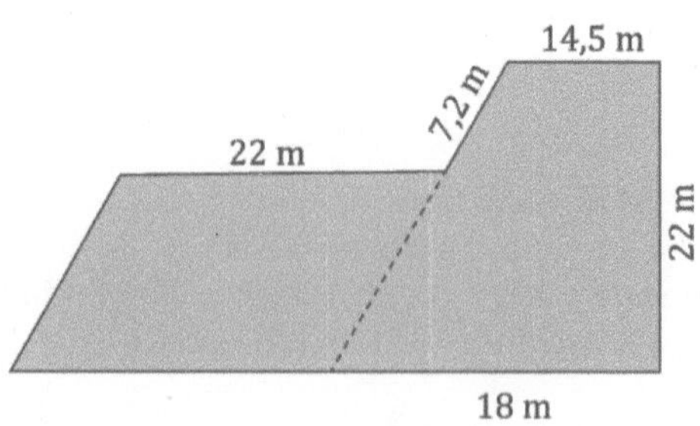

b) $120\text{ m} - 22\text{ m} - 22\text{ m} - 7{,}2\text{ m} - 14{,}5\text{ m} - 22\text{ m} - 18\text{ m} = 14{,}3\text{ m}$
Die fehlende Seitenlänge beträgt **14,3 m.**

c) $120\text{ m} = 12000\text{ cm}$
$12000\text{ cm} : 30\text{ cm} = 400$
$400 \cdot 11{,}50\text{ €} = 4600\text{ €}$
Die Kosten betragen **4600 €.**

8 ① Drachenviereck gesucht: b
$2 \cdot b = u - 2 \cdot a = 100\text{ cm} - 2 \cdot 13{,}75\text{ cm} = \mathbf{72{,}5\text{ cm}}$ $b = 72{,}5\text{ cm} : 2 = \mathbf{36{,}25\text{ cm}}$

② Parallelogramm gesucht: a
$2 \cdot a = u - 2 \cdot b = 46{,}5\text{ cm} - 2 \cdot 8{,}25\text{ cm} = \mathbf{30\text{ cm}}$ $a = 30\text{ cm} : 2 = \mathbf{15\text{ cm}}$

③ Raute gesucht: a
$a = u : 4 = 144\text{ m} : 4 = \mathbf{36\text{ m}}$

Seite 49 ▶ Üben ☒ Umfang von Dreiecken und Vierecken

9 **a)** Wenn ein Dreieck die Seitenlängen 2 cm, 3 cm und 4 cm hat, ergibt dies aus der Formel $u = a + b + c$ → 9 cm. Wenn man alle Seiten verdoppelt, verdoppelt sich das Ergebnis auch (18 cm). Das bedeutet, der Umfang des Dreiecks ist dann doppelt so groß.

b) Wenn ein Viereck die Seitenlängen 2 cm, 4 cm, 6 cm und 8 cm hat, ergibt dies mit der Formel $u = a + b + c + d$ → 20 cm. Wenn man alle Seiten halbiert, halbiert sich das Ergebnis auch (10 cm). Das bedeutet, dass der Umfang des Vierecks sich ebenfalls halbiert.

Seite 50 ▶ Wissen Flächeninhalt von Dreiecken

1 Individuell. Der Flächeninhalt des Dreiecks ist die Hälfte vom Flächeninhalt des Rechtecks.

2 $A_{Dreieck} = \frac{5\text{ m} \cdot 8\text{ m}}{2} = \mathbf{20\text{ m}^2}$

Seite 51 ▶ Üben Flächeninhalt von Dreiecken

1 $g = 3$ cm; $h = 4$ cm $A_{Dreieck} = \frac{3\text{ cm} \cdot 4\text{ cm}}{2} = \mathbf{6\text{ cm}^2}$

2 **a)**

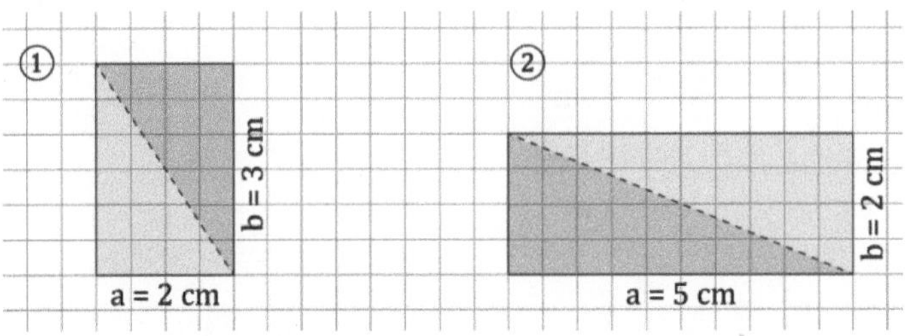

b) ① $a = 2$ cm; $b = 3$ cm; $A_{Rechteck} = 2\text{ cm} \cdot 3\text{ cm} = 6\text{ cm}^2$

$A_{Dreieck} = \frac{A_{Rechteck}}{2}$; $A_{Dreieck} = \frac{6\text{ cm}^2}{2} = \mathbf{3\text{ cm}^2}$

② $a = 5$ cm; $b = 2$ cm; $A_{Rechteck} = 5\text{ cm} \cdot 2\text{ cm} = 10\text{ cm}^2$

$A_{Dreieck} = \frac{A_{Rechteck}}{2}$; $A_{Dreieck} = \frac{10\text{ cm}^2}{2} = \mathbf{5\text{ cm}^2}$

3 **a)**

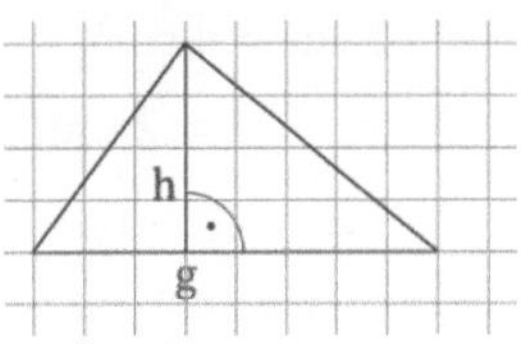

$h = 2$ cm

b)

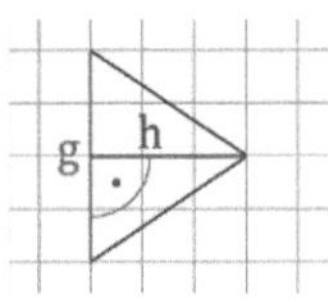

$h = 1{,}5$ cm

c)

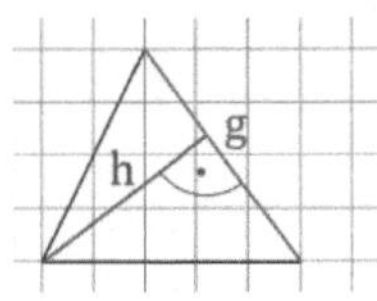

$h = 2$ cm

4 **a)** Die Höhe muss immer im rechten Winkel auf der Seite g stehen.

b) $h = 2{,}5$ cm

5 **a)** Individuelle Lösungen **b)** Individuelle Lösungen

6 **a)** $A_{Dreieck} = \frac{5\text{ cm} \cdot 4\text{ cm}}{2} = \mathbf{10\text{ cm}^2}$ **b)** $A_{Dreieck} = \frac{20\text{ cm} \cdot 15\text{ cm}}{2} = \mathbf{150\text{ cm}^2}$

c) $A_{Dreieck} = \frac{8\text{ cm} \cdot 8\text{ cm}}{2} = \mathbf{32\text{ cm}^2}$

7 ① $A_{Dreieck} = 12\text{ cm}^2$ ② $A_{Dreieck} = 12\text{ cm}^2$ ③ $A_{Dreieck} = 12\text{ cm}^2$

Seite 51 ▶ Üben — Flächeninhalt von Dreiecken

8 **a)-c)**

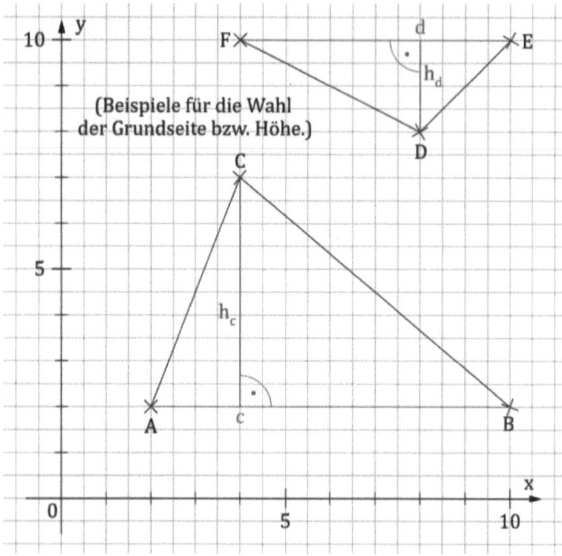

d) Dreieck 1: $c = 8\text{ cm};\ h_1 = 5\text{ cm}$

$A_{\text{Dreieck 1}} = \frac{8\text{ cm} \cdot 5\text{ cm}}{2} = \mathbf{20\ cm^2}$

Dreieck 2: $d = 6\text{ cm};\ h_2 = 2\text{ cm}$

$A_{\text{Dreieck 2}} = \frac{6\text{ cm} \cdot 2\text{ cm}}{2} = \mathbf{6\ cm^2}$

9 **a)** $A_{\text{Dreieck}} = \frac{6\text{ cm} \cdot 4\text{ cm}}{2} = 12\text{ cm}^2$ Der Anhänger hat einen Flächeninhalt von **12 cm²**.

b) Sie möchte den Anhänger von vorne und von hinten besprühen.
Das ist eine Fläche von $2 \cdot 12\text{ cm}^2 = 24\text{ cm}^2$. Also bezahlt sie $24 \cdot 30\text{ ct} = 720\text{ ct}$. Das sind **7,20 €**.

10 $h = 7\text{ cm};\ g = 2\text{ cm}$ $A_{\text{grün}} = \frac{2\text{ cm} \cdot 7\text{ cm}}{2} = 7\text{ cm}^2$

Das gesamte Rechteck hat den Flächeninhalt $A_{\text{Rechteck}} = 2\text{ cm} \cdot 7\text{ cm} = 14\text{ cm}^2$.
Also ist $A_{\text{rot}} = A_{\text{Rechteck}} - A_{\text{grün}} = 14\text{ cm}^2 - 7\text{ cm}^2 = \mathbf{7\ cm^2}$.

Seite 52 ▶ Üben — Flächeninhalt von Dreiecken

1

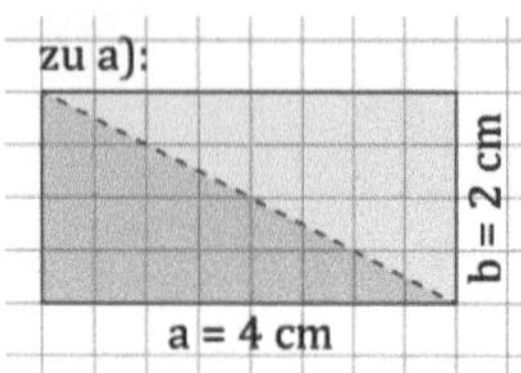

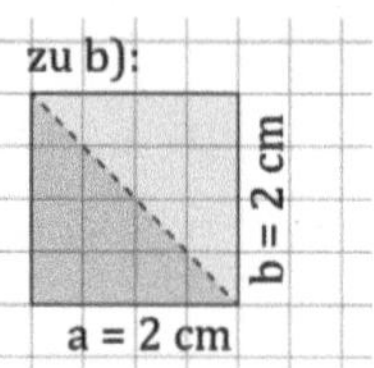

a) $a = 4\text{ cm};\ b = 2\text{ cm}$

$A_{\text{Rechteck}} = 4\text{ cm} \cdot 2\text{ cm} = 8\text{ cm}^2$

$A_{\text{Dreieck}} = \frac{A_{\text{Rechteck}}}{2} = \frac{8\text{ cm}^2}{2} = \mathbf{4\ cm^2}$

b) $a = 2\text{ cm};\ b = 2\text{ cm}$

$A_{\text{Rechteck}} = 2\text{ cm} \cdot 2\text{ cm} = 4\text{ cm}^2$

$A_{\text{Dreieck}} = \frac{A_{\text{Rechteck}}}{2} = \frac{4\text{ cm}^2}{2} = \mathbf{2\ cm^2}$

2 **a)** $h_c = 3\text{ cm}$

b) $h_b = 6{,}2\text{ cm}$
$h_c = 3{,}1\text{ cm}$

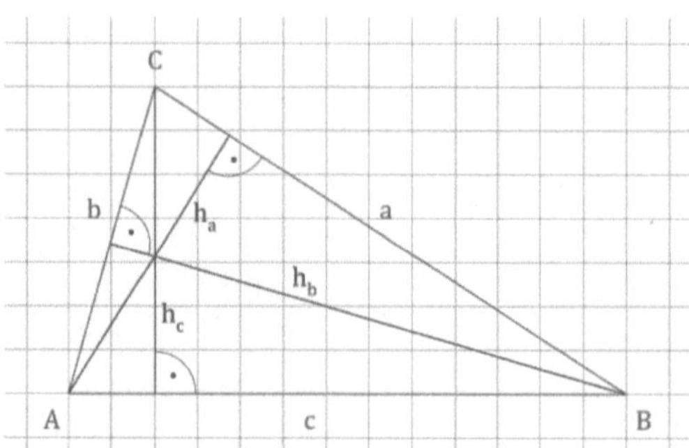

3 **a)** $A_{\text{Dreieck}} = \frac{3\text{ cm} \cdot 4\text{ cm}}{2} = \mathbf{6\ cm^2}$

b) $g = 5\text{ cm};\ h = 2\text{ cm}$ $A_{\text{Dreieck}} = \frac{5\text{ cm} \cdot 2\text{ cm}}{2} = \mathbf{5\ cm^2}$

c) $g = 3\text{ cm};\ h = 4\text{ cm}$ $A_{\text{Dreieck}} = \frac{3\text{ cm} \cdot 4\text{ cm}}{2} = \mathbf{6\ cm^2}$

Seite 52 ▶ Üben ☒ Flächeninhalt von Dreiecken

4 a) $A = 4{,}5\ km^2$ b) $A = 120\ m^2$

c) 70 mm = 7 cm, deswegen ist $A = 21\ cm^2 = \mathbf{2100\ mm^2}$

d) 50 cm = 0,5 m, deswegen ist $A = 0{,}5\ m^2 = \mathbf{5000\ cm^2}$

5 Individuelle Aufgabe. Du kannst sehr viele verschiedene Dreiecke finden. Zeichne zum Beispiel ein rechtwinkliges Dreieck mit h = 4 cm und g = 6 cm. Oder ein Dreieck mit h = 2 cm und g = 12 cm.

6 a)

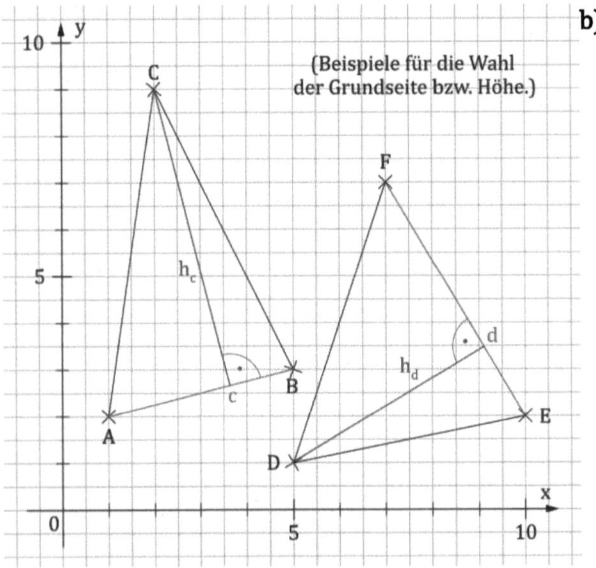

b) ① c = 4,1 cm; h_c = 6,6 cm

$A_{Dreieck} = \frac{4{,}1\ cm \cdot 6{,}6\ cm}{2} \approx \mathbf{13{,}5\ cm^2}$

② d = 5,8 cm; h_d = 4,8 cm

$A_{Dreieck} = \frac{5{,}8\ cm \cdot 4{,}8\ cm}{2} \approx \mathbf{13{,}9\ cm^2}$

7 a)

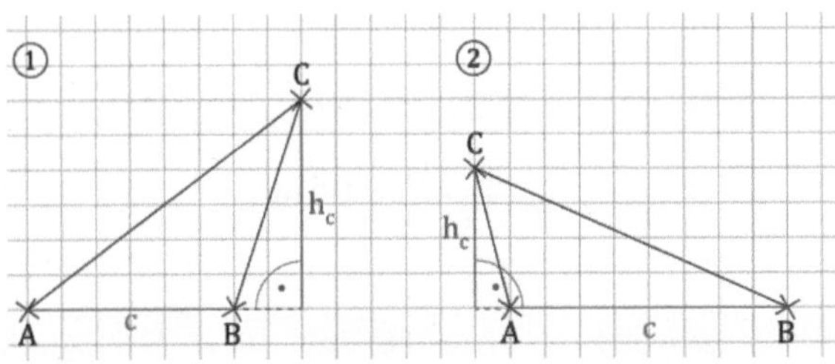

b) ① c = 3 cm; h_c = 3 cm

$A_{Dreieck} = \frac{3\ cm \cdot 3\ cm}{2} = \mathbf{4{,}5\ cm^2}$

② g = 4 cm; h_g = 2 cm

$A_{Dreieck} = \frac{4\ cm \cdot 2\ cm}{2} = \mathbf{4\ cm^2}$

8 a) Blaue Fläche: g = 4; h = 3 $A_{blau} = \frac{4\ cm \cdot 3\ cm}{2} = \mathbf{6\ cm^2}$

Weiße Fläche: Du teilst die Fläche auf in zwei Dreiecke.

Dreieck 1: g = 6 cm; h = 2 cm $A_{Dreieck1} = \frac{6\ cm \cdot 2\ cm}{2} = 6\ cm^2$

Dreieck 2: g = 2 cm; h = 3 cm $A_{Dreieck2} = \frac{2\ cm \cdot 3\ cm}{2} = 3\ cm^2$

Also ist $A_{weiß} = 6\ cm^2 + 3\ cm^2 = \mathbf{9\ cm^2}$

Rote Fläche: Die rote Fläche ist genauso groß wie die weiße Fläche.

$A_{rot} = \mathbf{9\ cm^2}$

b) Flächeninhalt vom Rechteck: $A_{Rechteck} = 6\ cm \cdot 4\ cm = 24\ cm^2$

Flächeninhalt der Dreiecke: $A = A_{blau} + A_{weiß} + A_{rot} = 6\ cm^2 + 9\ cm^2 + 9\ cm^2 = 24\ cm^2$

9 a) g = 9 m; h = 4 m $A_{Dreieck} = \frac{9\ m \cdot 4\ m}{2} = \mathbf{18\ m^2}$

b) Der Dachdecker verlangt 90 € pro Quadratmeter. Das Dach hat eine Fläche von $18\ m^2$.

Preis = 90 € · 18 = 1620 €. Herr Lutz muss **1620 €** bezahlen.

Seite 53 ▶ Üben ☒ Flächeninhalt von Dreiecken

1 Blaues Segel: g = 1,5 m; h = 3 m $A_{blau} = \frac{1{,}5\text{ m} \cdot 3\text{ m}}{2} = 2{,}25\text{ m}^2$

Gelbes Segel: g = 1 m; h = 3 m $A_{gelb} = \frac{1\text{ m} \cdot 3\text{ m}}{2} = 1{,}5\text{ m}^2$

2 a)

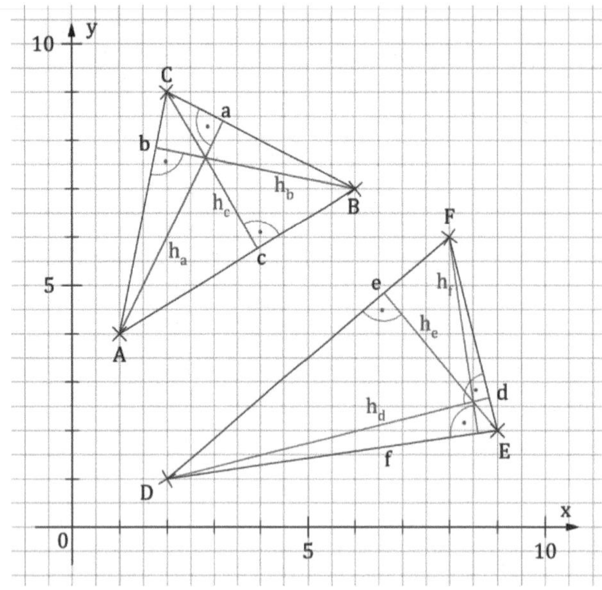

b) $h_a = 4{,}9$ cm
$h_b = 4{,}3$ cm
$h_c = 3{,}8$ cm
$h_d = 7$ cm
$h_e = 3{,}7$ cm
$h_f = 4{,}2$ cm

3 a) geg.: g = 16 cm; h = 15 cm ges.: $A_{Dreieck}$ $A_{Dreieck} = \frac{16\text{ cm} \cdot 15\text{ cm}}{2} = \mathbf{120\text{ cm}^2}$

b) geg.: g = 8 cm; h = 6 cm ges.: $A_{Dreieck}$ $A_{Dreieck} = \frac{8\text{ cm} \cdot 6\text{ cm}}{2} = \mathbf{24\text{ cm}^2}$

c) geg.: g = 6 cm; h = 4 cm ges.: $A_{Dreieck}$ $A_{Dreieck} = \frac{6\text{ cm} \cdot 4\text{ cm}}{2} = \mathbf{12\text{ cm}^2}$

d) geg.: c = 5 m; $h_c = 6$ m ges.: $A_{Dreieck}$ $A_{Dreieck} = \frac{5\text{ m} \cdot 6\text{ m}}{2} = \mathbf{15\text{ m}^2}$

4

	a)	b)	c)	d)	e) Beispiel
h	3 cm	6 mm	7 mm	**8 cm**	**5 cm**
g	5 cm	8 mm	**40 cm**	6 cm	**8 cm**
A	**7,5 cm²**	**24 mm²**	14 cm²	24 cm²	20 cm²

5 a)

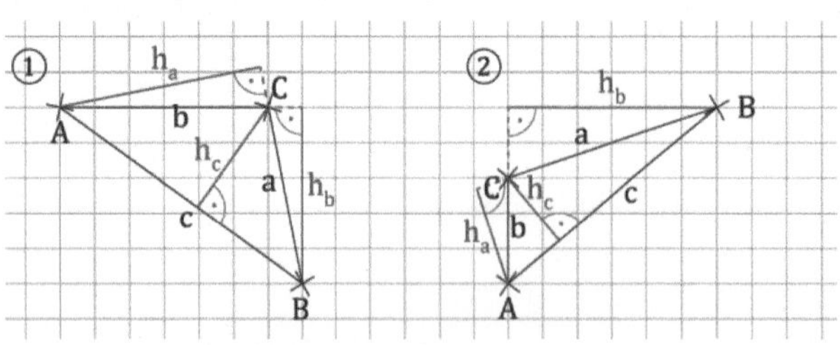

b) ① $h_1 = 2{,}9$ cm $h_2 = 1{,}7$ cm
$h_3 = 2{,}5$ cm
② $h_4 = 1{,}4$ cm $h_5 = 1{,}2$ cm
$h_4 = 3$ cm

c) ① $A_{Dreieck} = \mathbf{3{,}75\text{ cm}^2}$
② $A_{Dreieck} = \mathbf{2{,}25\text{ cm}^2}$

6 Du berechnest erst den Flächeninhalt der gesamten Flagge:
a = 3 m; b = 1,5 m $A_{Rechteck} = 3\text{ m} \cdot 1{,}5\text{ m} = \mathbf{4{,}5\text{ m}^2}$
Danach berechnest du den Flächeninhalt des roten Dreiecks:
g = 1,5 m; h = 3 m $A_{Dreieck} = \frac{1{,}5\text{ m} \cdot 4\text{ m}}{2} = \mathbf{2{,}25\text{ m}^2}$
Der Flächeninhalt der grünen und blauen Dreiecke zusammen ist
$A = A_{Rechteck} - A_{Dreieck} = \mathbf{2{,}25\text{ m}^2}$
Das grüne Dreieck hat den gleichen Flächeninhalt wie das blaue Dreieck. Also ist der Flächeninhalt jedes Dreiecks die Hälfte von 2,25 m², also **1,125 m²**.

Seite 53 ▶ Üben ☒ Flächeninhalt von Dreiecken

7 a) (Beispiellösung)

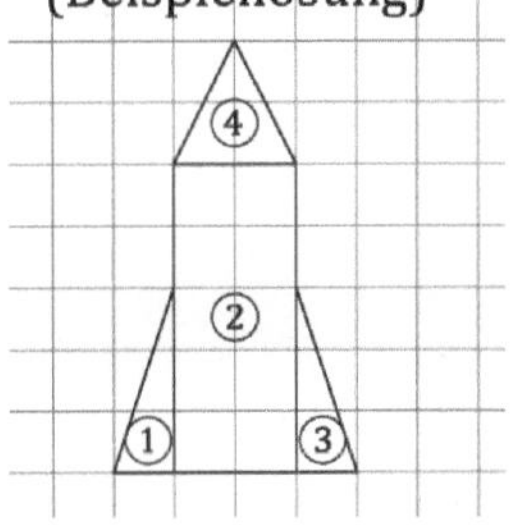

① $g = 0{,}5\ \text{cm};\ h = 1{,}5\ \text{cm}$

$A_{\text{Dreieck}} = \frac{0{,}5\ \text{cm} \cdot 1{,}5\ \text{cm}}{2} = \mathbf{0{,}375\ cm^2}$

② $a = 1\ \text{cm};\ b = 2{,}5\ \text{cm}$

$A_{\text{Rechteck}} = 1\ \text{cm} \cdot 2{,}5\ \text{cm} = \mathbf{2{,}5\ cm^2}$

③ gleicher Flächeninhalt wie ①

④ $g = 1\ \text{cm};\ h = 1\ \text{cm}$

$A_{\text{Dreieck}} = \frac{1\ \text{cm} \cdot 1\ \text{cm}}{2} = \mathbf{0{,}5\ cm^2}$

Der Flächeninhalt der gesamten Figur ist:

$A = 0{,}375\ \text{cm}^2 + 2{,}5\ \text{cm}^2 + 0{,}375\ \text{cm}^2 + 0{,}5\ \text{cm}^2 = \mathbf{3{,}75\ cm^2}$

b) (Beispiellösung)

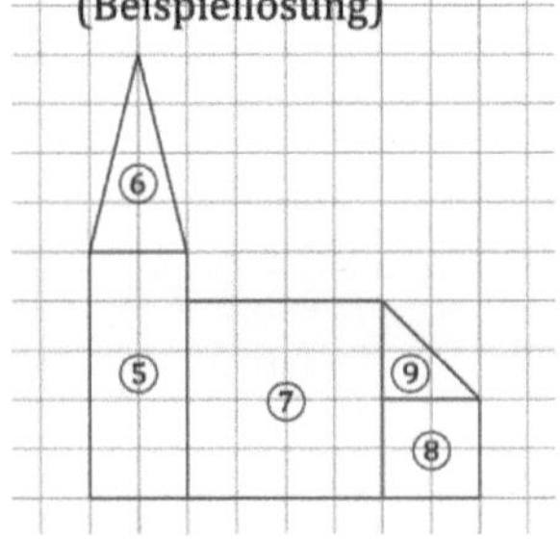

⑤ $a = 1\ \text{cm};\ b = 2{,}5\ \text{cm}$

$A_{\text{Rechteck}} = 1\ \text{cm} \cdot 2{,}5\ \text{cm} = \mathbf{2{,}5\ cm^2}$

⑥ $g = 1\ \text{cm};\ h = 2\ \text{cm}$

$A_{\text{Dreieck}} = \frac{1\ \text{cm} \cdot 2\ \text{cm}}{2} = \mathbf{1\ cm^2}$

⑦ $a = 2\ \text{cm};\ b = 2\ \text{cm}$

$A_{\text{Rechteck}} = 2\ \text{cm} \cdot 2\ \text{cm} = \mathbf{4\ cm^2}$

⑧ $a = 1\ \text{cm};\ b = 1\ \text{cm}$

$A_{\text{Rechteck}} = 1\ \text{cm} \cdot 1\ \text{cm} = \mathbf{1\ cm^2}$

⑨ $g = 1\ \text{cm};\ h = 1\ \text{cm}$

$A_{\text{Dreieck}} = \frac{1\ \text{cm} \cdot 1\ \text{cm}}{2} = \mathbf{0{,}5\ cm^2}$

Der Flächeninhalt der gesamten Figur ist:
$A = 2{,}5\ \text{cm}^2 + 1\ \text{cm}^2 + 4\ \text{cm}^2 + 1\ \text{cm}^2 + 0{,}5\ \text{cm}^2 = \mathbf{9\ cm^2}$

8 Flächeninhalt der vorderen Zeltwand: $A_{\text{vorne}} = \frac{2\ \text{m} \cdot 2{,}14\ \text{m}}{2} = \mathbf{2{,}14\ m^2}$

Flächeninhalt der seitlichen Zeltwand: $A_{\text{Seite}} = \frac{1{,}5\ \text{m} \cdot 2{,}24\ \text{m}}{2} = \mathbf{1{,}68\ m^2}$

Flächeninhalt der gesamten Zeltwand: $A = 2 \cdot A_{\text{vorne}} + 2 \cdot A_{\text{Seite}}$
$A = 2 \cdot 2{,}14\ \text{m}^2 + 2 \cdot 1{,}68\ \text{m}^2 = \mathbf{7{,}64\ m^2}$

Nein, die $5{,}5\ \text{m}^2$ Stoff reichen also nicht aus.

9 Gruppenarbeit

Seite 54 ▶ Wissen Flächeninhalt von Vierecken

1 gesucht: A $A = g \cdot h = 3\ \text{m} \cdot 0{,}6\ \text{m} = \mathbf{1{,}8\ m^2}$

2 gesucht: A $A = \frac{(a + c)}{2} \cdot h = \frac{(2\ m + 4\ m)}{2} \cdot 0{,}5\ \text{m} = \mathbf{1{,}5\ m^2}$

3 $A = \frac{e \cdot f}{2} = \frac{4\ m \cdot 3\ m}{2} = \mathbf{6\ m^2}$

Seite 55 ▶ Üben ◩ Flächeninhalt von Vierecken

1 5. $g = 5{,}5\ \text{cm};\ h = 2\ \text{cm}$

6. gesucht: A; $A = g \cdot h = 5{,}5\ \text{cm} \cdot 2\ \text{cm} = \mathbf{11\ cm^2}$

2 **a)** gesucht: A; $A = g \cdot h = 5\ \text{cm} \cdot 4\ \text{cm} = \mathbf{20\ cm^2}$

b) gesucht: A; $A = g \cdot h = 8\ \text{m} \cdot 3\ \text{m} = \mathbf{24\ m^2}$

c) gesucht: A; $A = g \cdot h = 18\ \text{mm} \cdot 9\ \text{mm} = \mathbf{162\ mm^2}$

d) gesucht: A; $A = g \cdot h = 4\ \text{cm} \cdot 3\ \text{cm} = \mathbf{12\ cm^2}$

e) gesucht: A; $A = g \cdot h = 7{,}5\ \text{cm} \cdot 6\ \text{cm} = \mathbf{45\ cm^2}$

Seite 55 ▶ Üben — Flächeninhalt von Vierecken

3 5. $g = 5{,}5\ \text{cm};\ h = 2\ \text{cm}$

6. gesucht: A; $A = g \cdot h = 5{,}5\ \text{cm} \cdot 2\ \text{cm} = \mathbf{11\ cm^2}$

7. $11\ \text{cm}^2 : 2 = \mathbf{5{,}5\ cm^2}$

4 **a)** gesucht: A $\quad A = \frac{(a+c)}{2} \cdot h = \frac{(5\ \text{cm} + 3\ \text{cm})}{2} \cdot 3\ \text{cm} = \mathbf{12\ cm^2}$

b) gesucht: A $\quad A = \frac{(a+c)}{2} \cdot h = \frac{(8\ \text{cm} + 4\ \text{cm})}{2} \cdot 4{,}5\ \text{cm} = \mathbf{27\ cm^2}$

c) gesucht: A $\quad A = \frac{(a+c)}{2} \cdot h = \frac{(20\ \text{m} + 8{,}5\ \text{m})}{2} \cdot 6\ \text{m} = \mathbf{85{,}5\ m^2}$

5 5. $a = 5\ \text{cm};\ b = 1{,}5\ \text{cm}$

6. gesucht: A; $A = g \cdot h = 5\ \text{cm} \cdot 1{,}5\ \text{cm} = \mathbf{7{,}5\ cm^2}$

6 **a)** $A = \frac{e \cdot f}{2} = \frac{10\ \text{cm} \cdot 5\ \text{cm}}{2} = \mathbf{25\ cm^2}$

b) $A = \frac{e \cdot f}{2} = \frac{8\ \text{m} \cdot 4\ \text{m}}{2} = \mathbf{16\ m^2}$

c) $A = \frac{e \cdot f}{2} = \frac{4{,}5\ \text{m} \cdot 12\ \text{m}}{2} = \mathbf{27\ m^2}$

d) $A = \frac{e \cdot f}{2} = \frac{6\ \text{m} \cdot 5{,}5\ \text{m}}{2} = \mathbf{16{,}5\ m^2}$

7 **a)** $A = g \cdot h = 5\ \text{cm} \cdot 7\ \text{cm} = \mathbf{35\ cm^2}$

b) $A = \frac{(a+c)}{2} \cdot h = \frac{(8\ \text{cm} + 4\ \text{cm})}{2} \cdot 3\ \text{cm} = \mathbf{18\ cm^2}$

c) $A = \frac{e \cdot f}{2} = \frac{9\ \text{m} \cdot 4\ \text{m}}{2} = \mathbf{18\ m^2}$

8 **a)** Rechteck
$A = g \cdot h = 15\ \text{m} \cdot 10\ \text{m} = \mathbf{150\ m^2}$

Trapez
$A = \frac{(a+c)}{2} \cdot h = \frac{(10\ \text{m} + 4\ \text{m})}{2} \cdot 4\ \text{m} = \mathbf{28\ m^2}$

b) A_{Gesamt}: $150\ \text{m}^2 + 28\ \text{m}^2 = 178\ \text{m}^2$
$178\ \text{m}^2 \cdot 15\ € = 2670\ €$
Die Fliesen kosten zusammen **2670 €.**

Seite 56 ▶ Üben — Flächeninhalt von Vierecken

1 **a)**

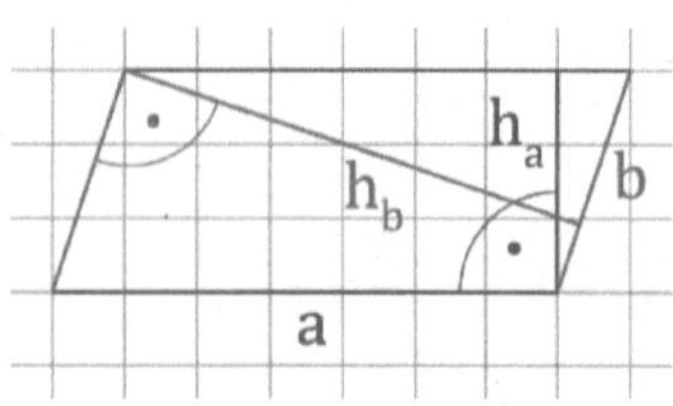

b) $a = 3{,}5\ \text{cm};\ b = 1{,}5\ \text{cm}$

c) $A = a \cdot h_a = 3{,}5\ \text{cm} \cdot 1{,}5\ \text{cm} = \mathbf{5{,}25\ cm^2}$
$A = b \cdot h_b = 1{,}6\ \text{cm} \cdot 3{,}3\ \text{cm} = \mathbf{5{,}28\ cm^2}$
Die Ergebnisse müssten gleich sein. Da es zu Messungenauigkeiten kommt, können sie jedoch geringfügig abweichen.

2 **a)**

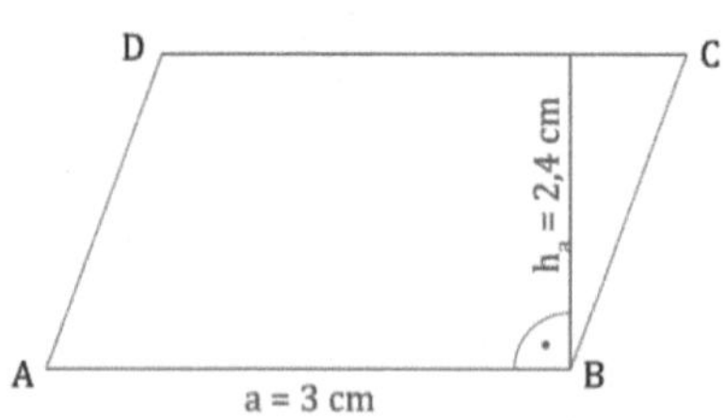

$A = a \cdot h_a$
$A = 3\ \text{cm} \cdot 2{,}4\ \text{cm}$
$A = \mathbf{7{,}2\ cm^2}$

b)

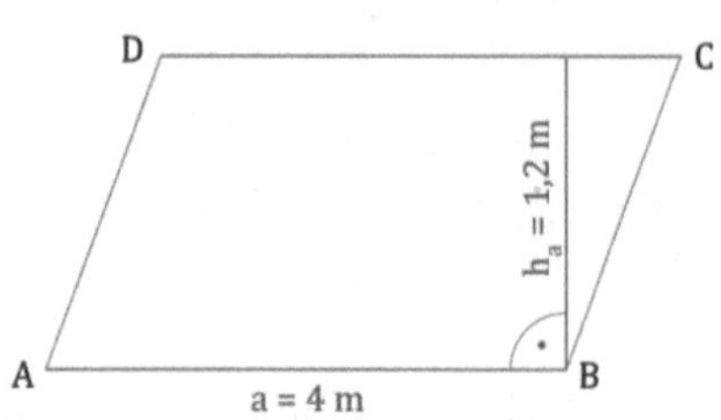

$A = a \cdot h_a$
$A = 4\ \text{m} \cdot 1{,}2\ \text{m}$
$A = \mathbf{4{,}8\ m^2}$

c)

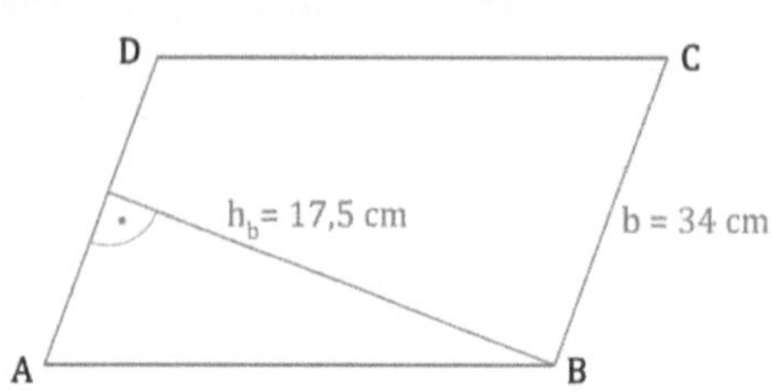

$A = b \cdot h_b$
$A = 34\ \text{cm} \cdot 17{,}5\ \text{cm}$
$A = \mathbf{595\ cm^2}$

Seite 56 ▶ Üben ☒ — Flächeninhalt von Vierecken

3 1. ① $a = 2\text{ cm}; c = 4\text{ cm}; h = 2{,}5\text{ cm}$ ② $a = 1\text{ cm}; c = 5\text{ cm}; h = 2{,}5\text{ cm}$

2. ① $A = \frac{(a+c)}{2} \cdot h = \frac{(2\text{ cm}+4\text{ cm})}{2} \cdot 2{,}5\text{ cm} = \mathbf{7{,}5\text{ cm}^2}$ ② $A = \frac{(a+c)}{2} \cdot h = \frac{(1\text{ cm}+5\text{ cm})}{2} \cdot 2{,}5\text{ cm} = \mathbf{7{,}5\text{ cm}^2}$

3.

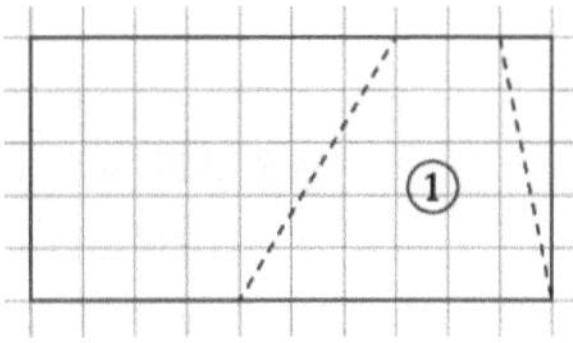

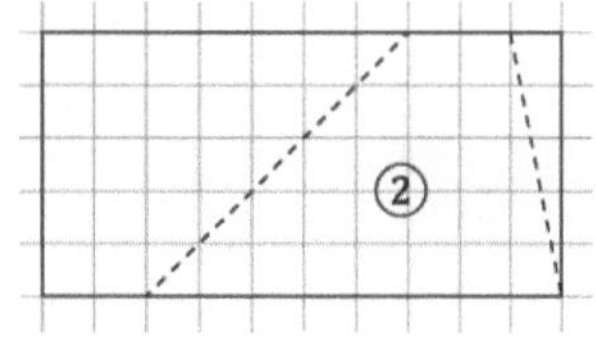

4 a) $A = \frac{(a+c)}{2} \cdot h$

$A = \frac{(5\text{ cm} + 3{,}5\text{ cm})}{2} \cdot 3{,}5\text{ cm}$

$A = \mathbf{14{,}875\text{ cm}^2}$

b) $A = \frac{(a+c)}{2} \cdot h$

$A = \frac{(8{,}2\text{ cm} + 4\text{ cm})}{2} \cdot 4{,}5\text{ cm}$

$A = \mathbf{27{,}45\text{ cm}^2}$

c) $A = \frac{(a+c)}{2} \cdot h$

$A = \frac{(16{,}5\text{ m} + 8{,}5\text{ m})}{2} \cdot 6\text{ m}$

$A = \mathbf{75\text{ m}^2}$

5 1.-3.

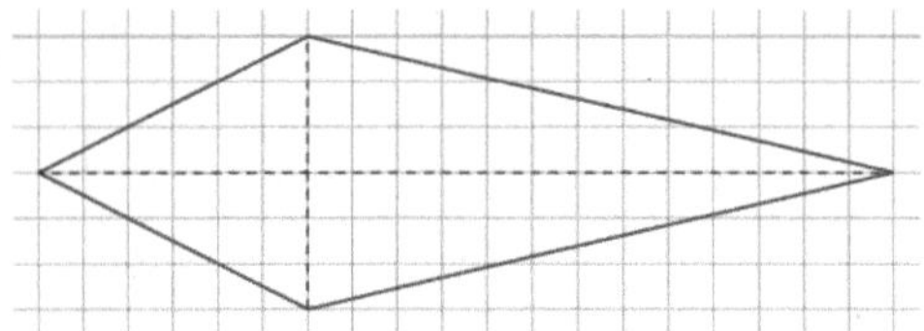

4.

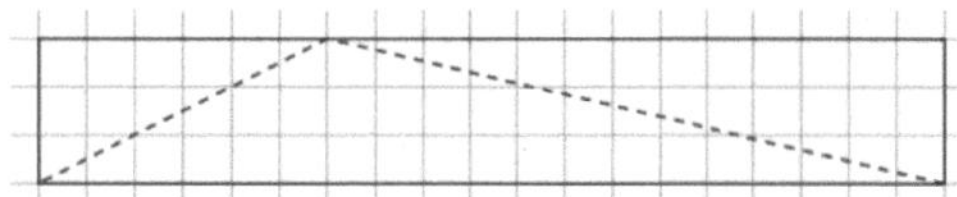

5. $A = g \cdot h = 9{,}5\text{ cm} \cdot 1{,}5\text{ cm} = \mathbf{14{,}25\text{ cm}^2}$

6 a) $A = \frac{e \cdot f}{2}$

$A = \frac{12\text{ cm} \cdot 6\text{ cm}}{2}$

$A = \mathbf{36\text{ cm}^2}$

b) $A = \frac{e \cdot f}{2}$

$A = \frac{7\text{ m} \cdot 3{,}5\text{ m}}{2}$

$A = \mathbf{12{,}25\text{ m}^2}$

c) $A = \frac{e \cdot f}{2}$

$A = \frac{9{,}2\text{ m} \cdot 3\text{ m}}{2}$

$A = \mathbf{13{,}8\text{ m}^2}$

d) $A = \frac{e \cdot f}{2}$

$A = \frac{9{,}2\text{ m} \cdot 7{,}3\text{ m}}{2}$

$A = \mathbf{33{,}58\text{ m}^2}$

7 a)

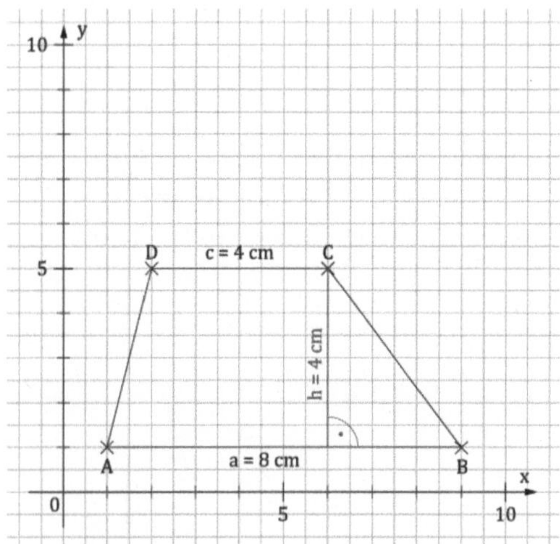

$a = 8\text{ cm}; c = 4\text{ cm}; h = 4\text{ cm}$

$A = \frac{(a+c)}{2} \cdot h = \frac{(8\text{ cm} + 4\text{ cm})}{2} \cdot 4\text{ cm} = \mathbf{24\text{ cm}^2}$

b)

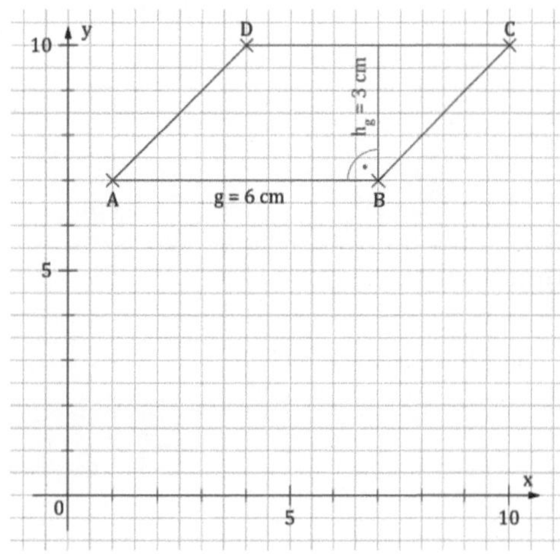

$g = 6\text{ cm}; h = 3\text{ cm}$

$A = g \cdot h = 6\text{ cm} \cdot 3\text{ cm} = \mathbf{18\text{ cm}^2}$

c)

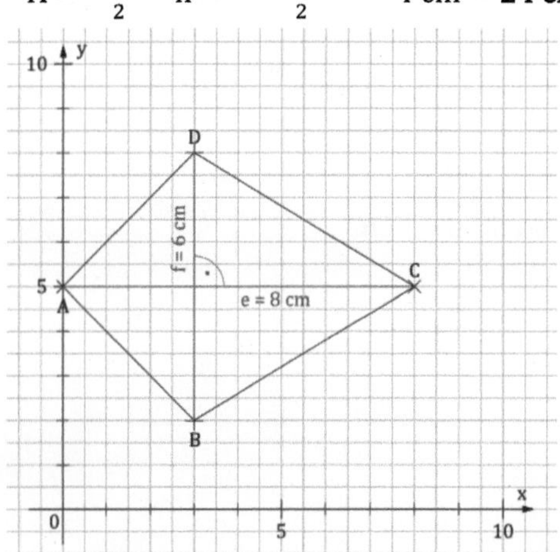

$e = 8\text{ cm}; f = 6\text{ cm}$

$A = \frac{e \cdot f}{2}$

$A = \frac{8\text{ cm} \cdot 6\text{ cm}}{2}$

$A = \mathbf{24\text{ cm}^2}$

Seite 56 ▶ Üben ☒ Flächeninhalt von Vierecken

8 a) Parallelogram: ges.: g

$g = \frac{A}{h} = \frac{96\ m^2}{8\ m} = \mathbf{12\ m}$

b) Drachenviereck: ges.: f

$f = \frac{2 \cdot A}{e} = \frac{2 \cdot 140\ m^2}{7\ m} = \mathbf{40\ m}$

c) Trapez: ges.: h

$h = \frac{2 \cdot A}{(a + c)} = \frac{2 \cdot 20\ m^2}{(7\ m + 3\ m)} = \mathbf{4\ m}$

9 a)

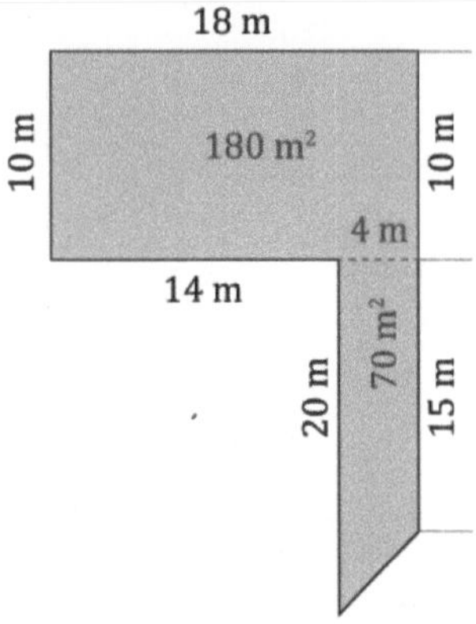

① $A = g \cdot h = 18\ m \cdot 10\ m = \mathbf{180\ m^2}$

② $A = \frac{(a + c)}{2} \cdot h = \frac{(20\ m + 15\ m)}{2} \cdot 4\ m$
$= \mathbf{70\ m^2}$

$180\ m^2 + 70\ m^2 = \mathbf{250\ m^2}$

b) $250\ m^2 \cdot 19{,}50\ € =$
$4875\ €$
Es kostet **4875 €**.

Seite 57 ▶ Üben ☒ Flächeninhalt von Vierecken

1 a) ①

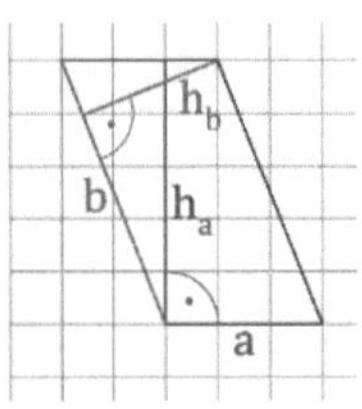

$a = 1{,}5\ cm$
$h_a = 2{,}5\ cm$
$b = 2{,}7\ cm$
$h_b = 1{,}4\ cm$

②

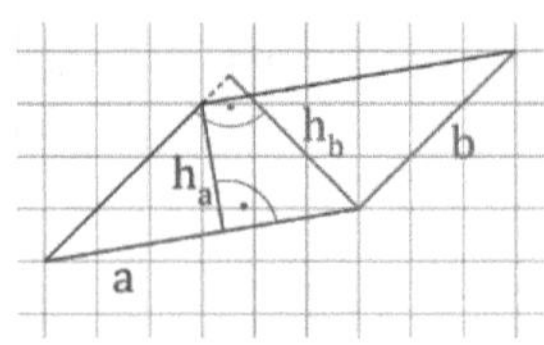

$a = 3\ cm$
$h_a = 1{,}2\ cm$
$b = 2\ cm$
$h_b = 1{,}8\ cm$

b) ① $A = a \cdot h_a$
$A = 1{,}5\ cm \cdot 2{,}5\ cm$
$A = 3{,}75\ cm^2$

$A = b \cdot h_b$
$A = 2{,}7\ cm \cdot 1{,}4\ cm$
$A = 3{,}78\ cm^2$

Die Ergebnisse haben keinen großen Unterschied.

② $A = a \cdot h_a$
$A = 3\ cm \cdot 1{,}2\ cm$
$A = 3{,}6\ cm^2$

$A = b \cdot h_b$
$A = 2\ cm \cdot 1{,}8\ cm$
$A = 3{,}6\ cm^2$

Die Ergebnisse haben keinen Unterschied.

2 a)

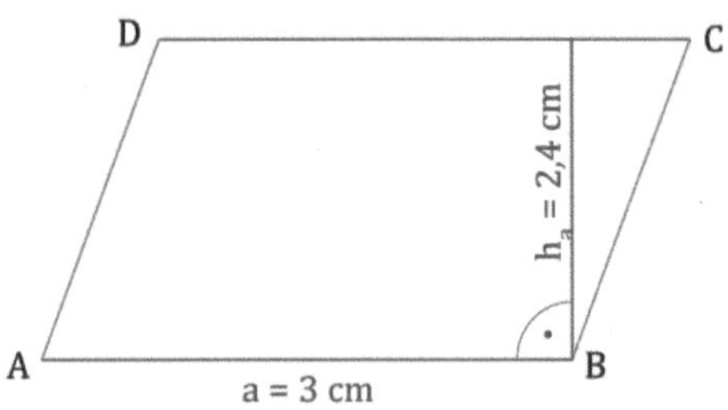

$A = a \cdot h_a = 3\ cm \cdot 2{,}4\ cm = \mathbf{7{,}2\ cm^2}$

b)

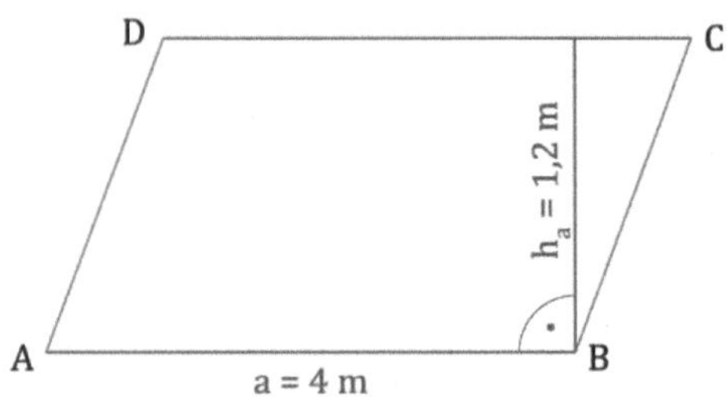

$A = a \cdot h_a = 4\ m \cdot 1{,}2\ m = \mathbf{4{,}8\ m^2}$

c)

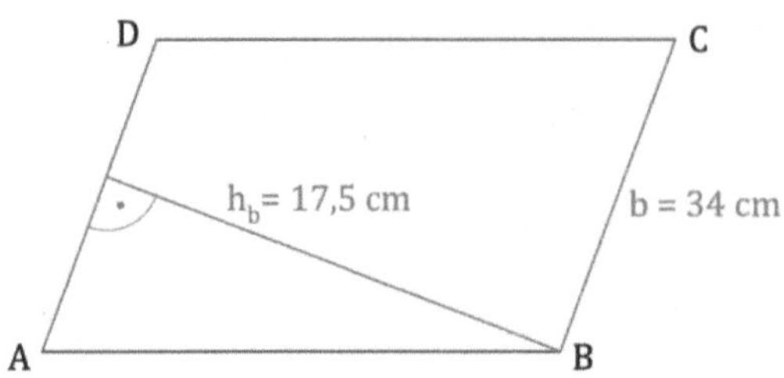

$A = a \cdot h_a$
$A = 34\ cm \cdot 17{,}5\ cm$
$A = 595\ cm^2$

Seite 57 ▶ Üben ☒ — Flächeninhalt von Vierecken

3

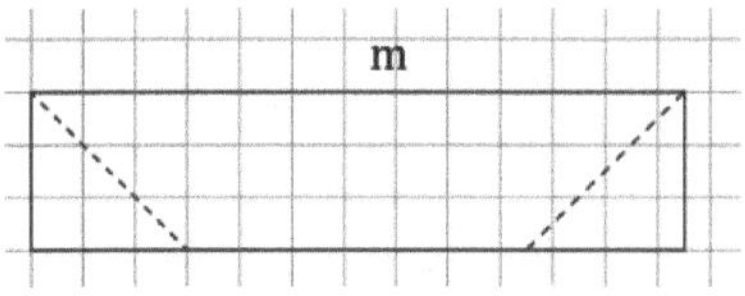

a), b) Handarbeit

c) $m = 6{,}25\text{ cm}$ $\quad \frac{h}{2} = 1{,}5\text{ cm}$ $\quad h = 3\text{ cm}$

d) $A = \frac{(a+c)}{2} \cdot h = \frac{(8{,}5\text{ cm} + 4\text{ cm})}{2} \cdot 3\text{ cm} = \mathbf{18{,}75\text{ cm}^2}$ $\quad A = m \cdot h = 6{,}25\text{ cm} \cdot 3\text{ cm} = \mathbf{18{,}75\text{ cm}^2}$

Die Formel $m \cdot h$ gilt für ein Trapez, weil m das gleiche ist, wie $\frac{(a+c)}{2}$ ist. In beiden wird mit der Höhe des Trapezes multipliziert. Somit entsteht der gleiche Flächeninhalt.

4

a) $A = \frac{(a+c)}{2} \cdot h = \frac{(5\text{ cm} + 3\text{ cm})}{2} \cdot 3\text{ cm} = \mathbf{12\text{ cm}^2}$

b) $A = \frac{(a+c)}{2} \cdot h = \frac{(800\text{ cm} + 200\text{ cm})}{2} \cdot 3\text{ cm} = \mathbf{1500\text{ cm}^2}$

c) $A = \frac{(a+c)}{2} \cdot h = \frac{(90\text{ cm} + 20\text{ cm})}{2} \cdot 16\text{ cm} = \mathbf{880\text{ cm}^2}$

d) $A = \frac{(a+c)}{2} \cdot h = \frac{(12\text{ dm} + 30\text{ dm})}{2} \cdot 12\text{ dm} = \mathbf{252\text{ dm}^2}$

5

1.

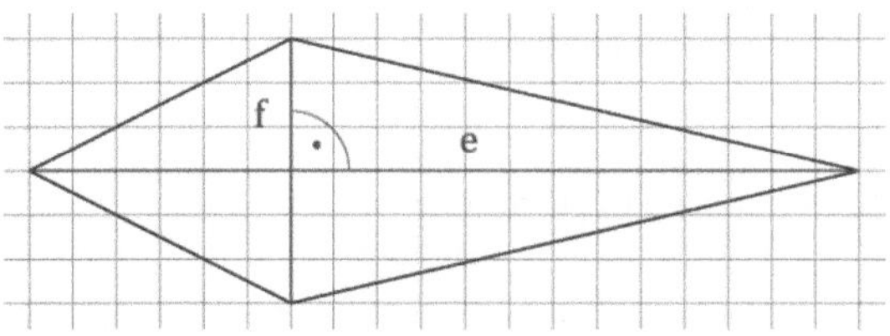

2.

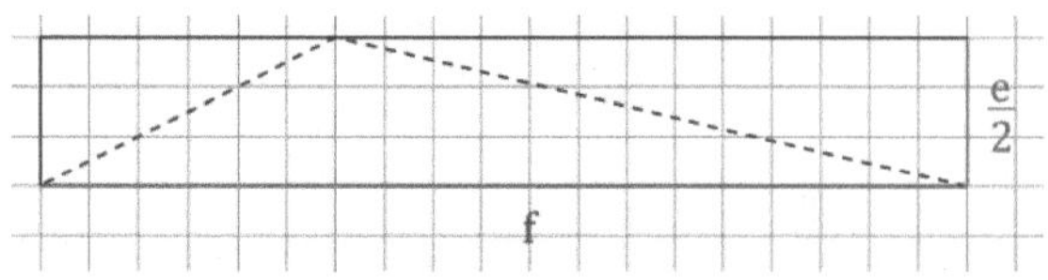

6

a) $A = \frac{e \cdot f}{2} = \frac{11\text{ cm} \cdot 7\text{ cm}}{2} = \mathbf{38{,}5\text{ cm}^2}$

b) $A = \frac{e \cdot f}{2} = \frac{45\text{ m} \cdot 12{,}3\text{ m}}{2} = \mathbf{276{,}75\text{ m}^2}$

c) $A = \frac{e \cdot f}{2} = \frac{1{,}24\text{ m} \cdot 2{,}5\text{ m}}{2} = \mathbf{1{,}55\text{ m}^2}$

7

a) Max hat die falsche Höhe benutzt (b statt h). Daher sollte er $h = 3{,}5\text{ cm}$ nehmen.
Alja hat den Term in der Klammer falsch berechnet. Sie hat den ersten Summanden des Zählers durch zwei dividiert und danach den zweiten Summanden des Zählers addiert. Ebenfalls hat sie eine falsche Höhe verwendet. Die Höhe ist $h = 2{,}5\text{ cm}$.

b) Max: $A = g \cdot h = 7{,}3\text{ cm} \cdot 3{,}5\text{ cm} = \mathbf{25{,}55\text{ cm}^2}$

Alja: $A = \frac{(a+c)}{2} \cdot h = \frac{(6{,}5\text{ cm} + 2{,}1\text{ cm})}{2} \cdot 2{,}5\text{ cm} = \mathbf{10{,}75\text{ cm}^2}$

8

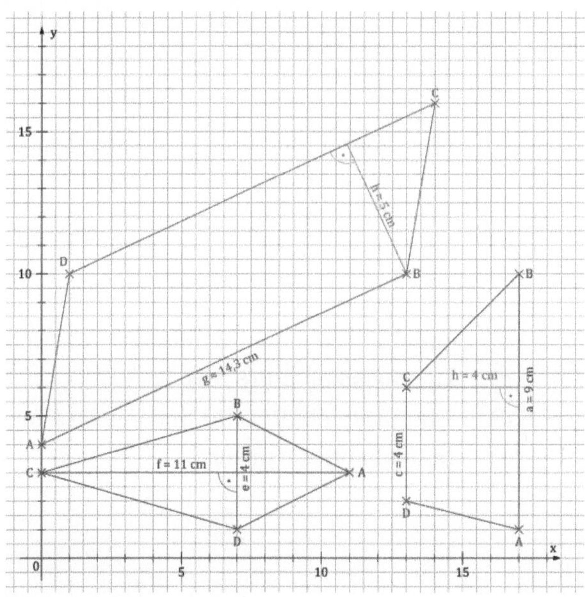

a) Rot: $e = 4\text{ cm}$; $f = 11\text{ cm}$

$A = \frac{e \cdot f}{2} = \frac{4\text{ cm} \cdot 11\text{ cm}}{2} = \mathbf{22\text{ cm}^2}$

b) Blau: $g = 14{,}3\text{ cm}$; $h = 5\text{ cm}$

$A = g \cdot h = 14{,}3\text{ cm} \cdot 5\text{ cm} = \mathbf{71{,}5\text{ cm}^2}$

c) Grün: $a = 9\text{ cm}$; $c = 4\text{ cm}$; $h = 4\text{ cm}$

$A = \frac{(a+c)}{2} \cdot h = \frac{(9\text{ cm} + 4\text{ cm})}{2} \cdot 4\text{ cm} = \mathbf{26\text{ cm}^2}$

Seite 57 ▶ Üben ☒ Flächeninhalt von Vierecken

9 **a)** Parallelogramm: ges.: g $g = \frac{A}{h} = \frac{108\ m^2}{9\ m} = \mathbf{12\ m}$

b) Drachenviereck: ges.: f $f = \frac{2 \cdot A}{e} = \frac{2 \cdot 144\ m^2}{16\ m} = \mathbf{18\ m}$

c) Trapez: ges.: h $h = \frac{2 \cdot A}{(a + c)} = \frac{2 \cdot 75\ m^2}{(18\ m + 7\ m)} = \mathbf{6\ m}$

d) Trapez: ges.: c $c = \frac{2 \cdot A}{h} - a = \frac{2 \cdot 80\ m^2}{6\ m} - 7\ m = \mathbf{19{,}7\ m}$

10 Individuelle Lösung

11

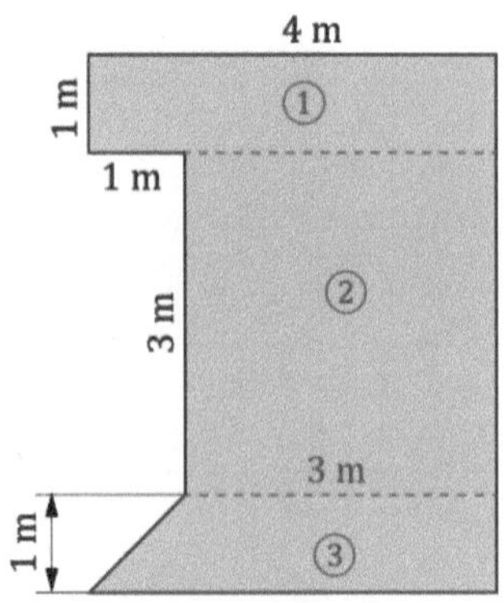

① $A = a \cdot b = 4\ m \cdot 1\ m = \mathbf{4\ m^2}$

② $A = a \cdot b = 3\ m \cdot 3\ m = \mathbf{9\ m^2}$

③ $A = \frac{(a + c)}{2} \cdot h = \frac{(4\ m + 3\ m)}{2} \cdot 1\ m = \mathbf{3{,}5\ m^2}$

$4\ m^2 + 9\ m^2 + 3{,}5\ m^2 = \mathbf{16{,}5\ m^2}$

$16{,}5\ m^2 \cdot 69€ = 1138{,}50\ €$
Die Glasscheibe kostet **1138,50 €.**

Seite 58 ▶ Methode Dreiecke und Vierecke mit dynamischer Geometrie-Software

1 Individuelle Lösungen

2 Individuelle Lösungen

Seite 59 ▶ Methode Dreiecke und Vierecke mit dynamischer Geometrie-Software

3 Individuelle Lösungen

4 Individuelle Lösungen

5 **a) – d)** Individuelle Lösungen
e) Die Aussage stimmt nicht. Das Drachenviereck mit e = 10 cm und f = 20 cm hat einen Flächeninhalt von 100 cm², genauso wie das Drachenviereck mit e = 8 cm und f = 25 cm.

6 **a)** Lösung im Buch
b) a = 16 b = 8 c = 17,89
c) Beispiel: 1. C(20|20) 2. C(12|17,86)

7 **a)**

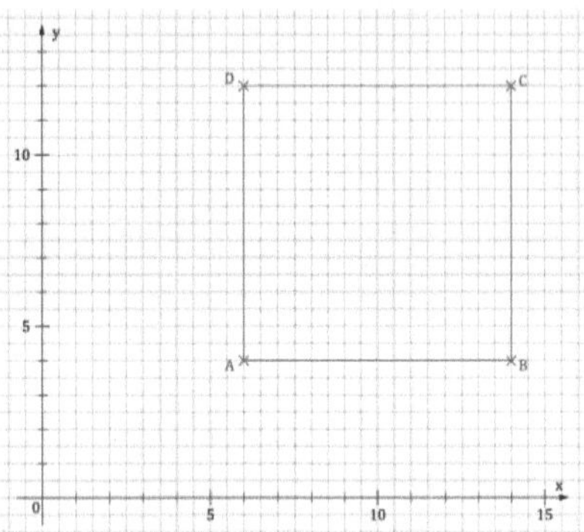

b) Zum Beispiel: A(4|4) und B(16|4)
c) Zum Beispiel: C(18|16)
d) Zum Beispiel: B(14|6) und C(14|14)
e) Individuelle Lösungen

Seite 64 ► Methode — Vierecke konstruieren

1 a)

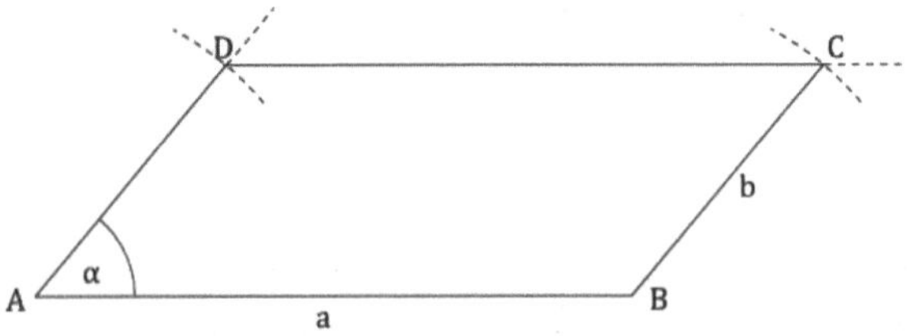

b)

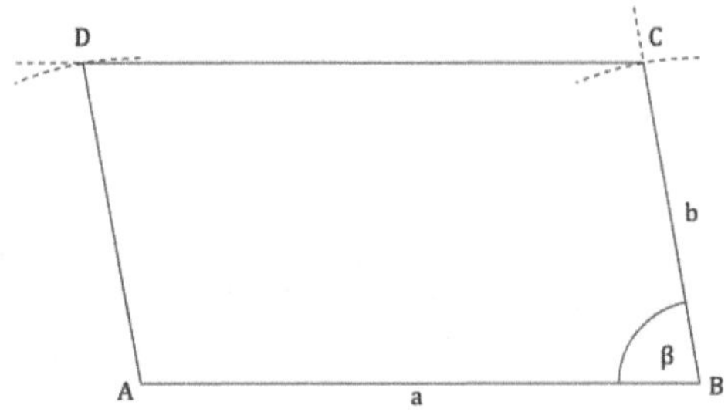

Seite 65 ► Methode — Vierecke konstruieren

2 a)

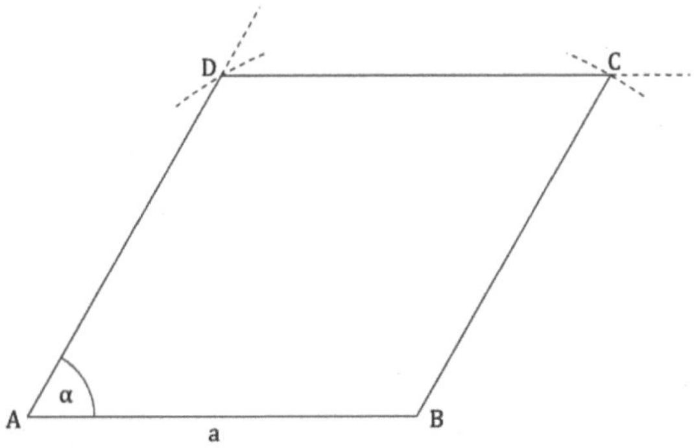

b)

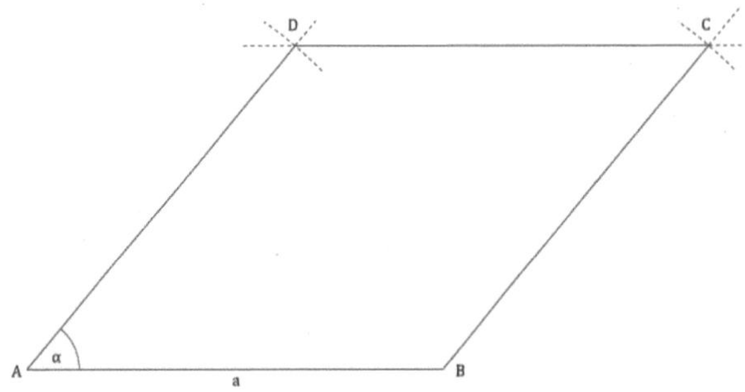

c)

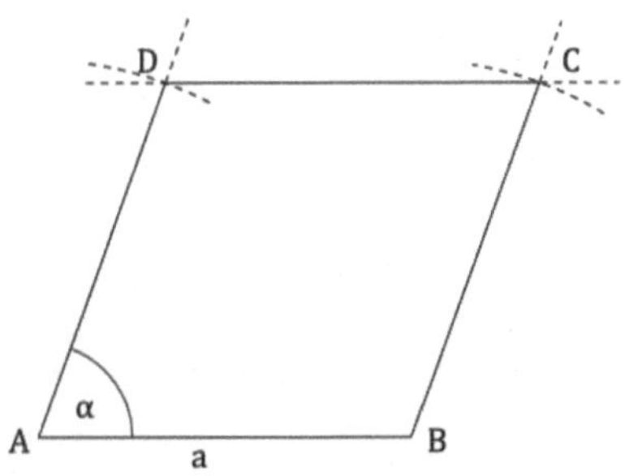

3 a)

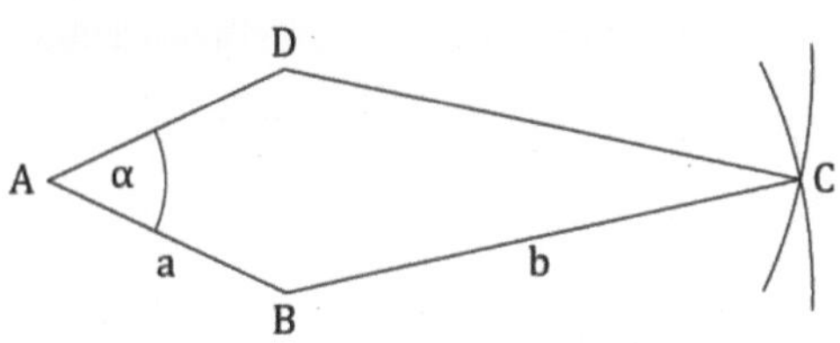

b)

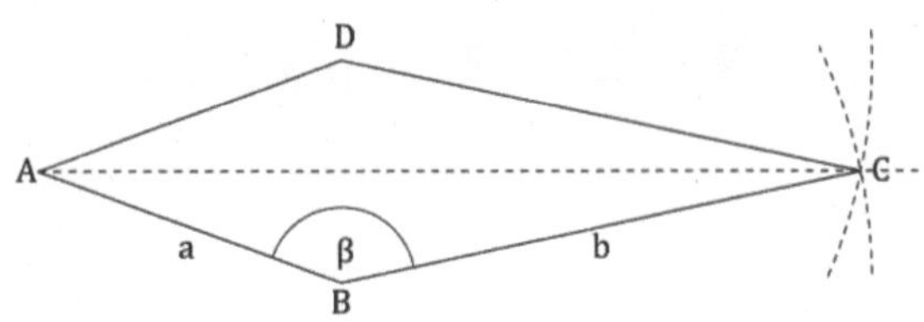

Seite 66 ► Methode — Vierecke konstruieren

4 a)

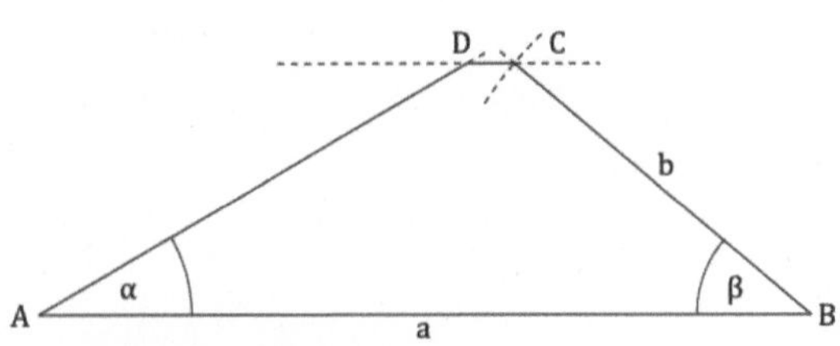

b)

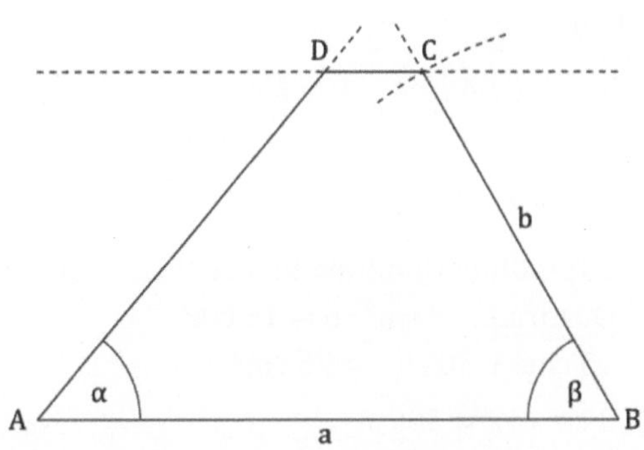

Seite 66 ▶ Methode — Vierecke konstruieren

5

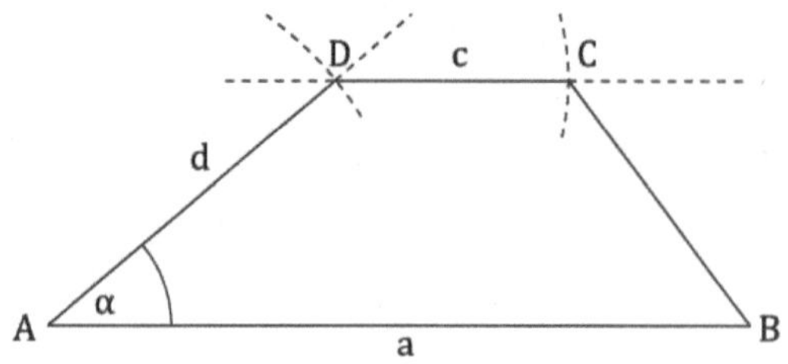

6

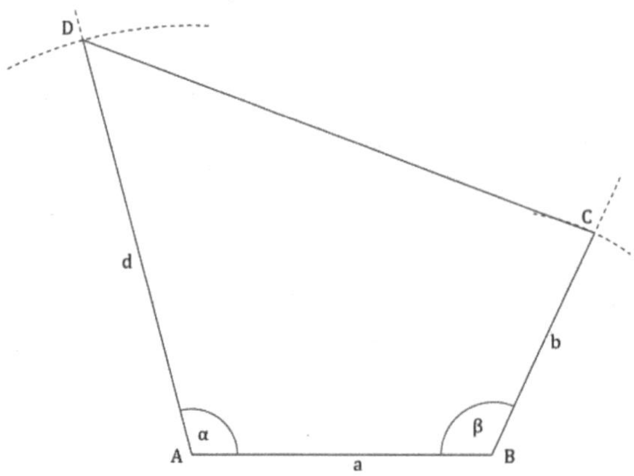

Seite 67 ▶ Vermischte Übungen — Dreiecke und Vierecke

1 ① rechtwinkliges Dreieck ② stumpfwinkliges Dreieck ③ Parallelogramm ④ Trapez ⑤ gleichseitiges Dreieck

2 Individuelle Lösungen

3 **a)** stumpfwinkliges Dreieck

b) Eckpunkte: A, B, C Seiten: a, b, c

c) $a = 7{,}5\ \text{cm}; b = 8{,}5\ \text{cm}; c = 3\ \text{cm}$
$u = a + b + c = 7{,}5\ \text{cm} + 8{,}5\ \text{cm} + 3\ \text{cm}$
$u = \mathbf{19\ cm}$

d) $A = \frac{g \cdot h}{2} = \frac{8{,}5\ \text{cm} \cdot 2{,}5\ \text{cm}}{2} = \mathbf{10{,}625\ cm^2}$

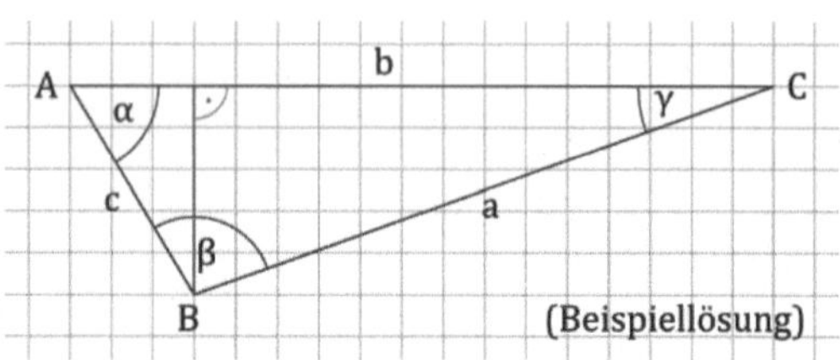

4 **a)** ① Parallelogramm ② Trapez

b) ① $u = 2 \cdot a + 2 \cdot b = 2 \cdot 14\ \text{cm} + 2 \cdot 24{,}41\ \text{cm} = \mathbf{76{,}82\ cm}$
② $u = a + b + c + d = 32\ \text{mm} + 10\ \text{mm} + 6{,}2\ \text{mm} + 20\ \text{mm} = \mathbf{68{,}2\ mm}$

c) ① $A = a \cdot h_a = 14\ \text{cm} \cdot 20\ \text{cm} = 280\ \text{cm}^2$
② $A = \frac{(a + c)}{2} \cdot h = \frac{(32\ \text{mm} + 6{,}2\ \text{mm})}{2} \cdot 7\ \text{mm} = 133{,}7\ \text{mm}^2$

5 Rot: $A = \frac{d \cdot h}{2} = \frac{21\ \text{cm} \cdot 5\ \text{cm}}{2} = \mathbf{52{,}5\ cm^2}$ Grün: $A = \frac{b \cdot h}{2} = \frac{18\ \text{cm} \cdot 6\ \text{cm}}{2} = \mathbf{54\ cm^2}$

$52{,}5\ \text{cm}^2 + 54\ \text{cm}^2 = \mathbf{106{,}5\ cm^2}$

6 **a)** Quadrat: $A = a \cdot a = 3\ \text{cm} \cdot 3\ \text{cm} = \mathbf{9\ cm^2}$ Dreieck: $A = \frac{g \cdot h}{2} = \frac{3\ \text{cm} \cdot 2{,}5\ \text{cm}}{2} = \mathbf{3{,}75\ cm^2}$

b) Es gibt fünf Quadrate und acht Dreiecke.
Quadrate: $9\ \text{cm}^2 \cdot 5 = \mathbf{45\ cm^2}$ Dreiecke: $3{,}75\ \text{cm}^2 \cdot 8 = \mathbf{30\ cm^2}$
$45\ \text{cm}^2 + 30\ \text{cm}^2 = \mathbf{75\ cm^2}$

c) $3\ \text{cm} \cdot 12 = 36\ \text{cm}$

Seite 67 ▶ Vermischte Übungen — Dreiecke und Vierecke

7 **a)** Erdbeerfeld: Parallelogramm
Heidelbeerfeld: Trapez

b) Erdbeerfeld:
$A = g \cdot h = 25\text{ m} \cdot 60\text{ m} = \mathbf{1500\text{ m}^2}$

Heidelbeerfeld:
$A = \frac{(a+c)}{2} \cdot h = \frac{(60\text{ m} + 40\text{ m})}{2} \cdot 30\text{ m} = \mathbf{1500\text{ m}^2}$

Obwohl sie unterschiedliche Formen haben, haben sie die gleiche Fläche.

c) Erdbeerfeld: $u = 2 \cdot a + 2 \cdot b$
$u = 2 \cdot 25\text{ m} + 2 \cdot 72\text{ m} = \mathbf{194\text{ m}}$

Heidelbeerfeld: $u = a + b + c + d$
$u = 60\text{ m} + 30\text{ m} + 40\text{ m} + 36\text{ m} = \mathbf{166\text{ m}}$

d) Individuelle Lösungen
Beispiel: $g = 60\text{ m}$; $h = 50\text{ m}$; $A = 1500\text{ m}^2$

Seite 68 ▶ Vermischte Übungen — Dreiecke und Vierecke

1 **a)** ① Eckpunkte: A, B, C
Seiten: a, b, c
② Eckpunkte: A, B, C
Seiten: a, b, c

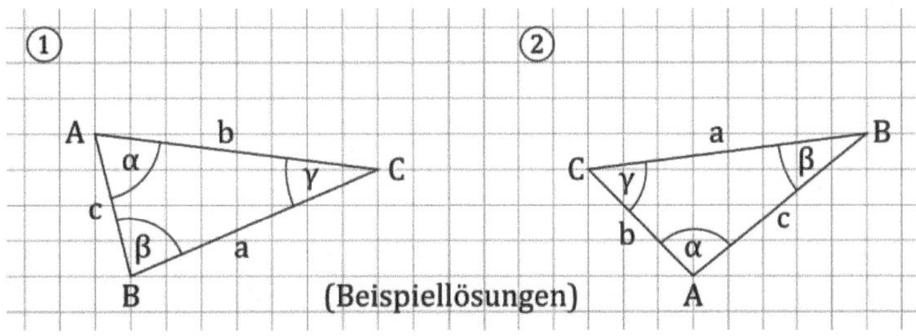

b) Beide Dreiecke sind unregelmäßige Dreiecke, da alle Seiten und Winkel nicht gleich lang bzw. groß sind.

c) Individuelle Lösungen

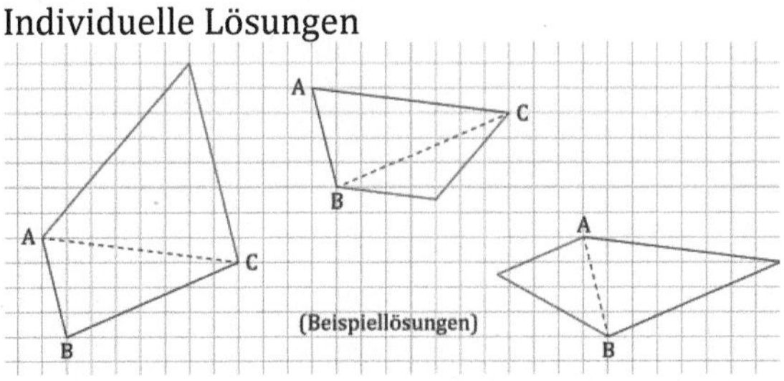

d)

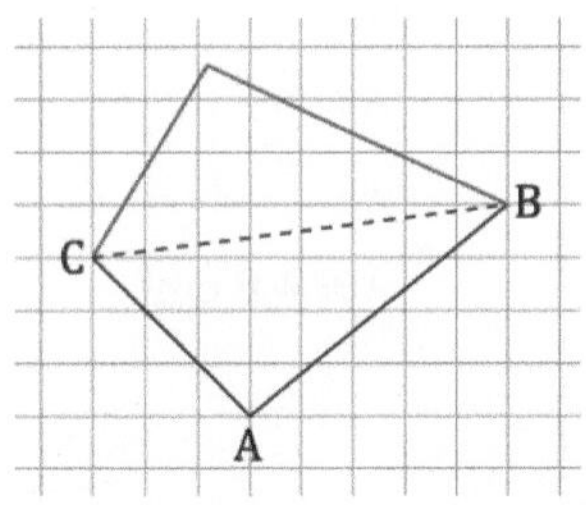

2 **a)** Dreiecke:

AKJ	AMI	ABC
AEM	IHD	MGC
ACD	KLM	

Vierecke:

AELJ	EBFL	JLMI	JFCD	JKMI
LFGM	GCDI	ABFJ	AELK	IMCH
JFGI	ABGI	ABCD	EBCM	JFCD
IGCH	KFGM	ABFK	EBGM	

b) Individuelle Lösungen

3 **a)** ① Trapez
② gleichschenkliges Dreieck
③ unregelmäßiges / stumpfwinkliges Dreieck
④ Drachenviereck

b) ① $u = a + b + c + d$
$u = 18\text{ cm} + 27\text{ cm} + 55\text{ cm} + 30\text{ cm} = \mathbf{130\text{ cm}}$

② $u = a + b + c$
$u = 21\text{ cm} + 28\text{ cm} + 28\text{ cm} = \mathbf{77\text{ cm}}$

③ $u = a + b + c$
$u = 78\text{ cm} + 45\text{ cm} + 39\text{ cm} = \mathbf{162\text{ cm}}$

④ $u = 2 \cdot a + 2 \cdot b$
$u = 2 \cdot 39\text{ cm} + 2 \cdot 55\text{ cm} = \mathbf{188\text{ cm}}$

c) ① $A = \frac{(a+c)}{2} \cdot h = \frac{(18\text{ cm} + 55\text{ cm})}{2} \cdot 22\text{ cm} = \mathbf{803\text{ cm}^2}$

② $A = \frac{g \cdot h}{2} = \frac{21\text{ cm} \cdot 26\text{ cm}}{2} = \mathbf{273\text{ cm}^2}$

③ $A = \frac{g \cdot h}{2} = \frac{78\text{ cm} \cdot 16\text{ cm}}{2} = \mathbf{624\text{ cm}^2}$

④ $A = \frac{e \cdot f}{2} = \frac{89\text{ cm} \cdot 24\text{ cm}}{2} = \mathbf{1068\text{ cm}^2}$

4 **a)** $A_{rot} = \frac{7{,}73\text{ km} \cdot 6{,}4\text{ km}}{2} = 24{,}736\text{ km}^2$; $A_{blau} = \frac{11\text{ km} \cdot 4{,}2\text{ km}}{2} = 23{,}1\text{ km}^2$; $A_{gesamt} = \mathbf{47{,}836\text{ km}^2}$

b) $u = 7{,}73\text{ km} + 11\text{ km} + 6{,}66\text{ km} + 8\text{ km} = \mathbf{33{,}39\text{ km}}$

c) Individuelle Lösungen

Seite 68 ▶ Vermischte Übungen ☒ Dreiecke und Vierecke

5 **a)** Große Dreiecke

$A = \frac{g \cdot h}{2}$

$A = \frac{3{,}2\text{ cm} \cdot 1{,}6\text{ cm}}{2} = \mathbf{2{,}56\text{ cm}^2}$

$u = a + b + c$

$u = 3{,}2\text{cm} + 2{,}3\text{ cm} + 2{,}3\text{ cm}$

$u = \mathbf{7{,}8\text{ cm}}$

Kleine Dreiecke

$A = \frac{g \cdot h}{2}$

$A = \frac{1{,}6\text{ cm} \cdot 0{,}8\text{ cm}}{2} = \mathbf{0{,}64\text{ cm}^2}$

$u = a + b + c$

$u = 1{,}6\text{ cm} + 1{,}15\text{ cm} + 1{,}15\text{ cm}$

$u = \mathbf{3{,}9\text{ cm}}$

Mittelgroßes Dreieck

$A = \frac{g \cdot h}{2}$

$A = \frac{1{,}6\text{ cm} \cdot 1{,}6\text{ cm}}{2} = \mathbf{1{,}28\text{ cm}^2}$

$u = a + b + c$

$u = 2{,}3\text{ cm} + 1{,}6\text{ cm} + 1{,}6\text{ cm}$

$u = \mathbf{5{,}5\text{ cm}}$

Quadrat

$A = a \cdot a = 1{,}15\text{ cm} \cdot 1{,}15\text{ cm} \approx \mathbf{1{,}32\text{ cm}^2}$

$u = 4 \cdot a = 4 \cdot 1{,}15\text{ cm} = \mathbf{4{,}6\text{ cm}}$

Parallelogramm

$A = g \cdot h = 1{,}6\text{ cm} \cdot 0{,}8\text{ cm} = \mathbf{1{,}28\text{ cm}^2}$

$u = 2 \cdot a + 2 \cdot b = 2 \cdot 1{,}6\text{ cm} + 2 \cdot 1{,}15\text{ cm} = \mathbf{5{,}5\text{ cm}}$

b) Zum Beispiel: Quadrat, kleines pinkes Dreieck, kleines gelbes Dreieck & Parallelogramm
Wichtig ist, dass zwei Seiten parallel zueinander sind. Zwei aneinander grenzende Figuren müssen die gleiche Seitenlänge besitzen.
$A \approx 2 \cdot 0{,}64\text{ cm}^2 + 1{,}32\text{ cm}^2 + 1{,}28\text{ cm}^2 = 3{,}88\text{ cm}^2$

6 Beispiel:

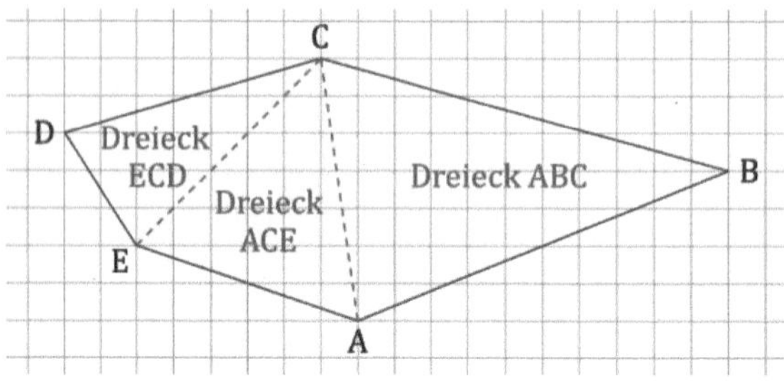

ABC

$A = \frac{g \cdot h}{2}$

$A \approx \frac{5{,}3\text{ cm} \cdot 3{,}5\text{ cm}}{2}$

$A \approx \mathbf{9{,}275\text{ cm}^2}$

ACE

$A = \frac{g \cdot h}{2}$

$A \approx \frac{3{,}2\text{ cm} \cdot 3\text{ cm}}{2}$

$A \approx \mathbf{4{,}8\text{ cm}^2}$

ECD

$A = \frac{g \cdot h}{2}$

$A \approx \frac{1{,}8\text{ cm} \cdot 3{,}5\text{ cm}}{2}$

$A \approx \mathbf{3{,}15\text{ cm}^2}$

ABCDEF

$A \approx \mathbf{17{,}225\text{ cm}^2}$

7 Holz:

$A_{Gesamt} = g \cdot h = 8\text{ m} \cdot 4\text{ m} = \mathbf{32\text{ m}^2}$

Minus Glasausschnitt:

$A_{Ausschnitt} = 2 \cdot \frac{g \cdot h}{2} = 1\text{ m} \cdot 2\text{ m} = \mathbf{2\text{ m}^2}$

$A_{Holz} = 32\text{ m}^2 - 2\text{ m}^2 = \mathbf{30\text{ m}^2}$

Kosten Holz: $30\text{ m}^2 \cdot 50\text{ €} = \mathbf{1500\text{ €}}$

Glas:

$A = \frac{g \cdot h_1}{2} + \frac{g \cdot h_2}{2} = \frac{2\text{ m} \cdot 1{,}3\text{ m}}{2} + \frac{2\text{ m} \cdot 2\text{ m}}{2} = \mathbf{3{,}3\text{ m}^2}$

Kosten Glas: $3{,}3\text{ m}^2 \cdot 70\text{ €} = \mathbf{231\text{ €}}$

Die Gesamtkosten betragen 1500 € + 231 € = **1731 €.**

Seite 69 ▶ Vermischte Übungen ☒ Dreiecke und Vierecke

1 **a)** ① Drachenviereck ② Trapez

b) stumpfwinkliges / unregelmäßiges Dreieck

c) Es entstehen zwei gleichschenklige Dreiecke.

d) zwei rechtwinklige Dreiecke; ein Rechteck

e) Zwei Dreiecke:
Ist es ein Quadrat (spezielles Parallelogramm), dann sind die Dreiecke rechtwinklig-gleichschenklig.
Ist es ein Rechteck (spezielles Parallelogramm), dann sind die Dreiecke rechtwinklig.
Ist es eine Raute (spezielles Parallelogramm), dann sind die Dreiecke gleichschenklig, in einem Spezialfall (Innenwinkel 60° bzw. 120° groß) gleichseitig.
Ist es KEIN spezielles Parallelogramm, dann sind die Dreiecke stumpfwinklig.

2 **a)** Durch die parallele Linie ist die Höhe des Dreiecks sichtbar. Da die Grundseite und die Höhe sich nicht verändern, bleibt der Flächeninhalt gleich groß.

b) Individuelle Lösungen. Beispiel: Dreiecke mit derselben Grundseite und derselben Höhe.

Seite 69 ► Vermischte Übungen ☒ Dreiecke und Vierecke

3 **a)** Die Höhe ist unverändert. Die Summe (a + c) verändert sich ebenfalls nicht. Dadurch bleibt der Flächeninhalt der Trapeze gleich groß.

b) Der Umfang ist unterschiedlich groß.

4 **a)** Dreieck:
geg.: $a = 4{,}5\ m$; $b = 8\ m$;
$c = 70\ dm$; $h = 3{,}92\ m$
ges.: u; A
$u = a + b + c$
$u = 7\ m + 4{,}5\ m + 8\ m = \mathbf{19{,}5\ m}$
$A = \frac{g \cdot h}{2} = \frac{8\ m \cdot 3{,}92\ m}{2} = \mathbf{15{,}68\ m^2}$

b) Drachenviereck:
geg.: $e = 6\ m$; $f = 17\ m$;
$a = 7{,}62\ m$; $d = 10{,}44\ m$
ges.: u; A
$u = 2 \cdot a + 2 \cdot b$
$u = 2 \cdot 7{,}62\ m + 2 \cdot 10{,}44\ m = \mathbf{36{,}12\ m}$
$A = \frac{e \cdot f}{2} = \frac{6\ m \cdot 17\ m}{2} = \mathbf{51\ m^2}$

5 **a)** Saya: Philippinen
Blaue Pappe: Trapez
$A = \frac{(a + c)}{2} \cdot h = \frac{(0{,}6\ m + 1{,}2\ m)}{2} \cdot 0{,}45\ m = \mathbf{0{,}405\ m^2}$
Rote Pappe: $A = 0{,}405\ m^2$
Weiße Pappe: Dreieck
$A = \frac{g \cdot h}{2} = \frac{0{,}9\ m \cdot 0{,}6\ m}{2} = \mathbf{0{,}27\ m^2}$

Tarek: Jordanien
Rote Pappe: Dreieck
$A = \frac{g \cdot h}{2} = \frac{0{,}9\ m \cdot 0{,}6\ m}{2} = \mathbf{0{,}27\ m^2}$
Grüne Pappe: $A = 0{,}3\ m^2$
Schwarze Pappe: Trapez
$A = \frac{(a + c)}{2} \cdot h = \frac{(1{,}2\ m + 0{,}8\ m)}{2} \cdot 0{,}3\ m = \mathbf{0{,}3\ m^2}$
Weiße Pappe:
$A = \frac{(a + c)}{2} \cdot h$
$A = (\frac{(0{,}8\ m + 0{,}6\ m)}{2} \cdot 0{,}15\ m) \cdot 2 = \mathbf{0{,}21\ m^2}$

b) Individuelle Lösungen

6 **a)** ges.: $A_{Sechseck}$

ABF
$A_1 = \frac{g \cdot h}{2}$
$A_1 = \frac{4\ cm \cdot 5{,}1\ cm}{2}$
$A_1 = \mathbf{10{,}2\ cm^2}$

BCF
$A_2 = \frac{g \cdot h}{2}$
$A_2 = \frac{9{,}1\ cm \cdot 3{,}7\ cm}{2}$
$A_2 \approx \mathbf{16{,}84\ cm^2}$

CDEF:
$A_3 = \frac{(a + c)}{2} \cdot h$
$A_3 = \frac{(9{,}1\ cm + 5{,}9\ cm)}{2} \cdot 1{,}9\ cm$
$A_3 = \mathbf{14{,}25\ m^2}$

$A_{Sechseck} = A_1 + A_2 + A_3 \approx \mathbf{41{,}29\ cm^2}$

b) ges.: $u_{Sechseck}$
$u = 4\ cm + 5{,}5\ cm + 2{,}5\ cm + 5{,}9\ cm + 2{,}5\ cm\ 5{,}2\ cm = \mathbf{25{,}6\ cm}$

c) Individuelle Lösungen

7 Individuelle Lösungen. Beispiele:

① Parallelogramm $u = 10\ m$; $h = 1\ m$
$u \approx 3{,}6\ m + 1{,}4\ m + 3{,}6\ m + 1{,}4\ m$
$u \approx \mathbf{10\ m}$
$A = g \cdot h$
$A = 3{,}6\ m \cdot 1\ m$
$A = \mathbf{3{,}6\ m^2}$

② Rechteck $u = 10\ m$
$u = 3\ m + 2\ m + 3\ m + 2\ m$
$u = \mathbf{10\ m}$
$A = g \cdot h$
$A = 3\ m \cdot 2\ m$
$A = \mathbf{6\ m^2}$

③ Dreieck: $u = 10\ m$; $h = 2{,}5\ m$
$u \approx 3{,}6\ m + 3{,}2\ m + 3{,}2\ m$
$u \approx \mathbf{10\ m}$
$A = \frac{g \cdot h}{2}$
$A = \frac{3{,}6\ m \cdot 2{,}5\ m}{2}$
$A = \mathbf{4{,}5\ m^2}$

8 Mit der Rastermethode und der Annäherung
$A \approx g \cdot h \approx 6\ cm \cdot 2{,}5\ cm \approx \mathbf{15\ cm^2}$

Seite 70 ► Tieftauchen Fachwerkhäuser

A ① spitzwinkliges und gleichschenkliges Dreieck
③ rechtwinkliges und unregelmäßiges Dreieck
⑤ rechtwinkliges und unregelmäßiges Dreieck

B ② Rechteck ⑦ Trapez ⑧ Rechteck

Seite 70 ▶ Tieftauchen — Fachwerkhäuser

C Nein, ⑥ ist kein Parallelogramm. Die rechte Seite ist nicht parallel zur linken. Es ist ein Trapez.
Nein, ⑦ ist kein Parallelogramm. Die rechte Seite ist nicht parallel zur linken. Es ist ein Trapez.

D 70 cm = 0,7 m a = 1,30 m; c = 0,7 m; h = 1 m

$A_{\text{Trapez}} = \frac{(1{,}3\text{ m} + 0{,}7\text{ m})}{2} \cdot 1\text{ m} = \mathbf{1\text{ m}^2}$

Die Malerarbeiten kosten **70 €**.

E Flächeninhalt des Dreiecks ①: g = 0,8 m; h = 0,5 m $A_{\text{Dreieck}} = \frac{g \cdot h}{2} = \frac{0{,}8\text{ m} \cdot 0{,}5\text{ m}}{2} = \mathbf{0{,}2\text{ m}^2}$

Für den Flächeninhalt der Balken müssen wir den Flächeninhalt des kleinen Dreiecks vom Flächeninhalt des großen Dreiecks abziehen.

$A_{\text{Balken}} = 1{,}1\text{ m}^2 - 0{,}2\text{ m}^2 = \mathbf{0{,}9\text{ m}^2}$ Der Flächeninhalt der Balken ist **0,9 m²**.

F Die Vierecke ④ und ⑥ sind Trapeze. Beachte beim Abmessen der Längen die Angaben zum Maßstab der Zeichnung im Schulbuch: 1:100.

Trapez ④: h = 1,1 m; a = 0,5 m; c = 0,7 m

$A_{\text{Trapez④}} = \frac{(0{,}5\text{ m} + 0{,}7\text{ m})}{2} \cdot 1{,}1\text{ m} = 0{,}66\text{ m}^2$

Trapez ⑥: h = 1,0 m; a = 0,7 m; c = 0,8 m

$A_{\text{Trapez⑥}} = \frac{(0{,}7\text{ m} + 0{,}8\text{ m})}{2} \cdot 1{,}0\text{ m} = 0{,}75\text{ m}^2$

Das Viereck ⑥ ist größer als das Viereck ④.

G Höhe des Dreiecks = Höhe des Rechtecks:
h = 4,6 m
Grundseite des Dreiecks = Breite des Rechtecks:
g = 6,9 m
Flächeninhalt des Dreiecks:

$A_{\text{Dreieck}} = \frac{6{,}9\text{ m} \cdot 4{,}6\text{ m}}{2} = \mathbf{15{,}87\text{ m}^2}$

Flächeninhalt des Rechtecks:

$A_{\text{Rechteck}} = 6{,}9\text{ m} \cdot 4{,}6\text{ m} = \mathbf{31{,}74\text{ m}^2}$

Flächeninhalt des Hauses:

$A_{\text{Haus}} = 15{,}87\text{ m}^2 + 31{,}74\text{ m}^2 = \mathbf{47{,}61\text{ m}^2}$

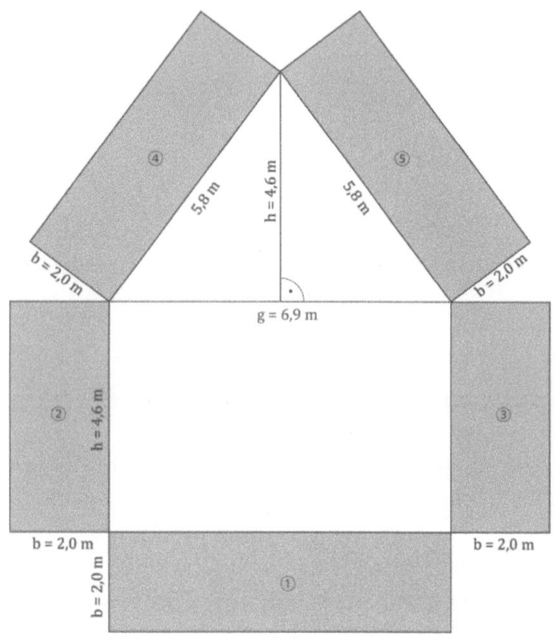

Bei der Plane kommen am Rand noch jeweils 2 m zur Befestigung dazu. Also müssen wir für jede Kante den Flächeninhalt eines Rechtecks mit a = 2 m und b = Länge der Kante berechnen.

Rechteck ①: a = 2 m; b = 6,9 m

$A_{\text{Rechteck}} = 2\text{ m} \cdot 6{,}9\text{ m} = \mathbf{13{,}8\text{ m}^2}$

Rechteck ② und ③: a = 2 m; b = 4,6 m

$A_{\text{Rechteck}} = 2\text{ m} \cdot 4{,}6\text{ m} = \mathbf{9{,}2\text{ m}^2}$

Rechteck ④ und ⑤: a = 2 m; b = 5,8 m

$A_{\text{Rechteck}} = 2\text{ m} \cdot 5{,}8\text{ m} = \mathbf{11{,}6\text{ m}^2}$

Der Flächeninhalt der Plane ist also

$A_{\text{Plane}} = 47{,}61\text{ m}^2 + 13{,}8\text{ m}^2 + 9{,}2\text{ m}^2 + 9{,}2\text{ m}^2 + 11{,}6\text{ m}^2 + 11{,}6\text{ m}^2 = \mathbf{103{,}01\text{ m}^2}$

Nico und Lucy brauchen **103,01 m²** Plane.

Seite 76 ▶ Wissen — Rationale Zahlen darstellen und vergleichen

1 A = −2,2 B = −1,3 C = −0,5 D = +0,3 E = +1,6 F = +1,8
Die Zahlen A, B und C sind negativ, weil sie ein Minuszeichen als Vorzeichen haben.

2 Die Gegenzahl von +2 ist −2. Der Betrag von +2 ist 2. Man schreibt: |+2| = 2
Die Gegenzahl von −5,2 ist +5,2. |−5,2| = 5,2
Die Gegenzahl von +9,17 ist −9,17. |+9,17| = 9,17

Seite 77 ▶ Üben — Rationale Zahlen darstellen und vergleichen

1 Positiv: +3; +0,7; $+\frac{2}{3}$; 0,4; $\frac{5}{7}$ Negativ: −5; −1,3; −12,5; $-\frac{1}{4}$; $-\frac{9}{10}$

2 Janek lief auf dem zugefrorenen See. Es waren −15°C draußen. Danach trank er heißen Tee, der +40°C warm war.

3 **a)** +18,5 °C **b)** −2,7 °C **c)** −0,2 °C **d)** +10 °C **e)** −5 °C **f)** −2 °C
Positiv: a), d) Negativ: b), c), e), f)

4 Individuelle Lösungen

5 A = −1,7 B = −1,3 C = $-\frac{1}{2}$ D = +0,2 E = +1,1

6 **a)** A = −30 B = −15 C = −5 D = 0 E = +10 F = +25
b) A = −1 B = −0,2 C = +0,5 D = +1,3 E = +1,9 F = +2,2

7

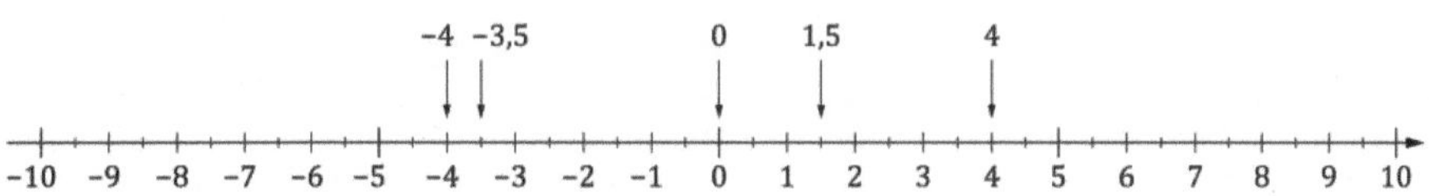

8 Die Zahl −4,2 steht auf der Zahlengeraden zwischen −5 und −4. Damit ist die Zahl −4,2 größer als −5 und kleiner als −4.

9 **a)** +19 °C ist niedriger. **b)** −5 °C ist niedriger. **c)** −9,7 °C ist niedriger. **d)** −5,2 °C ist niedriger.

10 **a)** +8 > +6 **b)** −1 < +1 **c)** −2,1 > −2,3 **d)** +17 < $-\frac{1}{2}$ **e)** 7,3 = +7,3 **f)** −0,2 > −0,7

11 −9,7 < −0,2 < 0 < $\frac{1}{2}$ < 5,3 Das Lösungswort lautet: MINUS

12 **a)** Die Gegenzahl von +3 ist −3. **b)** Die Gegenzahl von −7 ist +7. **c)** Die Gegenzahl von +0,2 ist −0,2.
d) Die Gegenzahl von 5,2 ist −5,2. **e)** Die Gegenzahl von $-\frac{1}{4}$ ist $+\frac{1}{4}$.

13 **a)** Der Betrag von +7 ist 7. **b)** Der Betrag von −4 ist 4. **c)** Der Betrag von 9 ist 9.
d) Der Betrag von −2,5 ist 2,5. **e)** Der Betrag von −0,3 ist 0,3. **f)** Der Betrag von $\frac{1}{3}$ ist $\frac{1}{3}$.

14 **a)** |−12| = 12 **b)** |−23| = 23 **c)** |14| = 14 **d)** |2,5| = 2,5 **e)** |−2,5| = 2,5

15 Rechnung: −310 < −270 Du kannst auch sagen: −310 ist weiter von der 0 entfernt als −270.
Antwort: Frau Menzel hat mehr Schulden.

Seite 78 ▶ Üben ☒ Rationale Zahlen darstellen und vergleichen

1 Sinan misst an einem Januartag die Temperatur. Um 8 Uhr misst er 2,5 °C. Um 13 Uhr sind es **+**6,8 °C.
→ Das Vorzeichen muss + sein, weil der Wert der Temperatur um 8 Uhr schon positiv war und größer geworden ist.

Nach Sonnenuntergang sinkt die Temperatur unter 0 °C, sodass er um 22 Uhr **−**7,2 °C misst.
→ Unter Null ist das Vorzeichen −.

2 **a)** +1 °C positiv **b)** −0,5 °C negativ **c)** +3,5 °C positiv **d)** −1,5 °C negativ

3

a)	A = −40	B = −20	C = −5	D = +15	E = +30	F = +45
b)	A = −1,4	B = −0,9	C = −0,4	D = +0,5	E = +0,9	F = +1,7
c)	A = −5	B = −3	C = −1,5	D = +0	E = +2	F = +3,5

4

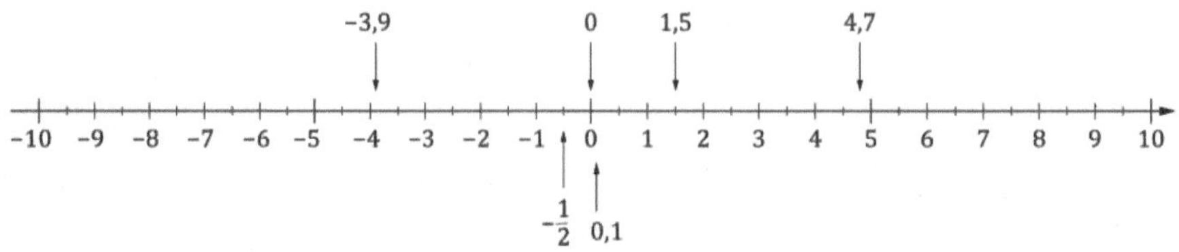

5 **a)** Die negativen Temperaturen sind durch die Säulen dargestellt, die von der Nulllinie nach unten reichen.

b)

Januar	Februar	März	April	Mai	Juni
−8 °C	−6 °C	−2 °C	+6 °C	+8 °C	+16 °C

Juli	August	September	Oktober	November	Dezember
+18 °C	+20 °C	+16 °C	+10 °C	+4 °C	−4 °C

c)

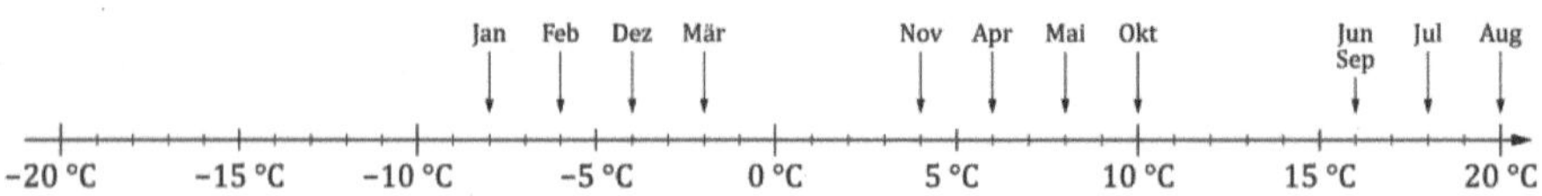

6 **a)** +7,2 > +6,99 **b)** +0,79 = 0,79 **c)** −2,01 > −2,3 **d)** $-\frac{3}{4} = -0{,}75$ **e)** +7,3 > −73 **f)** −0,2 < 0

7 $-3{,}4 < -3{,}01 < -\frac{3}{4} < -0{,}25 < +1{,}72 < +17{,}2$

8 **a)** Beispiel: −7,1; −7; −6,9 **b)** Beispiel: 4,9; 4,95; 5

9 **a)** Beispiele:
Die Münze zeigt −, der weiße Würfel zeigt 1 und der schwarze Würfel zeigt 2. Die Zahl heißt −1,2.
Die Münze zeigt +, der weiße Würfel zeigt 1 und der schwarze Würfel zeigt 5. Die Zahl heißt +1,5.
Die Münze zeigt +, der weiße Würfel zeigt 3 und der schwarze Würfel zeigt 3. Die Zahl heißt +3,3.

b) Beispiele:
Die Münze zeigt −, der weiße Würfel zeigt 1 und der schwarze Würfel zeigt 6. Die Zahl heißt −1,6.
Die Münze zeigt −, der weiße Würfel zeigt 2 und der schwarze Würfel zeigt 5. Die Zahl heißt −2,5.
Die Münze zeigt −, der weiße Würfel zeigt 5 und der schwarze Würfel zeigt 1. Die Zahl heißt −5,1.

c) Die größte Zahl, die man würfeln kann, heißt +6,6.

d) Individuelle Lösungen

10

a)	+5,16	Betrag:	|+5,16| = 5,16	Gegenzahl: −5,16
b)	−0,07	Betrag:	|−0,07| = 0,07	Gegenzahl: +0,07
c)	$+\frac{2}{3}$	Betrag:	$\lvert+\frac{2}{3}\rvert = \frac{2}{3}$	Gegenzahl: $-\frac{2}{3}$
d)	−17,33	Betrag:	|−17,33| = 17,33	Gegenzahl: +17,33
e)	1,41	Betrag:	|1,41| = 1,41	Gegenzahl: −1,41
f)	−0,001	Betrag:	|−0,001| = 0,001	Gegenzahl: +0,001

Seite 78 ▶ Üben ☒ — Rationale Zahlen darstellen und vergleichen

11 **a)** Auf dem Merkur kann es am kältesten werden. Auf der Venus kann es am wärmsten werden.
b) Auf dem Merkur kann es 90 °C warm sein. Auf Merkur, Erde und Mars kann es −15 °C kalt sein.

Seite 79 ▶ Üben ☒ — Rationale Zahlen darstellen und vergleichen

1 Am 1. März waren es morgens um 6 Uhr noch **−0,5 °C**.
→ Die Temperatur muss kleiner sein als +1,3 °C.
Bis 18 Uhr sanken die Temperaturen wieder unter den Gefrierpunkt, es waren **−1,5 °C.**
→ Der Gefrierpunkt liegt bei 0 °C. Also muss der Wert negativ sein.

2 **a)** grün: Um 0:00 Uhr, 3:00 Uhr, 6:00 Uhr und 9:00 Uhr waren die Temperaturen negativ.
Um 12:00 Uhr, 15:00 Uhr, 18:00 Uhr, 21:00 Uhr und 24:00 Uhr waren die Temperaturen positiv. Positiv sind alle Werte über der Nulllinie, negativ alle Werte darunter.
violett: Um 0:00 Uhr und 24:00 Uhr waren die Temperaturen negativ.
Um 6:00 Uhr, 9:00 Uhr, 12:00 Uhr, 15:00 Uhr, 18:00 Uhr und 21:00 Uhr waren die Temperaturen positiv.
Um 3:00 Uhr wurden 0 °C gemessen. Das ist weder negativ, noch positiv.
b) grün: −1 °C < −0,8 °C < −0,6 °C <−0,2 °C < +0,4 °C <+0,6 °C < +1 °C < +1,4 °C < +1,8 °C
violett: −0,4 °C < −0,2 °C < 0 °C < +0,2 °C < +0,6 °C (kommt 2x vor!) < +1 °C < +1,2 °C < +1,4 °C

3

a)	A = −3,5	B = −2	C = −0,5	D = 1,5	E = 3	F = 5,5
b)	A = −2,9	B = −2,2	C = −1,5	D = −0,8	E = −0,2	F = 0,2
c)	A = −7,5	B = −3	C = −1,5	D = 2,25	E = 4,5	F = 6,75

d) Individuelle Lösungen

4

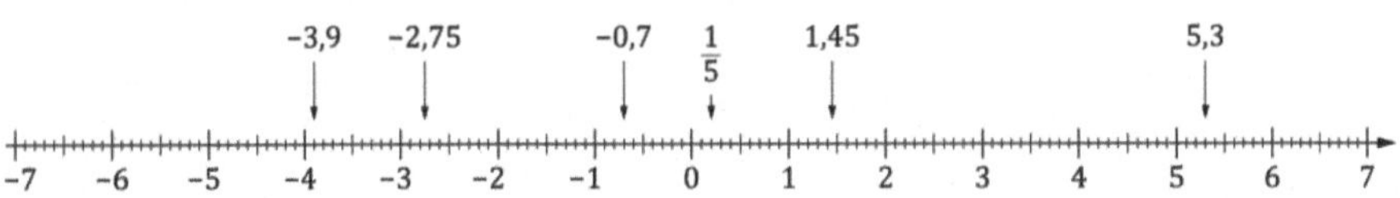

5

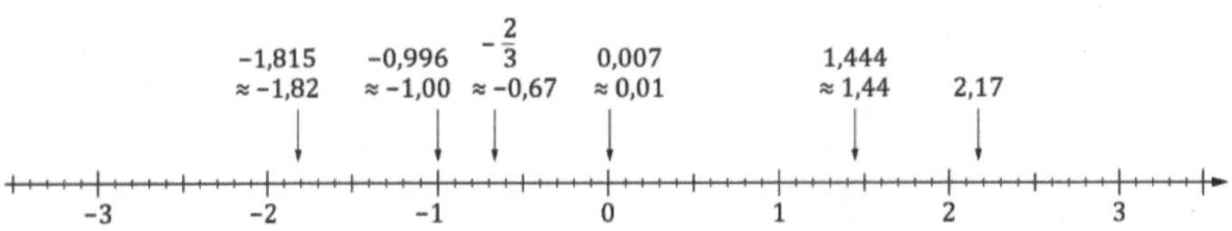

6 $-30{,}1 < -29{,}13 < -3{,}8 < -\frac{3}{8} < 1{,}637 < +17{,}25$

7 **a)** Beispiel: −3; −1,2; +0,7
b) Beispiel: −0,8; −0,7; −0,1
c) Beispiel: −1,3; −1; −0,8
d) Beispiel: −5,779; −5,777; −5,772

8 **a)** +0,8 **b)** −0,35 und −0,38 **c)** −8530
d) −0,358 **e)** Individuelle Lösungen

9 **a)** Genau zwei Zahlen haben den Betrag 6,2. Es sind −6,2 und +6,2.
b) Ja, die Zahl 0 hat keine Gegenzahl.
c) Die Gegenzahl von −4,75 ist +4,75. Beide haben den Betrag 4,75.
Also beträgt ihr Abstand 4,75 + 4,75 = 9,5

10 Individuelle Lösungen. Beispiel: A = −10 B = −5
−10 < −5
Aber: |−10| = 10 > |−5| = 5

11 **a)** Am heißesten war es in Kairo mit +43,3 °C. Am kältesten war es in Moskau mit −23,5 °C.
b) In Kairo ist ganz sicher kein Schnee gefallen, weil die Temperaturen immer größer als +7,7 °C waren.

Seite 80 ▶ Thema Runden von rationalen Zahlen

1 Die zweite Nachkommastelle ist bei den beiden obersten Zahlen eine 4.
Die dritte Nachkommastelle ist eine 6 beziehungsweise eine 9. In beiden Fällen wird aufgerundet.
Philip macht aus der 4 deshalb eine 5 und schreibt jeweils 13,15 €.

Die zweite Nachkommastelle ist bei den beiden unteren Zahlen eine 5.
Die dritte Nachkommastelle ist eine 0 beziehungsweise eine 4. In beiden Fällen wird abgerundet.
Philip lässt die 5 stehen und schreibt jeweils 13,15 €.

2 a) 13,3 cm b) 4,5 km c) 78,0 dm d) 56,5 mm e) 89,8 cm f) 364,2 km
g) 12,6 m h) 6,1 km i) 65,7 mm j) 356,3 cm k) 0,1 dm l) 1001,9 m

3 a) 13,25 m^2 b) 4,51 dm^2 c) 78,03 € d) 56,49 dm^2 e) 89,^{82} cm^2 f) 364,2 €
g) 12,57 € h) 6,15 cm^2 i) 65,73 km^2 j) 356,34 € k) 0,05 dm^2 l) 121,94 €

4 a) 13,254 cm^3 b) 4,510 g c) 78,022 dm^3 d) 56,494 cm^3 e) 89,823 m^3 f) 364,194 ℓ
g) 12,569 m^3 h) 6,148 kg i) 65,732 ℓ j) 356,340 t k) 0,052 g l) 1001,945 dm^3

Seite 81 ▶ Thema Quadratzahl, Quadratwurzel, Kubikzahl, Kubikwurzel

1 a) $5^2 = 5 \cdot 5 = 25$ b) $8^2 = 8 \cdot 8 = 64$ c) $12^2 = 12 \cdot 12 = 144$ d) $\sqrt{121} = \sqrt{11 \cdot 11} = \sqrt{11^2} = 11$
e) $\sqrt{900} = \sqrt{30 \cdot 30} = \sqrt{30^2} = 30$
f) $1^2 = 1$; $2^2 = 4$; $3^2 = 9$; $4^2 = 16$; $5^2 = 25$;
$6^2 = 36$; $7^2 = 49$; $8^2 = 64$; $9^2 = 81$; $10^2 = 100$;
$11^2 = 121$; $12^2 = 144$; $13^2 = 169$; $14^2 = 196$; $15^2 = 225$

2 a) $4^3 = 4 \cdot 4 \cdot 4 = 64$ b) $5^3 = 5 \cdot 5 \cdot 5 = 125$ c) $6^3 = 6 \cdot 6 \cdot 6 = 216$
d) $\sqrt[3]{729} = \sqrt[3]{9 \cdot 9 \cdot 9} = \sqrt[3]{9^3} = 9$
e) $\sqrt[3]{1728} = \sqrt[3]{12 \cdot 12 \cdot 12} = \sqrt[3]{12^3} = 12$
f) $1^3 = 1$; $2^3 = 8$; $3^3 = 27$; $4^3 = 64$; $5^3 = 125$;
$6^3 = 216$; $7^3 = 343$; $8^3 = 512$; $9^3 = 729$; $10^3 = 1000$

Seite 82 ▶ Wissen — Das erweiterte Koordinatensystem

1 Individuell. Achte darauf, dass die Quadranten gegen den Uhrzeigersinn nummeriert sind.

2

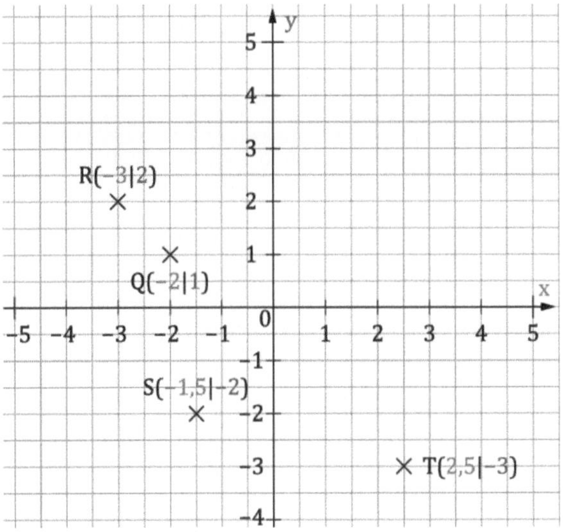

Seite 83 ▶ Üben — Das erweiterte Koordinatensystem

1 Im I. Quadranten: Schraubenzieher, Kneifzange, Schere
Im II. Quadranten: Hammer
Im III. Quadranten: Besen, Stift
Im IV: Quadranten: Taschenrechner, Schlüssel, Zirkel

Man kann den Schraubenschlüssel und den Eimer keinem Quadranten zuordnen, weil die Gegenstände auf den Achsen liegen.

2 P(−2|1) U(2|−2) N(−2|−3) K(2|3) T(−3|−1) E(3|−1)
Das Lösungswort lautet: PUNKTE.

3 A(2|3) B(−2|3) C(−2|2) D(−1|2) E(−1|−2) F(1|−2) G(1|2) H(2|2)

4 A(−1|2,5) B(−3,5|0,5) C(−1|−1,5) D(−1|0) E(4|−1) F(4|2) G(−1|1)

5 **a), b)** ① Quadrat:
Es befindet sich im II. Quadranten.

② Trapez
Es befindet sich in allen Quadranten.

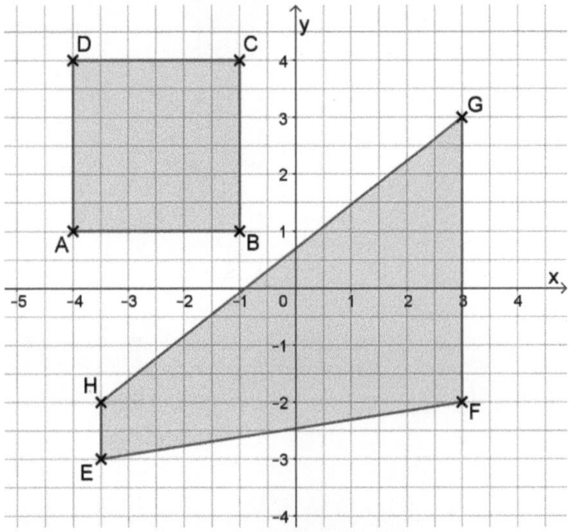

6 **a)** Die Koordinaten wurden vertauscht. Die richtigen Koordinaten sind A(−1|2); B(−3|1); C(−1|1)

Seite 83 ▶ Üben — Das erweiterte Koordinatensystem

6 ⇨ Fortsetzung

b) Die y-Achse wurde falsch beschriftet. Richtig ist:
A(−3|−1); B(−3|−2);C(−1|−2); D(−1|−1)

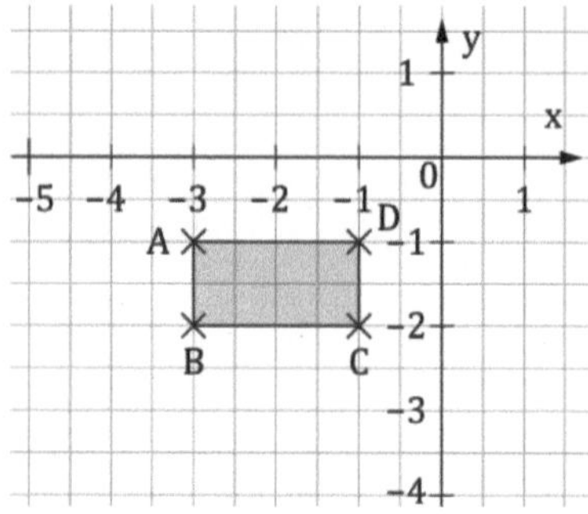

7 Individuell. Zum Beispiel:
A(2|1) im I. Quadranten ⟶ B(0,5|−2) im IV. Quadranten ⟶ C(−2|−2) im III. Quadranten ⟶ D(−2|1) im II. Quadranten ⟶ E(−1|1) im II. Quadranten ⟶ Ziel(−2|2) im III. Quadranten

Seite 84 ▶ Üben — Das erweiterte Koordinatensystem

1 Start: IV. Quadrant ⟶ III. Quadrant ⟶ II. Quadrant ⟶ I. Quadrant ⟶ II. Quadrant ⟶ I. Quadrant ⟶ III. Quadrant ⟶ IV. Quadrant ⟶ I. Quadrant ⟶ II. Quadrant ⟶ Ziel: III. Quadrant

2

A(0|4,5)	B(−1|2)	C(−1|−0,5)	D(−2|−3,5)	E(−1|−3)
F(0|−3,5)	G(1|−3)	H(2|−3,5)	I(1|−0,5)	J(1|2)

3 Linke Seite: A(0|3,5) B(−1|2,5) C(−0,5|2,5) D(−2|1) E(−1|1) F(−2,5|−1) G(−0,5|−1) H(−0,5|−2) I(0|−2)

Rechte Seite: A'(0|3,5) B'(1|2,5) C'(0,5|2,5) D'(2|1) E'(1|1) F'(2,5|−1) G'(0,5|−1) H'(0,5|−2) I'(0|−2)

4 **a)** Die Koordinaten wurden vertauscht. Die richtigen Koordinaten sind A(−2|−1); B(−3|−2); C(−1|−2)

b) Die Koordinaten der Punkte B und C wurden falsch beschriftet.
Die richtigen Koordinaten sind B(−1|1,5) und C(0,5|−1)

5 **a)** L

b) V

c) T

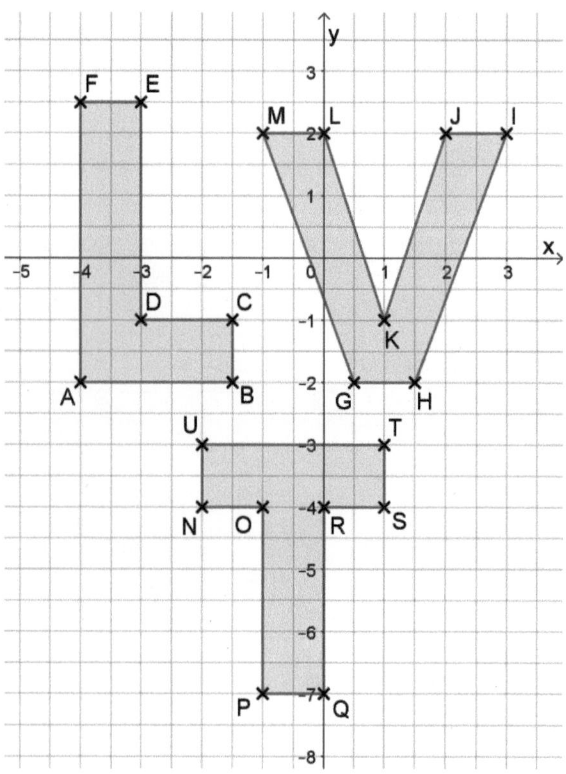

Seite 84 ▶ Üben ☒ Das erweiterte Koordinatensystem

6 A: IV. Quadrant B: III. Quadrant C: III. Quadrant
D: II. Quadrant E: II. Quadrant F: II. Quadrant
G: II. Quadrant H: IV: Quadrant I: III. Quadrant

Wenn die x-Koordinate negativ und die y-Koordinate positiv ist, liegt der Punkt im II. Quadranten.
Wenn beide Koordinaten negativ sind, liegt der Punkt im III. Quadranten.
Wenn die x-Koordinate positiv ist und die y-Koordinate negativ, liegt der Punkt im IV. Quadranten.
Wenn beide Koordinaten positiv sind, liegt der Punkt im I. Quadranten.

7 Individuell. Zum Beispiel:
Start: A(−3|4) im II. Quadranten ⟶ B(−2|2,5) im II. Quadranten ⟶ C(−3|0) ⟶ D(3|2) im I. Quadranten ⟶ E(3|−3) im IV. Quadranten ⟶ Ziel: H(5|−5)

Seite 85 ▶ Üben ☒ Das erweiterte Koordinatensystem

1 A: II. Quadrant B: III. Quadrant C: IV. Quadrant
D: IV. Quadrant E: IV. Quadrant F: II. Quadrant
G: IV. Quadrant H: IV. Quadrant I: III. Quadrant

Wenn die x-Koordinate negativ und die y-Koordinate positiv ist, liegt der Punkt im II. Quadranten.
Wenn beide Koordinaten negativ sind, liegt der Punkt im III. Quadranten.
Wenn die x-Koordinate positiv ist und die y-Koordinate negativ, liegt der Punkt im IV. Quadranten.
Wenn beide Koordinaten positiv sind, liegt der Punkt im I. Quadranten.

2 A(0,5|3) B(−1|2,5) C(−1,5|1) D(−1|−0,5) E(0,5|−1) F(2|−0,5) G(2,5|1) H(2|2,5)

3 A'(1,5|1,5) B'(1,5|1) C'(1|0) D'(1,5|−2) E'(1,5|−2,5) F'(0|−1) G'(−1|−2) H'(−1|−3)

4 **a)** Die Koordinaten wurden vertauscht. Die richtigen Koordinaten sind
A(−1|−1); B(−3|−1); C(−2|−3); D(0|−5)

b) Die Achsen wurden falsch beschriftet. Die 1 und −1 müssen jeweils 2 Kästchen vom Nullpunkt entfernt sein. Die richtigen Koordinaten sind
P(−0,5|0,5); Q(−1,5|−2); R(0|−4); S(0,5|−2)

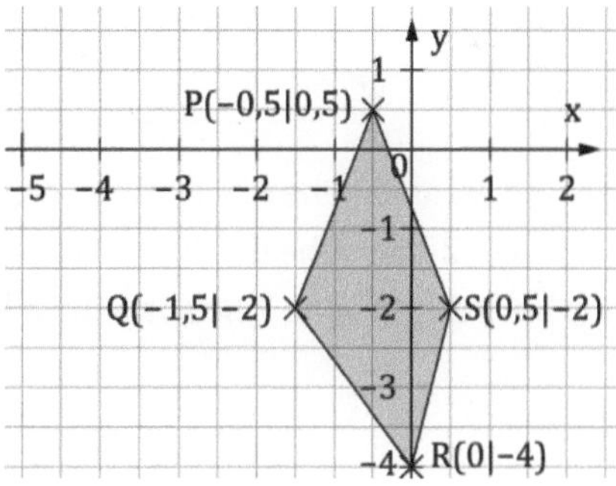

5 E(−1|1,5) F(−1|−2) G(0|−2)

6 **a), b)**

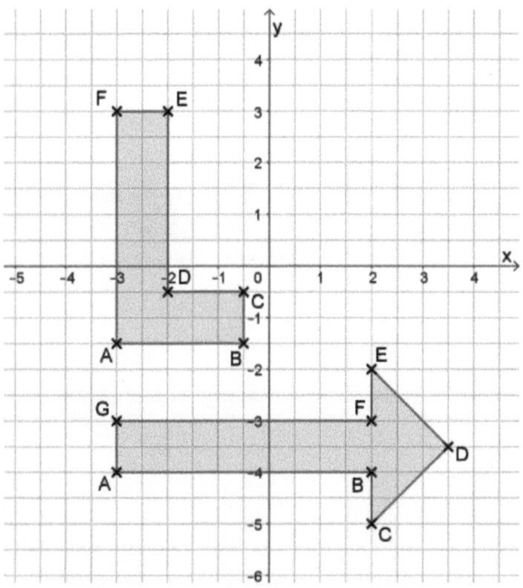

c) Individuelle Lösungen

Seite 85 ▶ Üben ☒ Das erweiterte Koordinatensystem

7 **a)** A(−3|−2,5) B(−4|−2) C(−3|−6,1) D(−6,8|−8)
b) E(4,3|−8) F(2,4|−6) G(9,6|−2) H(5,7|−4,9)

8 **a)** Richtig.
b) Im zweiten Quadranten sind die Vorzeichen immer unterschiedlich, da die x-Koordinate immer negativ und die y-Koordinate immer positiv ist. Im dritten Quadranten sind die Vorzeichen aber beide immer negativ.

9 Individuelle Lösungen

Seite 86 ▶ Wissen Mit rationalen Zahlen anschaulich rechnen

1 **a)**

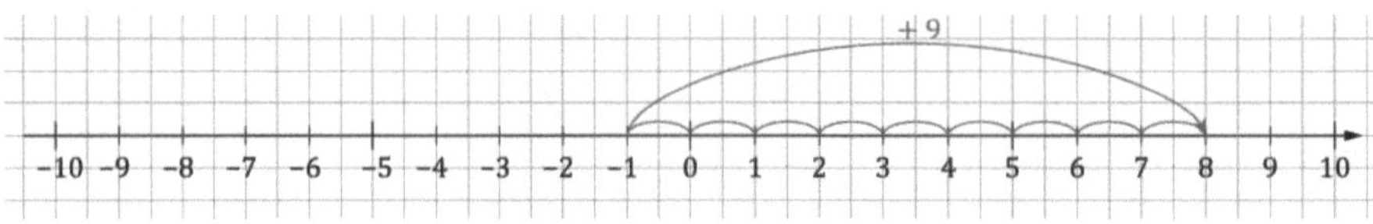

Nach der Fahrt bin ich in Etage **8**.

b)

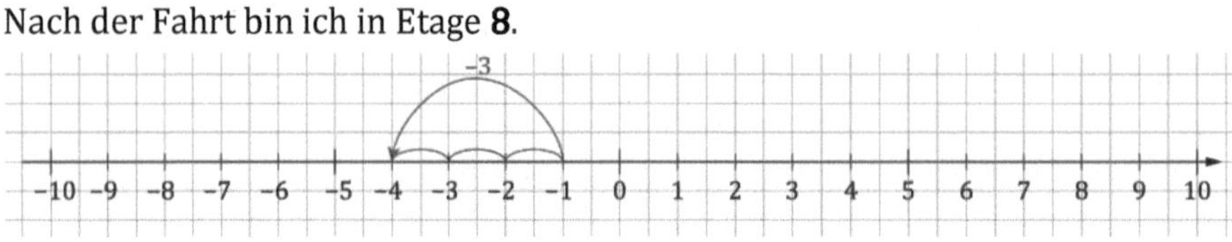

Nach der Fahrt bin ich in Etage **−4**.

2 **a)** −5 + 7 = **2**, denn 7 − 5 = 2
b) + 3 − 6 = **−3**, denn 6 − 3 = 3
c) −3 − 4 = **−7**, denn 3 + 4 = 7

Seite 87 ▶ Üben ◩ Mit rationalen Zahlen anschaulich rechnen

1 **a)** Starte bei **−1** und gehe **3** Schritte nach **links**. Das Ergebnis ist **−4**.
b) Starte bei **−2** und gehe **4** Schritte nach **rechts**. Das Ergebnis ist **+2**.
c) Starte bei **+3** und gehe **7** Schritte nach **links**. Das Ergebnis ist **−4**.

2 **a)**

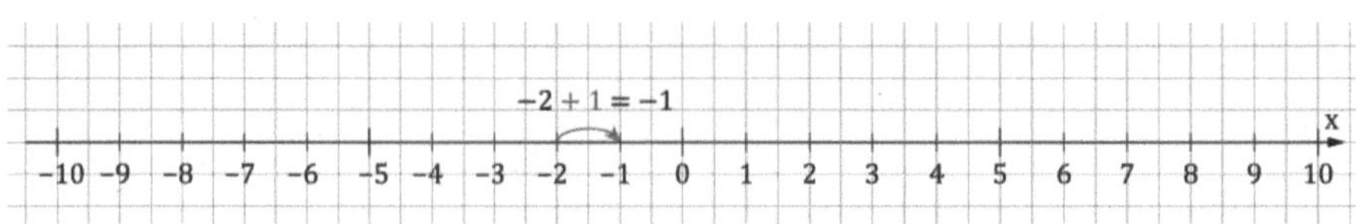

b)

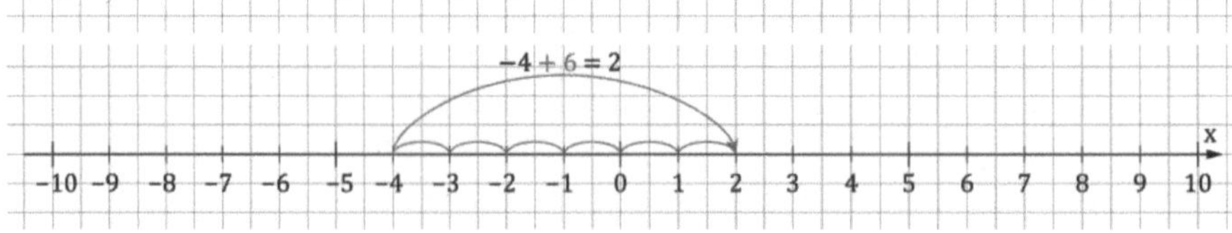

c)

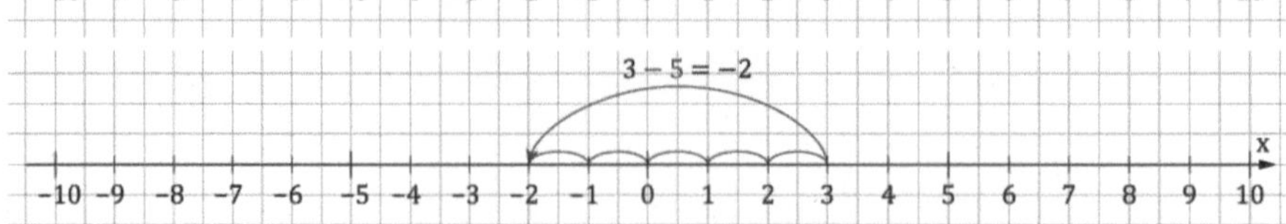

d)

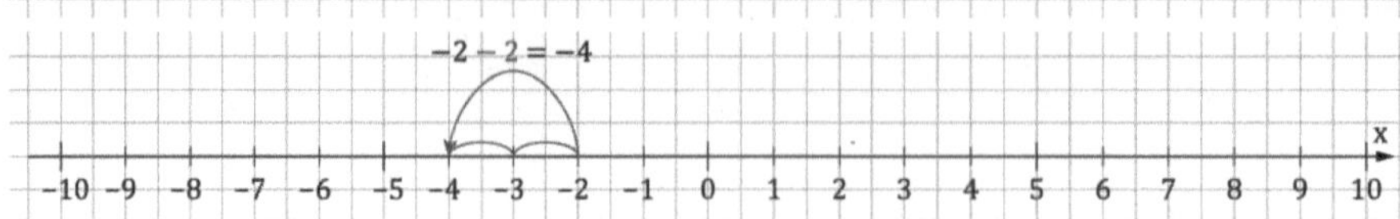

Seite 87 ► Üben ◩ Mit rationalen Zahlen anschaulich rechnen

3 a)
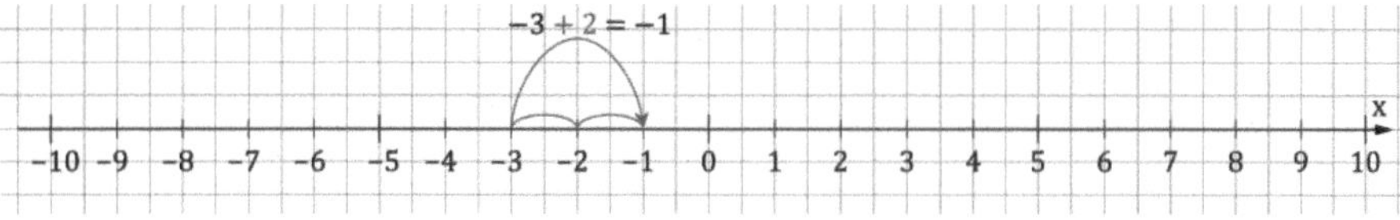

b)
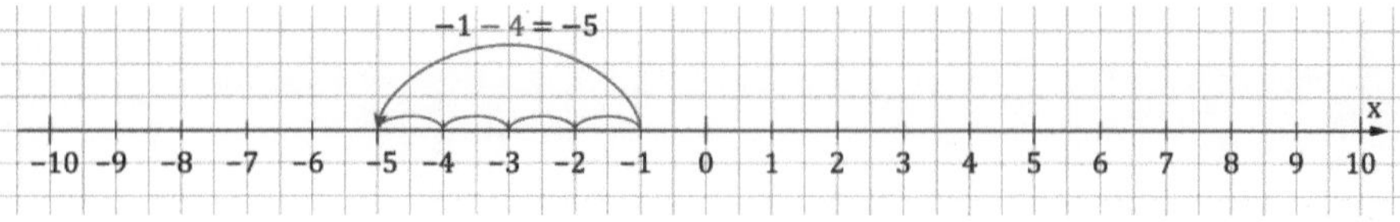

c)
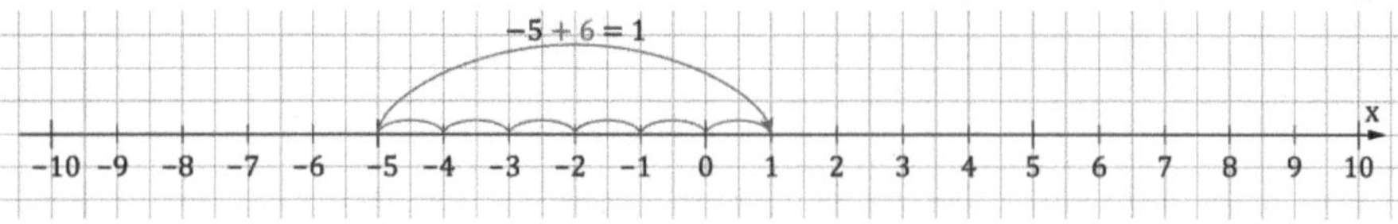

d)
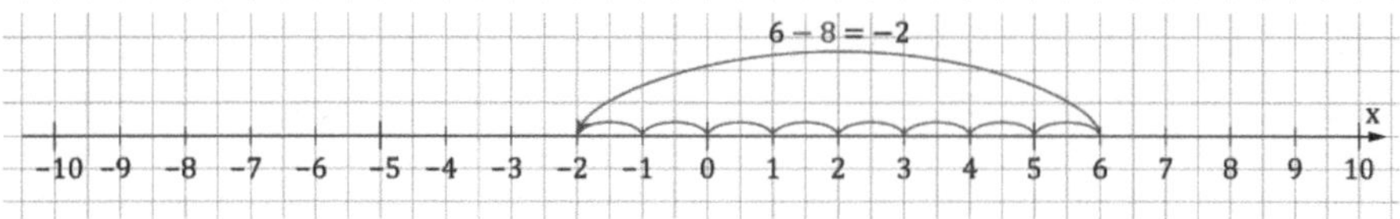

4 **a)** 39 **b)** 11 **c)** −11 **d)** −11 **e)** 11 **f)** −39

5 **a)** Ich **addiere** 2, denn ich fahre 2 Etagen nach **oben**.
b) Ich **subtrahiere** 12, denn ich fahre 12 Etagen nach **unten**.
c) Ich **subtrahiere** 12, denn die Temperatur **sinkt** um 12 °C.
d) Ich **addiere** 9, denn bei Emre ist es 9 °C **wärmer**.
e) Ich **addiere** 0,05 m, denn Max ist 5 cm **größer** als Mia.

6 $-2 + 6 = \mathbf{+4}$ Kaya steigt in Etage 4 aus.

7 $-30 + 45 = +15$ Maikes neuer Kontostand beträgt 15 €.

8 ① Ⓐ ② Ⓓ $10 - 15 = -5$ ③ Ⓑ ④ Ⓒ

9 $-9 + 2 = -7$ (6. Januar) → $-7 + 4 = -3$ (7. Januar) Am 7. Januar hat Andi −3 °C gemessen.

10 Individuelle Lösungen

Seite 88 ► Üben ☒ Mit rationalen Zahlen anschaulich rechnen

1 **a)** $-5 - 4 = \mathbf{-9}$ **b)** $-5 + 8 = \mathbf{3}$ **c)** $+6 - 8 = \mathbf{-2}$ **d)** $-8 + 6 = \mathbf{-2}$

2 a)
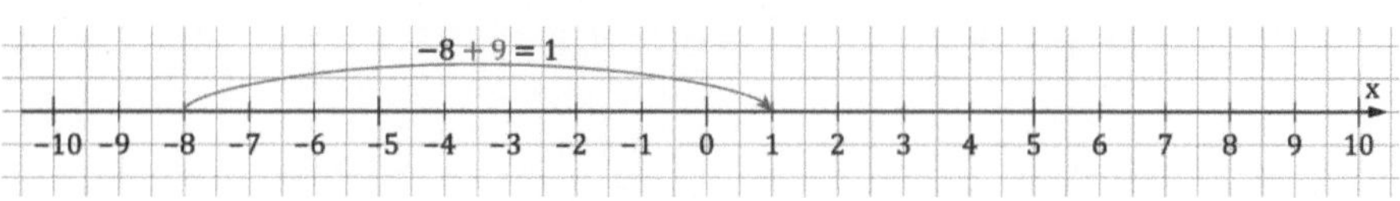

b)
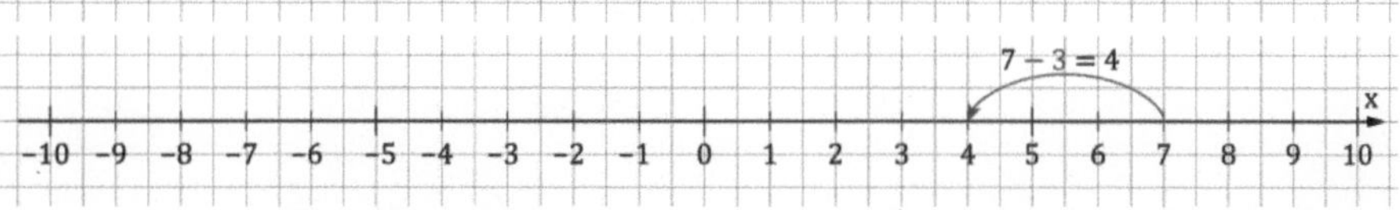

c)
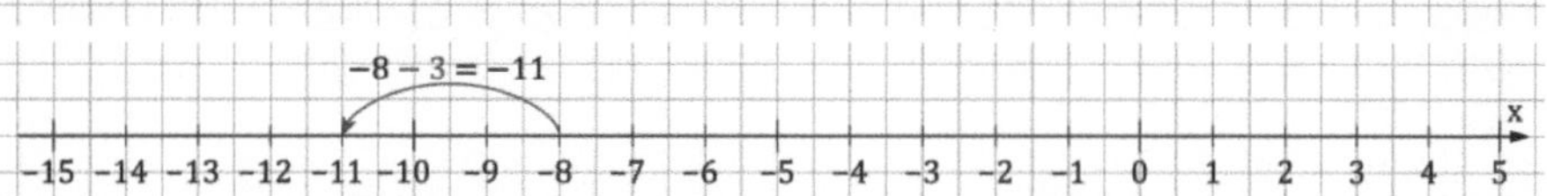

d)
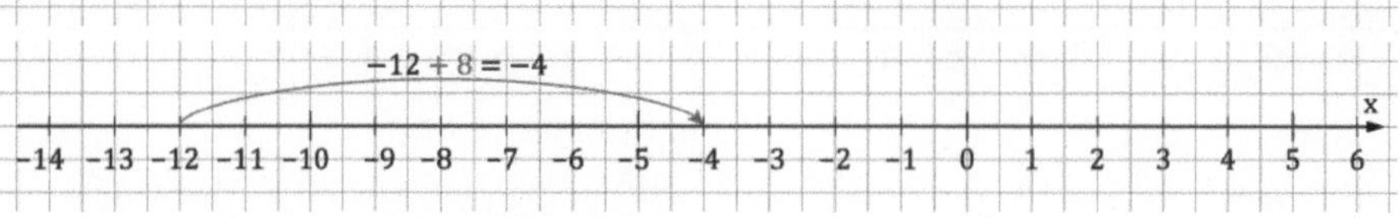

Seite 88 ▶ Üben ☒ Mit rationalen Zahlen anschaulich rechnen

2 ⇨ Fortsetzung

e) 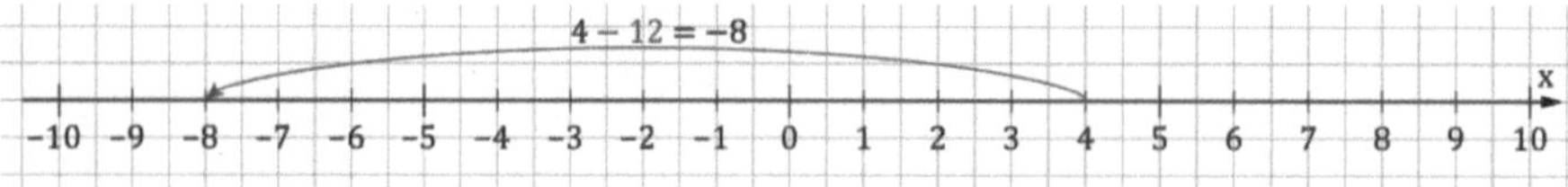

f) 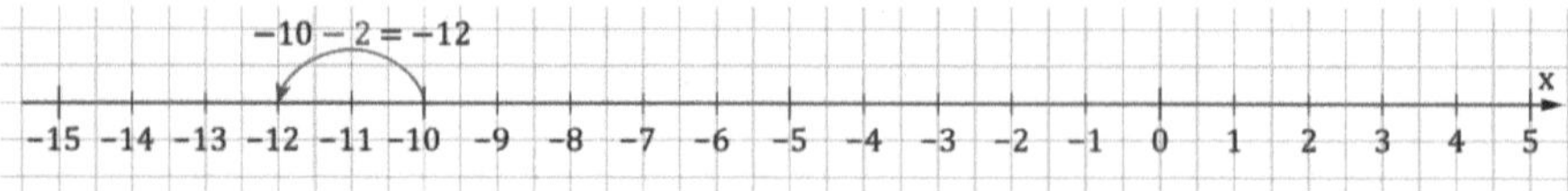

3 **a)** −4 **b)** −2 **c)** −8 **d)** 9 **e)** −34 **f)** −17 **g)** −6,5 **h)** −17 **i)** 3,94

4 Individuelle Lösungen

5 **a)**

Addition	Subtraktion
im Fahrstuhl hochfahren	im Fahrstuhl herunterfahren
etwas wird teurer	der Preis sinkt
es wird wärmer	es wird kälter
größer sein als etwas anderes	kleiner sein als etwas anderes
der Wasserstand steigt	der Wasserstand sinkt

b) Individuelle Lösungen

6 **a)** $-4 + 8{,}5 = \mathbf{+4{,}5}$ Die Temperatur beträgt dann **4,5 °C.**
b) $-45 + 30 = \mathbf{-15}$ Elijahs Kontostand beträgt dann **−15 €.**
c) $-3 + 7 = \mathbf{+4}$ Frau Hauser steigt in Etage **4** aus.

7 Jede Geschichte ist anders, aber du kannst die Rechnung vergleichen:
a) $28 - 20{,}5 = \mathbf{7{,}5}$ **b)** $-17 + 29 = \mathbf{12}$ **c)** $-2{,}5 - 4{,}5 = \mathbf{-7}$ **d)** $-30 + 15 = \mathbf{-15}$

8 **a)** $-48 + 57 = \mathbf{9}$ Die Temperatur betrug nach diesem Anstieg **9 °C.**
b) Individuelle Lösungen

9 $15 - 10 + 25 - 55 = \mathbf{-25}$ Der neue Kontostand beträgt **−25 €.**

Seite 89 ▶ Üben ☒ Mit rationalen Zahlen anschaulich rechnen

1 **a)** $-6 + 8 = \mathbf{2}$ **b)** $20 - 35 = \mathbf{-15}$ **c)** $0{,}3 - 0{,}8 = \mathbf{-0{,}5}$ **d)** $-2{,}5 + 4 = \mathbf{1{,}5}$

2 a) 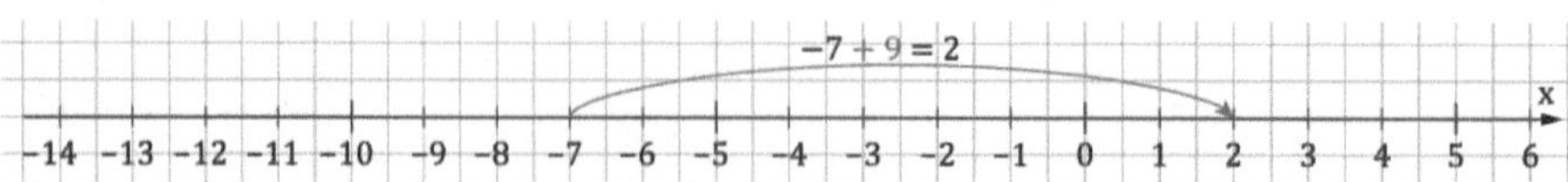

b) 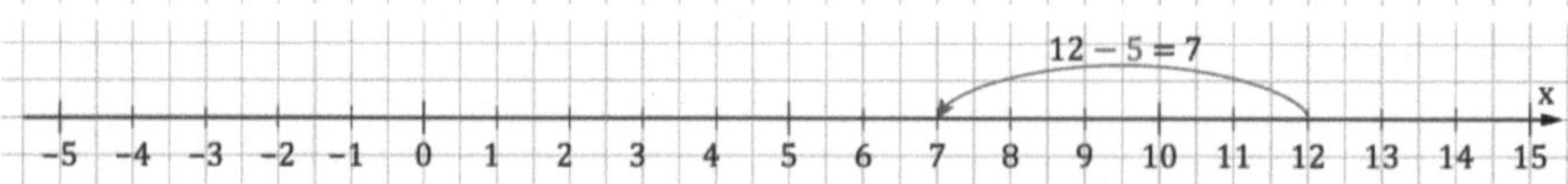

c) 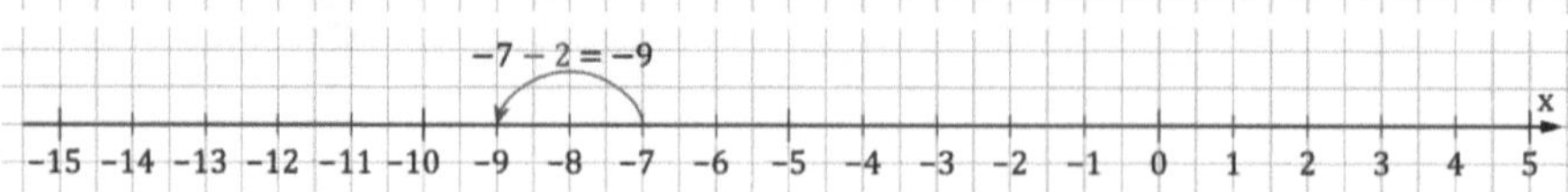

Seite 89 ▶ Üben ☒ Mit rationalen Zahlen anschaulich rechnen

2 ⇨ Fortsetzung

d)
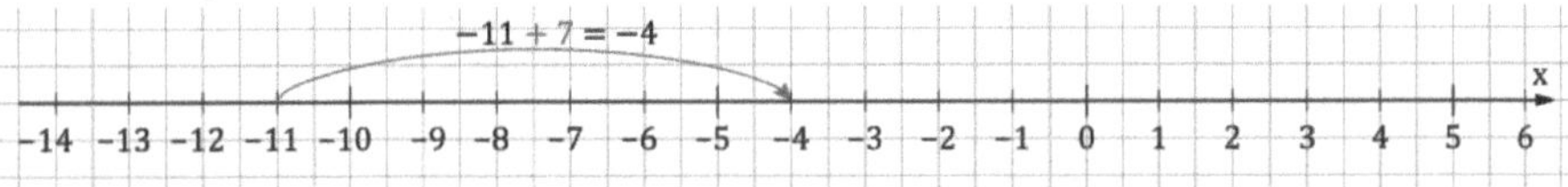

e)
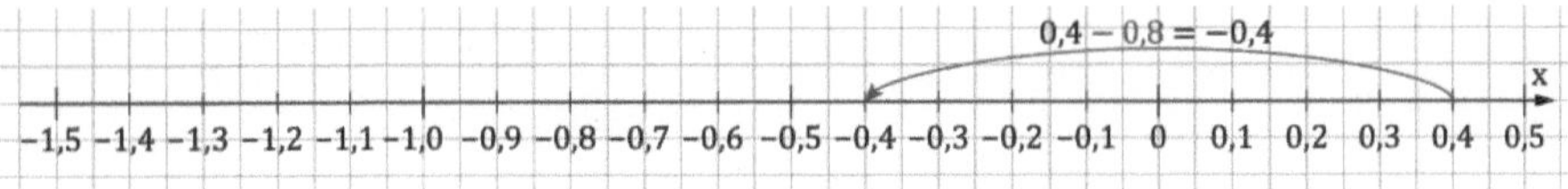

f)
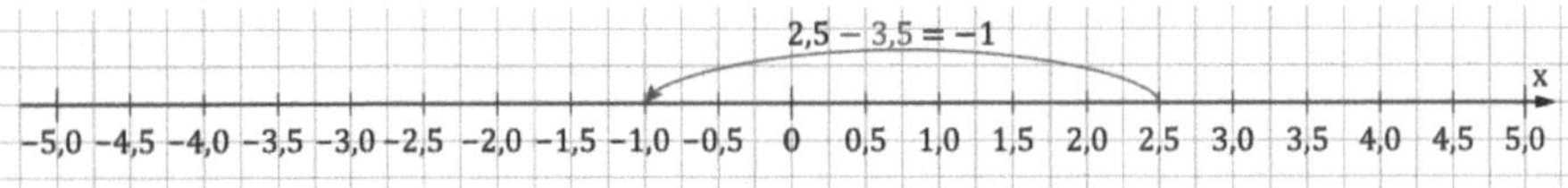

3 a) 3 b) −5 c) −8 d) −2,7 e) −2,3 f) −0,6 g) $-\frac{1}{12}$ h) $-\frac{1}{8}$ i) $-\frac{13}{10} = -1\frac{3}{10}$

4 Individuelle Lösungen

5 a) Frage:
In welcher Etage steigt Ella aus?
Rechnung: 3 − 5 = **−2**
Antwort: Ella steigt in Etage **−2** aus.

b) Frage: Welche Temperatur ist nach dem Anstieg?
Rechnung: −7 + 11,2 = **4,2**
Antwort: Nach dem Anstieg sind es **4,2 °C.**

c) Frage: Wie hoch ist der Wasserstand nach der Messung?
Rechnung: 1,23 + 0,12 = **1,35**
Antwort: Der Wasserstand beträgt nach der Messung **1,35 m**.

d) Frage: Wie hoch ist Jennys Kontostand nach der Einzahlung?
Rechnung: −52,50 + 115 = **62,50**
Antwort:
Jennys neuer Kontostand beträgt **62,50 €.**

e) Frage:
Wie spät ist es bei Kai in dem Augenblick?
Rechnung: 11 − 6 = **5**
Antwort:
Bei Kai sind es in dem Augenblick **5 Uhr** morgens.

f) Frage: Wie hoch ist Marius´ Punktestand am Ende des Spiels?
Rechnung: 978,5 − 1000 + 20 = **−1,5**
Antwort: Am Ende des Spiels hat Marius **−1,5** Punkte auf seinem Punktekonto.

6

	Start	Änderung	Ende
a)	−4 °C	9,5 °C wärmer	**5,5 °C**
b)	Etage 10	**13 Etagen herunter**	Etage −3
c)	**20 min**	9 min schneller	11 min
d)	4 €	7,50 € weniger	**−3,5 €**
e)	**−9,5 m**	8,5 m höher	−1 m
f)	**22:45 Uhr**	$1\frac{3}{4}$ h später	0:30 Uhr

7 ① $-9 \xrightarrow{+16} 7$ also −9 + 16 = 7
Bsp.: Nachts waren es −9 °C. Tagsüber stieg die Temperatur um 16 °C auf 7 °C an.

② $22 \xrightarrow{-51} -29$ also 22 − 51 = −29
Bsp.: Arne hat 22 € auf seinem Konto. Nach dem Einkauf von Weihnachtsgeschenken im Wert von 51 € beträgt sein Kontostand −29 €.

③ $-4{,}5 \xrightarrow{+1} -3{,}5$ also −4,5 + 1 = −3,5
Bsp.: Pascal misst −4,5 °C, bei seiner Freundin Anne ist es 1 °C wärmer. Sie misst −3,5 °C.

④ $-12{,}3 \xrightarrow{+14{,}6} 2{,}3$ also −12,3 + 14,6 = 2,3
Bsp.: An einem Sommertag steht der Wasserstand von Herrn Vollmers Teich 12,3 cm unter dem Normalstand. Nach einem Wochenende mit Starkregen ist der Wasserstand um 14,6 cm auf 2,3 cm über Normalhöhe gestiegen.

Seite 89 ▶ Üben ☒ — Mit rationalen Zahlen anschaulich rechnen

8 a)

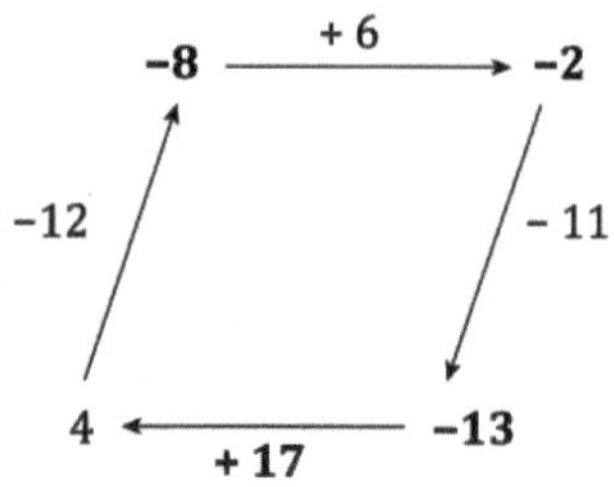

b)

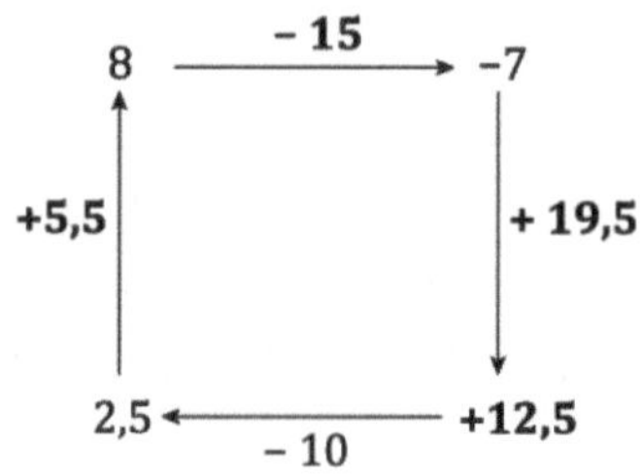

c) Individuelle Lösungen

9 $-33{,}50 - 20 + 25 + 14{,}20 = \mathbf{-14{,}30}$ Der neue Kontostand beträgt 14,30 € Soll (oder −14,30 €).

10 a) $3{,}8 - 2{,}4 - 4{,}3 = \mathbf{-2{,}9}$ Um 6 Uhr waren es **−2,9 °C**.

b) Es gibt mehrere Möglichkeiten hier vorzugehen. Du kannst zum Beispiel von der Temperatur um 16 Uhr die beiden Anstiege subtrahieren.

Seite 90 ▶ Wissen — Rationale Zahlen addieren und subtrahieren

1

$6 \underbrace{+ (-1)}$ $= 6 - 1$ $= 5$

$6 \underbrace{+ (-2)}$ $= 6 - 2$ $= 4$

$6 \underbrace{- (-1)}$ $= 6 + 1$ $= 7$

$6 \underbrace{- (-2)}$ $= 6 + 2$ $= 8$

$-6 \underbrace{+ (-1)}$ $= -6 - 1$ $= -7$

$-6 \underbrace{+ (-2)}$ $= -6 - 2$ $= -8$

$-6 \underbrace{- (-1)}$ $= -6 + 1$ $= -5$

$-6 \underbrace{- (-2)}$ $= -6 + 2$ $= -4$

Seite 91 ▶ Üben ◩ — Rationale Zahlen addieren und subtrahieren

1 a) $5 + (+3) = \mathbf{5 + 3}$ b) $3 - (-4) = \mathbf{3 + 4}$
c) $-12 - (-9) = \mathbf{-12 + 9}$ d) $-7 + (+10) = \mathbf{-7 + 10}$

2 a) $13 - (+7) = \mathbf{13 - 7}$ b) $20 + (-15) = \mathbf{20 - 15}$
c) $-18 - (+19) = \mathbf{-18 - 19}$ d) $-12 + (-5) = \mathbf{-12 - 5}$

3 Ⓐ und Ⓕ, denn $-2 - (-4) = -2 + 4 = \mathbf{2}$ und $-2 + (+4) = -2 + 4 = \mathbf{2}$
Ⓑ und Ⓖ, denn $2 - (+4) = 2 - 4 = \mathbf{-2}$ und $2 + (-4) = 2 - 4 = \mathbf{-2}$
Ⓒ und Ⓔ, denn $2 + (+4) = 2 + 4 = \mathbf{6}$ und $2 - (-4) = 2 + 4 = \mathbf{6}$
Ⓓ und Ⓗ, denn $-2 + (-4) = -2 - 4 = \mathbf{-6}$ und $-2 - (+4) = -2 - 4 = \mathbf{-6}$

4 Bei der Rechnung $8 + (-11)$ ist das Rechenzeichen ⊞. Das Vorzeichen des zweiten Summanden ist ⊟. Wenn man das Rechenzeichen und das Vorzeichen vertauscht, dann entsteht die Rechnung $\mathbf{8 - (+11)}$.

5 a) $4 - (-15) = 4 + 15 = 19$ b) $23 - (+13) = 23 - 13 = 10$
c) $11 + (-9) = 11 - 9 = 2$ d) $-15 - (-15) = -15 + 15 = 0$
e) $-30 - (+15) = -30 - 15 = -45$ f) $-16 + (-7) = -16 - 7 = -23$

6 Individuelle Lösungen

7 ① 5 € − 3 € = 2 € ② −3 € − 5 € = −8 € ③ −5 € + 3 € = −2 €
Oder: ① $5 - (+3) = 5 - 3 = 2$ ② $-3 + (-5) = -3 - 5 = -8$ ③ $-5 - (-3) = -5 + 3 = -2$

Seite 91 ▶ Üben – Rationale Zahlen addieren und subtrahieren

8 a) $9-(-7)=9+7=16$ Fehler: Gleiche Zeichen wurden zu Minus zusammengefasst.
b) $-4-(-8)=-4+8=4$ Ist richtig.
c) $7-(+4)=7-4=3$ Ist richtig.
d) $-2-(+3)=-2-3=\mathbf{-5}$ Fehler: Hier wurde das gemeinsame Zeichen im Ergebnis vergessen.

9 a) ① $8-(+9)=8-9=\mathbf{-1}$ ② $8-(-9)=8+9=\mathbf{17}$
b) ① $-7-(+11)=-7-11=\mathbf{-18}$ ② $-7-(-11)=-7+11=\mathbf{4}$
c) ① $17-(+7)=17-7=\mathbf{10}$ ② $17-(-7)=17+7=\mathbf{24}$
d) ① $-19-(+21)=-19-21=\mathbf{-40}$ ② $-19-(-21)=-19+21=\mathbf{2}$

10 a)

	5	
3		**2**
−8	11	−9

b)

	6	
13		**−7**
14	**−1**	−6

c) Individuelle Lösungen

11 a) $125-150+1250=\mathbf{1225}$ Der neue Kontostand beträgt **1225 €.**
b) Individuelle Lösungen

12 a) **Nein**, das stimmt nicht, denn 80 m höher bedeutet + 80 m, also $-150+80=-70$, aber Punkt B liegt bei −240 m.
Hinweis: Deine Begründung kann auch anders lauten, aber Majas Aussage stimmt nicht.
b) Der Punkt B liegt **50 m** tiefer als der Punkt C.

Seite 92 ▶ Üben – Rationale Zahlen addieren und subtrahieren

1 a) $8-(+5)=8-5=\mathbf{3}$ b) $11+(+6)=11+6=\mathbf{17}$
c) $-15-(+4)=-15-4=\mathbf{-19}$ d) $-12+(-22)=-12-22=\mathbf{-34}$
e) $-25-(+11)=-25-11=\mathbf{-36}$ f) $34-(-7)=34+7=\mathbf{41}$

2 a) 5 ■ (■ 7) = 5 − 7 5 **+** (**−**7) und 5 **−** (**+**7) sind die Lösungen.
b) −7 ■ (■ 5) = −7 + 5 −7 **+** (**+**5) und −7 **−** (**−**5) sind die Lösungen.
c) −7 ■ (■ 5) = −7 - 5 −7 **+** (**−**5) und −7 **−** (**+**5) sind die Lösungen.

3 a) $50-(+15)=50-15=\mathbf{35}$ b) $-45-(+25)=-45-25=\mathbf{-70}$
c) $-49-(-19)=-49+19=\mathbf{-30}$ d) $-78-26=\mathbf{-104}$
e) $145+(-50)=145-50=\mathbf{95}$ f) $-2{,}5+0{,}8=\mathbf{-1{,}7}$
g) $-134{,}5-(-87{,}5)=-134{,}5+87{,}5=\mathbf{-47}$ h) $11{,}6+(-13{,}9)=11{,}6-13{,}9=\mathbf{-2{,}3}$

4 a) Frage: Wie viel °C sind es am Dienstag?
Rechnung: $-5-(+7)=-5-7=\mathbf{-12}$
Antwort: Am Dienstag sind es **−12 °C.**

b) Frage: Wie hoch ist Lenas Kontostand nun?
Rechnung: $-93+(+420)=-93+420=\mathbf{327}$
Antwort: Ihr Kontostand beträgt **327 €.**

c) Frage: Wie hoch ist Toms Punktestand nach der zweiten Runde?
Rechnung: $250+(-400)=250-400=\mathbf{-150}$
Antwort: Sein Punktestand beträgt **−150** Punkte.

5 a)

		31	
	−14	**45**	
−24	**10**	**35**	
11	−35	45	−10

b)

		−132	
	−200	68	
−280	**80**	−12	
−407	**127**	**−47**	35

Seite 92 ▶ **Üben** ☒ **Rationale Zahlen addieren und subtrahieren**

6 **a)** $12{,}3 - (-2{,}6) = 12{,}3 + 2{,}6 = \mathbf{14{,}9}$ **b)** $6{,}8 - 9{,}3 = \mathbf{-2{,}5}$
c) $-4{,}3 - (-1{,}2) = -4{,}3 + 1{,}2 = \mathbf{-3{,}1}$ **d)** $-6{,}9 + (-11{,}6) = -6{,}9 - 11{,}6 = \mathbf{-18{,}5}$
e) $-0{,}26 + 1{,}61 = \mathbf{1{,}35}$ **f)** $1{,}32 - 7{,}81 = \mathbf{-6{,}49}$

7 **a)** $31 - (-17) = 31 + 17 = \mathbf{48}$
Fehler: Gleiche Zeichen werden zu + zusammengefasst, nicht zu −.
b) $-11 - (+23) = -11 - 23 = \mathbf{-34}$
Fehler: Das − vor der 11 wurde weggelassen.
c) $-2{,}5 - (-1{,}6) = -2{,}5 + 1{,}6 = \mathbf{-0{,}9}$
Fehler: Das Zeichen von der 2,5 wurde nicht vor das Ergebnis geschrieben.

8 **a)** 11 m + 9,5 m + 9,5 m = 30 m Er legt 30 Höhenmeter zurück.
b) Beispiel: Klippe ist 19 m hoch und Meeresboden 10 m tief oder Klippe ist 9 m hoch und Meeresboden 15 m tief
c) Individuelle Recherche

9 Rechnung: $-270 + (-1040) + (-25) + (-249) + (1865)$
$= -270 - 1040 - 25 - 249 + 1865 = \mathbf{+281}$ Der neue Kontostand beträgt **281€**.

10 Mo → Di: $1 - (+2{,}5) = 1 - 2{,}5 = \mathbf{-1{,}5}$
Von Montag auf Dienstag sinkt die Temperatur um 2,5 °C auf −1,5 °C.
Di → Mi: $-1{,}5 + (+0{,}5) = -1{,}5 + 0{,}5 = \mathbf{-1}$
Von Dienstag auf Mittwoch steigt die Temperatur um 0,5 °C auf −1 °C.
Mi → Do: $-1 - (+1) = -1 - 1 = \mathbf{-2}$
Von Mittwoch auf Donnerstag sinkt die Temperatur um 1 °C auf −2 °C.
Do → Fr: $-2 + (+2{,}5) = -2 + 2{,}5 = \mathbf{0{,}5}$
Von Donnerstag auf Freitag steigt die Temperatur um 2,5 °C auf 0,5 °C.
Fr → Sa: $0{,}5 + (+1{,}5) = 0{,}5 + 1{,}5 = \mathbf{2}$
Von Freitag auf Samstag steigt die Temperatur um 1,5 °C auf 2 °C.
Sa → So: $2 - (+2) = 2 - 2 = \mathbf{0}$
Von Samstag auf Sonntag sinkt die Temperatur um 2 °C auf 0 °C.

Seite 93 ▶ **Üben** ☒ **Rationale Zahlen addieren und subtrahieren**

1 **a)** $27 - (+45) = 27 - 45 = \mathbf{-18}$ **b)** $-38 + (-53) = -38 - 53 = \mathbf{-91}$
c) $-44 - (-19) = -44 + 19 = \mathbf{-25}$ **d)** $72 - (+56) = 72 - 56 = \mathbf{16}$
e) $-114 - (-84) = -114 + 84 = \mathbf{-30}$ **f)** $173 + (-277) = 173 - 277 = \mathbf{-104}$

2 **a)** $-14 - (-7) = -7$ **b)** $-5 - (-12) = +7$ **c)** $11 - (+18) = -7$
d) $26 + (-33) = -7$ **e)** $-9 - (-2) = -7$ **f)** $+11 - 18 = -7$

3

+	−17	32	−55	99
−21	−38	11	**−76**	**78**
36	**19**	**68**	**−19**	**135**
−45	**−62**	**−13**	**−100**	54
−105	**−122**	**−73**	−160	**−6**

4 **a)** $-5{,}2 + (-1{,}9) = \mathbf{-7{,}1}$ **b)** $10{,}6 - (+8{,}5) = \mathbf{2{,}1}$ **c)** $7{,}3 - (-9{,}6) = \mathbf{16{,}9}$ **d)** $-1{,}7 + (-2{,}9) = \mathbf{-4{,}6}$

5 **a)** Frage:
Wie viel Grad sind es um Mitternacht?
Rechnung: $-8{,}5 + (+5{,}3) - (+7{,}1) = \mathbf{-10{,}3}$
Antwort: Um Mitternacht waren es **−10,3 °C.**

b) Frage:
Wie viele Punkte hat sie nach dem 34. Spieltag?
Rechnung: $-45 + (+58) - (+12) = \mathbf{1}$
Antwort: Maron hat am 34. Spieltag **1** Punkt.

Seite 93 ▶ Üben ☒ Rationale Zahlen addieren und subtrahieren

6 **a)**

	−101,5		
	−22,5	−79	
−16	**−6,5**	**−72,5**	
−23,5	7,5	−14	**−58,5**

Vorgehen: Ich habe $-16-(+7{,}5)=\mathbf{-23{,}5}$ gerechnet. Dann $7{,}5+(-14)=\mathbf{-6{,}5}$.
Mit $-79-(-6{,}5)$ kam ich auf $\mathbf{-72{,}5}$ und mit $-72{,}5-(-14)$ erhielt ich $\mathbf{-58{,}5}$.
$-16+(-6{,}5)$ ergab $\mathbf{-22{,}5}$ und die Spitze erreichte ich durch $-22{,}5+(-79)=\mathbf{-101{,}5}$.

b) Individuelle Lösungen

7 **a)** $-15{,}6$ **b)** $7{,}02$ **c)** $-19{,}2$ **d)** -1
e) $-\frac{1}{6}$ **f)** $-\frac{1}{9}$ **g)** $\frac{8}{21}$ **h)** $-1{,}125$ oder $-1\frac{1}{8}$

8 **a)** $+49-111=-62$ **b)** $-77+116+43=82$ **c)** $52+66-105+83=96$

9 **a)** $382-255=\mathbf{127}$ Es sind **127 m** der Bohrinsel über dem Meeresspiegel sichtbar.
b) Beispielsweise: 211 m unter dem Meeresspiegel und 105 m darüber, oder 215 m unterhalb und 101 m oberhalb. (Alles, was mindestens 210,67 m unterhalb ist und mit der Höhe oberhalb zusammen 316 m ergibt, ist richtig.)

10 Neuer Kontostand: **−355,23 €**

11 **a)** Die größte Differenz liegt zwischen der Schmelztemperatur von Gold und Wasserstoff: $1064-(-259)=\mathbf{1323}$, die Differenz beträgt demnach **1323 °C.**
b) Beispiele: Zucker und Blei, Sauerstoff und Benzin, Wasserstoff und Chlor.

Seite 94 ▶ Wissen Rationale Zahlen multiplizieren und dividieren

1 $(-3)\cdot(+7)=-21$ $(-3)\cdot(-7)=21$

2 $(-28):(+7)=-4$ $(-28):(-7)=4$

Seite 95 ▶ Üben ◩ Rationale Zahlen multiplizieren und dividieren

1 Individuelle Lösungen

2 In der Rechnung $(-6)\cdot(+3)$ hat (-6) ein **negatives** Vorzeichen und $(+3)$ ein **positives** Vorzeichen. Das Ergebnis hat also ein **negatives** Vorzeichen.

3 **a)** $(+3)\cdot(+5)=15$ und $(+3)\cdot(-5)=-15$
b) $(+7)\cdot(+5)=35$ und $(+7)\cdot(-5)=-35$
c) $(-10)\cdot(+5)=-50$ und $(-10)\cdot(-5)=50$
d) $(-12)\cdot(+5)=-60$ und $(-12)\cdot(-5)=60$

4 **a)** 36 **b)** −21 **c)** −27 **d)** 36 **e)** 48 **f)** −20 **g)** 30 **h)** −400

5 **a)** −18 **b)** −39 **c)** −50 **d)** −160 **e)** −190 **f)** −450

6 Individuelle Lösungen. Zum Beispiel:
$(+12)\cdot(-6)=-72$ $(+1{,}5)\cdot(-20)=-30$ $(-10)\cdot(+8)=-80$

7 **a)** ① positiv ② 5 **b)** ① negativ ② −5
c) ① negativ ② −7 **d)** ① positiv ② 9
e) ① negativ ② −7 **f)** ① negativ ② −4

Seite 95 ▶ Üben ◩ Rationale Zahlen multiplizieren und dividieren

8 **a)** $(+16):(+4)=4$ und $(+16):(-4)=-4$ **b)** $(-32):(+4)=-8$ und $(-32):(-4)=8$
c) $(+36):(+4)=9$ und $(+36):(-4)=-9$ **d)** $(-28):(+4)=-7$ und $(-28):(-4)=7$

9 **a)** -7 Probe: $(-7)\cdot(-3)=21$ **b)** 12 Probe: $(+12)\cdot(+10)=120$
c) 8 Probe: $(+8)\cdot(-9)=-72$ **d)** -8 Probe: $(-8)\cdot(+6)=-48$
e) -41 Probe: $(-41)\cdot(-100)=4100$ **f)** 50 Probe: $(+50)\cdot(-5)=-250$

10 **a)**

260
−10 | **−26**
−5 | 2 | **−13**

b)

640
−32 | **−20**
−8 | **4** | −5

11 $3\cdot(-5)=-15$ Der Bruder von Yasmina hat nun −15 Punkte.

12 $(-240):6=-40$ Herr Klimow hat jeden Monat 40 € eingezahlt.

13 **a)** 24 **b)** 14 **c)** −144 **d)** −36 **e)** −54 **f)** 120

14 **a)** −80 **b)** 20 **c)** −21 **d)** 18 **e)** −4 **f)** −82

Seite 96 ▶ Üben ⊠ Rationale Zahlen multiplizieren und dividieren

1 **a)** − **b)** + **c)** − **d)** − **e)** − **f)** − **g)** − **h)** +

2 ① Du kannst 4 Aufgaben bilden, bei denen das Ergebnis positiv ist:
$6\cdot8$ $8\cdot6$ $(-12)\cdot(-3)$ $(-3)\cdot(-12)$
② Du kannst 4 Aufgaben bilden, bei denen das Ergebnis negativ ist:
$6\cdot(-12)$ $6\cdot(-3)$ $8\cdot(-12)$ $8\cdot(-3)$

3 **a)** −48 **b)** 99 **c)** 125 **d)** −72 **e)** −31
f) −1000 **g)** −36 **h)** 8 **i)** −3,6

4 **a)** −1176 **b)** 24887 **c)** −6716 **d)** −3052

5 Zum Beispiel:
① $(+2)\cdot(+9)$ ② $(-6)\cdot(+3)$ ③ $(-6)\cdot(-9)$ ④ $6\cdot(-9)$

6 **a)** −7 **b)** 100 **c)** 35 **d)** −12 **e)** −7 **f)** 3

7 **a)** −470 Probe: $(-470)\cdot9=-4230$ **b)** 27 Probe: $27\cdot(-12)=-324$
c) −334 Probe: $(-334)\cdot(-8)=2672$ **d)** −345 Probe: $(-345)\cdot16=-5520$

8 **a)** Das Ergebnis ist −54. **b)** Das Ergebnis ist 62.
c) Das Ergebnis ist richtig. **d)** Das Ergebnis ist −12.

9 **a)**

48 000
−300 | **−160**
−15 | **20** | **−8**
−3 | **5** | 4 | −2

b)

−4608
−96 | 48
12 | **−8** | **−6**
−3 | **−4** | 2 | **−3**

10 **a)** $5\cdot(-7)=-35$ **b)** $(-56):8=-7$
c) $64:(-8)=-8$ **d)** $(-4)\cdot(-9)=36$

11 Individuelle Lösungen. Beispiele für **a)** $2\cdot(-2{,}5)$ $(-1)\cdot5$ $(-10):2$ $20:(-4)$

Seite 96 ► Üben ⊠ Rationale Zahlen multiplizieren und dividieren

12 **a)** Die Temperatur ist um 24 °C gesunken.

b) 90 Minuten sind die Hälfte von 180 Minuten.
24 °C : 2 = 12 °C   Nach der Hälfte der Zeit ist die Temperatur um 12 °C gesunken.
20 °C − 12 °C = 8 °C   Nach 90 Minuten waren es 8 °C im Gefrierfach.

c) Nach 150 Minuten waren es genau 0 °C im Gefrierfach:
In 90 Minuten sinkt die Temperatur um 12 °C. Also sinkt sie in 30 Minuten um 4 °C.
20 °C − 5 · (4 °C) = 0 °C und 5 · 30 Minuten = 150 Minuten

13 **a)** 120   **b)** 700   **c)** 448   **d)** 36

14 **a)** −57   **b)** −40   **c)** 64   **d)** 1100   **e)** −41   **f)** −82

Seite 97 ► Üben ⊠ Rationale Zahlen multiplizieren und dividieren

1 **a)** −   **b)** −   **c)** +   **d)** −   **e)** +− oder −+   **f)** +− oder −+

2 **a)** −117   **b)** −96   **c)** 225   **d)** 73,8
e) −312   **f)** −20,16   **g)** $\frac{15}{88}$ **h)** $-\frac{2}{9}$

3 **a)** Zum Beispiel:
① (−4) · (−5) · (+6)   ② −(−45) · (−6)
③ (−7) · (+6) · (−5)   ④ (−7) · (−6) · (−5)

b) −27,6 · 50,4 = **−1391,04**

4 **a)** −17   Probe: (−17) · 7 = **−119**   **b)** −245   Probe: (−245) · (−22) = **5390**
c) −48   Probe: (−48) · (−0,25) = **12**   **d)** 12,5   Probe: 12,5 · (−1,6) = **−20**
e) −391   Probe: (−391) · (−11) = **4301**   **f)** 86   Probe: 86 · (−13) = **−1118**
g) −0,16   Probe: (−0,16) · (−5) = **0,8**   **h)** −1,848   Probe: (−1,848) · 2,5 = **−4,62**
i) $\frac{66}{17}$ Probe: $\frac{66}{17} \cdot \frac{17}{42} = \mathbf{\frac{11}{7}}$ **j)** $-\frac{25}{21}$ Probe: $(-\frac{25}{21}) \cdot (-\frac{15}{35}) = \mathbf{\frac{25}{49}}$

5 **a)** ①

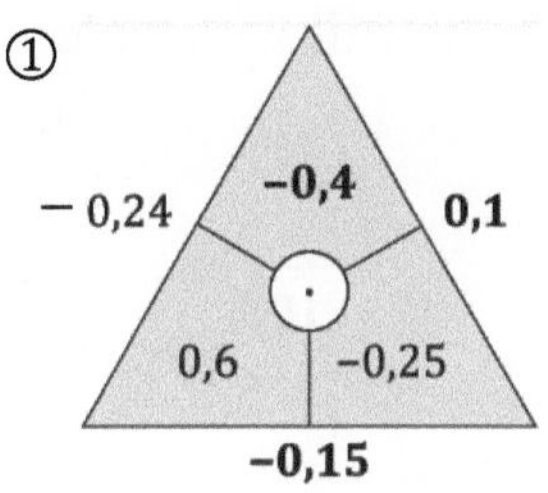

②

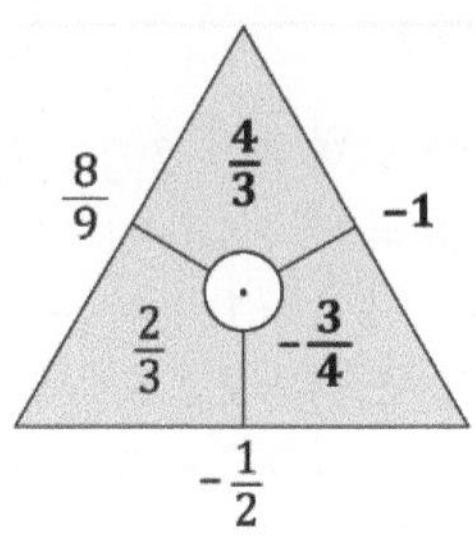

b) Wenn zwei negative Ergebnisse multipliziert werden, ist das Ergebnis positiv. Also können nicht alle Ergebnisse in einem Rechendreieck negativ sein.

6 **a)**

−100			
125	**−0,8**		
−12,5	**−10**	**0,08**	
2,5	−5	**2**	0,04

Seite 97 ▶ Üben ☒ Rationale Zahlen multiplizieren und dividieren

6 ⇨ Fortsetzung

b)

		+		
	−		−	
+		−		+

		+		
	+		+	
+		+		+

		+		
	−		−	
−		+		−

		+		
	+		+	
−		−		−

7 a) $1{,}5 \cdot (-8) = \mathbf{-12}$ b) $(-1{,}21) : (-1{,}1) = \mathbf{1{,}1}$

c) $(-28{,}35) : 6{,}3 = \mathbf{-4{,}5}$ d) $(-\frac{2}{7}) \cdot (-\frac{5}{6}) = \mathbf{\frac{5}{21}}$

8 a) $(-20) : 32 = \mathbf{-0{,}625}$ Mara ist 0,625 Meter pro Minute getaucht.

b) $20\text{ m} : 5\text{ m} = \mathbf{4}$ Mara musste also 4 mal 5 Minuten warten.
Mara ist also nur $32 - 4 \cdot 5$ Minuten $= 12$ Minuten getaucht.

$(-20) : 12 = \mathbf{-\frac{5}{3}}$ Mara ist ohne die Pausen also $\frac{5}{3}$ m pro Minute getaucht.

9 a) −850 b) −82 500 c) 5600

10 a) $(-2)^2 = 4$
$(-2)^3 = -8$
$(-2)^4 = 16$

b) $(-2)^{11}$ hat ein negatives Vorzeichen, weil die 11 ungerade ist.

c) Wenn der Exponent gerade ist, dann ist die Potenz positiv.
Wenn der Exponent ungerade ist, ist die Potenz negativ.

11 a) −55 b) −18 c) −16 d) −27,38

Seite 98 ▶ Methode Vorteilhaft rechnen mit rationalen Zahlen

1 a) $79 + 41 + (-29) = 79 + (-29) + 41 = 79 - 29 + 41 = 50 + 41 = \mathbf{91}$

b) $82 + (-11) + 18 = 82 + 18 + (-11) = 100 - 11 = \mathbf{89}$

c) $163 + (-47) + (-13) = 163 + (-13) + (-47) = 163 - 13 - 47 = 150 - 47 = \mathbf{103}$

d) $3{,}8 + (-0{,}9) + (-1{,}8) = 3{,}8 + (-1{,}8) + (-0{,}9) = 2 - 0{,}9 = \mathbf{1{,}1}$

e) $-2{,}2 + (-5{,}7) + 7{,}2 = 7{,}2 - 2{,}2 + (-5{,}7) = 5 - 5{,}7 = \mathbf{-0{,}7}$

f) $\frac{3}{4} + (-\frac{1}{2}) + (-\frac{7}{4}) = \frac{3}{4} - \frac{7}{4} - \frac{1}{2} = -\frac{4}{4} - \frac{1}{2} = -1 - \frac{1}{2} = \mathbf{-1\frac{1}{2}}$

2 a) $(+4) \cdot (-12) \cdot (-25) = 4 \cdot (-25) \cdot (-12) = (-100) \cdot (-12) = \mathbf{1200}$

b) $(-5) \cdot (+46) \cdot (-200) = (-5) \cdot (-200) \cdot 46 = 1000 \cdot 46 = \mathbf{46\,000}$

c) $(-0{,}125) \cdot (-6{,}9) \cdot (+8) = (-0{,}125) \cdot 8 \cdot (-6{,}9) = (-1) \cdot (-6{,}9) = \mathbf{6{,}9}$

3 a) $(-37) + (-46) + 96 = (-37) + ((-46) + 96) = (-37) + 50 = \mathbf{13}$

b) $(-35) + 216 + (-66) = (-35) + (216 + (-66)) = (-35) + 150 = \mathbf{115}$

c) $2{,}9 + (-11{,}8) + 21{,}8 = 2{,}9 + ((-11{,}8) + 21{,}8) = 2{,}9 + 10 = \mathbf{12{,}9}$

4 a) $(-31) \cdot (-5) \cdot 20 = (-31) \cdot ((-5) \cdot 20) = (-31) \cdot (-100) = \mathbf{3100}$

b) $2{,}7 \cdot (-0{,}4) \cdot (-25) = 2{,}7 \cdot ((-0{,}4) \cdot (-25)) = 2{,}7 \cdot 10 = \mathbf{27}$

c) $(-\frac{5}{6}) \cdot \frac{34}{13} \cdot (-\frac{26}{17}) = (-\frac{5}{6}) \cdot (\frac{34}{13} \cdot (-\frac{26}{17})) = (-\frac{5}{6}) \cdot (-4) = \frac{20}{6} = \mathbf{3\frac{1}{3}}$

Seite 98 ▶ Methode — Vorteilhaft rechnen mit rationalen Zahlen

5 a) $(-37) \cdot 5 + (-63) \cdot 5 = ((-37) + (-63)) \cdot 5 = (-100) \cdot 5 = \mathbf{-500}$
b) $98 \cdot (-13) - (-2) \cdot (-13) = (98 - (-2)) \cdot (-13) = 100 \cdot (-13) = \mathbf{-1300}$
c) $0{,}7 \cdot (-1{,}6) + 0{,}7 \cdot (-2{,}4) = 0{,}7 \cdot ((-1{,}6) + (-2{,}4)) = 0{,}7 \cdot (-4) = \mathbf{-2{,}8}$

6 a) $[-20 + 9] \cdot 5 = (-20) \cdot 5 + 9 \cdot 5 = (-100) + 45 = \mathbf{-55}$
b) $[37 - 6] \cdot (-10) = 37 \cdot (-10) - 6 \cdot (-10) = (-370) - (-60) = \mathbf{-310}$
c) $5 \cdot [(-0{,}2) + (-22)] = 5 \cdot (-0{,}2) + 5 \cdot (-22) = (-1) + (-110) = \mathbf{-111}$

Seite 99 ▶ Methode — Vorteilhaft rechnen mit rationalen Zahlen

7 a) $31 + (-77) + (-23) + 19 = [31 + 19] + [(-77) + (-23)] = 50 - 100 = \mathbf{-50}$
b) $(-165) + (-421) + (-79) + (-35) = [(-165) + (-35)] + [(-421) + (-79)]$
$= (-200) + (-500) = \mathbf{-700}$
c) $(-5{,}5) + 7{,}1 + (-4{,}5) + 0{,}9 = [(-5{,}5) + (-4{,}5)] + [7{,}1 + 0{,}9] = (-10) + 8 = \mathbf{-2}$
d) $(-0{,}23) + (-0{,}32) + (-0{,}27) + (-0{,}68) = [(-0{,}23) + (-0{,}27)] + [(-0{,}32) + (-0{,}68)]$
$= (-0{,}5) + (-1) = \mathbf{-1{,}5}$
e) $(-0{,}1) + (-0{,}2) + (-0{,}3) + (-0{,}7) + (-0{,}8) + (-0{,}9)$
$= [(-0{,}1) + (-0{,}9)] + [(-0{,}2) + (-0{,}8)] + [(-0{,}3) + (-0{,}7)] = (-1) + (-1) + (-1) = \mathbf{-3}$
f) $\frac{3}{4} + (-\frac{7}{8}) + (-\frac{7}{4}) + \frac{3}{8} + (-\frac{1}{4}) + \frac{5}{8} = [\frac{3}{4} + (-\frac{7}{4}) + (-\frac{1}{4})] + [(-\frac{7}{8}) + \frac{3}{8} + \frac{5}{8}]$
$= (-\frac{5}{4}) + \frac{1}{8} = (-\frac{10}{8}) + \frac{1}{8} = -\frac{9}{8} = \mathbf{-1\frac{1}{8}}$

8 a) $(-20) \cdot 6 \cdot 5 \cdot (-6) = [(-20) \cdot 5] \cdot [6 \cdot (-6)] = (-100) \cdot (-36) = \mathbf{3600}$
b) $250 \cdot (-8) \cdot 4\,(-8) = [250 \cdot 4] \cdot [(-8) \cdot (-8)] = 1000 \cdot 64 = \mathbf{64\,000}$
c) $(-50) \cdot (-3) \cdot (-4) \cdot 0{,}2 = [(-50) \cdot 0{,}2] \cdot [(-3) \cdot (-4)] = (-10) \cdot 12 = \mathbf{-120}$
d) $11 \cdot 0{,}125 \cdot (-8) \cdot (-6) = [11 \cdot (-6)] \cdot [0{,}125 \cdot (-8)] = (-66) \cdot (-1) = \mathbf{66}$
e) $(-0{,}25) \cdot (-2) \cdot (-0{,}3) \cdot (-4) \cdot (-0{,}5) = [(-0{,}25) \cdot (-4)] \cdot [(-2) \cdot (-0{,}5)] \cdot (-0{,}3)$
$= 1 \cdot 1 \cdot (-0{,}3) = \mathbf{-0{,}3}$
f) $\frac{3}{7} \cdot (-\frac{16}{5}) \cdot (-\frac{9}{2}) \cdot \frac{3}{16} \cdot (-\frac{7}{4}) \cdot \frac{5}{9} = [\frac{3}{7} \cdot (-\frac{7}{4})] \cdot [(-\frac{16}{5}) \cdot \frac{3}{16}] \cdot [(-\frac{9}{2}) \cdot \frac{5}{9}] = (-\frac{3}{4}) \cdot (-\frac{3}{5}) \cdot (-\frac{5}{2}) = -\frac{9}{8} = \mathbf{-1\frac{1}{8}}$

9 Individuelle Lösungen

10 a) Isaks Überlegung ist richtig. Er hat die Aufgabe $27 - 35$ in eine Additionsaufgabe verwandelt. Bei der Addition darf man tauschen (siehe Seite 122 oben).
b) Anleitung:
1.) Mache aus dem Subtrahenden eine negative Zahl mit Klammer.
2.) Schreibe davor ein Pluszeichen. Du erhältst eine Additionsaufgabe.
3.) Tausche nun die beiden Summanden. Die negative Zahl steht nun vorne.
Zusammengefasst: Das Vorzeichen bleibt immer bei der Zahl.

11 a) $(-61) : 6 + (-5) : 6 = [(-61) + (-5)] : 6 = (-66) : 6 = \mathbf{-11}$
b) $118 : (-4) - 18 : (-4) = (118 - 18) : (-4) = 100 : (-4) = \mathbf{-25}$
c) $(-10{,}6) : (+3) + (-1{,}4) : (+3) = [(-10{,}6) + (-1{,}4)] : 3 = (-12) : 3 = \mathbf{-4}$

12 ① $(24{,}5 + 38 + 27{,}5) \cdot 5 = (24{,}5 + 27{,}5 + 38) \cdot 5 = (52 + 38) \cdot 5 = 90 \cdot 5 = \mathbf{450}$
Die geplante Strecke beträgt 450 km.
Nach dem Verteilungsgesetz darfst du zuerst die Teilstrecken addieren.
Die Summe wird dann mit 5 multipliziert.
In der Klammer darfst du vertauschen. Dadurch wird die Additionsaufgabe viel einfacher.
② $(120 + 200 + 180) \cdot 5 = (120 + 180 + 200) \cdot 5 = (300 + 200) \cdot 5 = 500 \cdot 5 = 2500$
Die geplante Fahrzeit beträgt 2500 Minuten. Das sind 41 Stunden und 40 Minuten.
Anwendung der Rechenregeln wie bei ①

Seite 99 ▶ Methode — Vorteilhaft rechnen mit rationalen Zahlen

12 ⇨ Fortsetzung

③ $(\frac{1}{4} + \frac{3}{4} + \frac{1}{2}) \cdot 5 = (\frac{4}{4} + \frac{1}{2}) \cdot 5 = (1 + \frac{1}{2}) \cdot 5 = 1 \cdot 5 + \frac{1}{2} \cdot 5 = 5 + 2{,}5 = \mathbf{7{,}5}$
Hier addierst du zuerst die ersten beiden Summanden in der Klammer.
Im dritten Schritt nutzt du das Verteilungsgesetz.

Seite 102 ▶ Thema — Zahlenbereiche

1

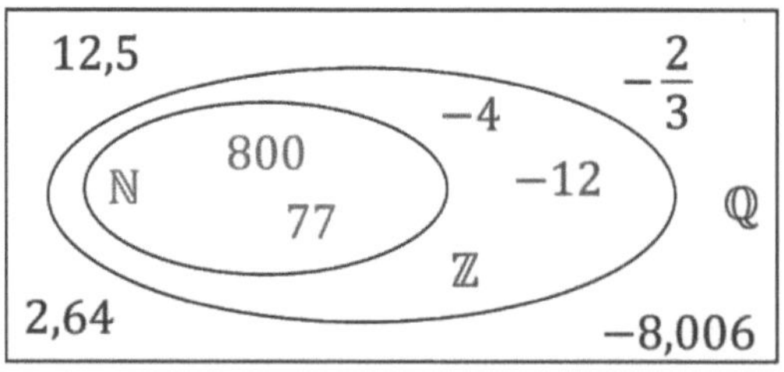

2 **a)** z. B. $-9{,}5$; $-11{,}2$; $-31\frac{1}{3}$ **b)** z. B. $-0{,}9$; 0; 0,25 **c)** z. B. 1,375; $15\frac{3}{5}$

d) z. B. 5; 43 **c)** z. B. $-1{,}3$; $\frac{7}{9}$

3 ① → (C) ② → (A) ③ → (B)

4 **a)** Anzahl von Buchseiten → **natürliche Zahlen** (da es keine negativen Seitenzahlen gibt)
b) Temperaturen in einem Kühlschrank mit Gefrierfach → **ganze Zahlen** (da es auch Minusgrade gibt)

Seite 103 ▶ Vermischte Übungen — Rationale Zahlen

1 **a), b)**

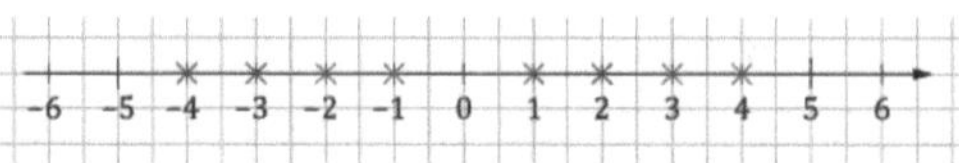

c) −4; −3; −2; −1; 1; 2; 3; 4

2 **a)** Zahl: +10 Vorzeichen ändern: −10 Es sind 10 °C unter Null.
b) Zahl: +4 Vorzeichen ändern: −4 Boris rennt 4 km weniger.
c) Zahl: −20 Vorzeichen ändern: +20 Ranja kommt 20 Minuten später.

3 **a)** A(1|1), B(2|1), C(2|0), D(3|0), E(3|1), F(4|1), G(2,5|2)
b) A(−1|1), B(−2|1), C(−2|0), D(−3|0), E(−3|1), F(−4|1), G(−2,5|2)
c) A(1|−1), B(2|−1), C(2|0), D(3|0), E(3|−1), F(4|−1), G(2,5|−2)

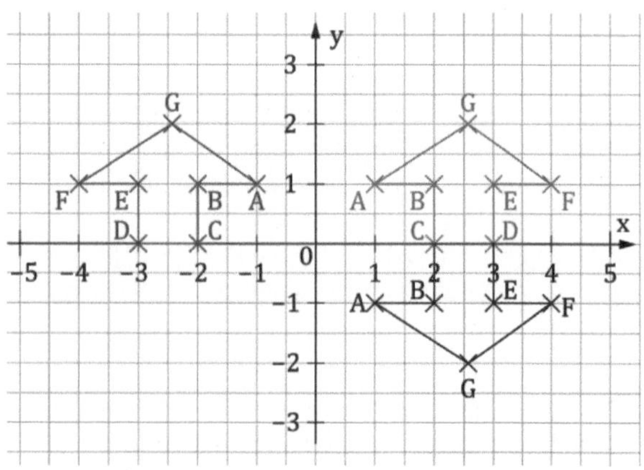

4 **a)** −8 **b)** −48 **c)** −3 **d)** −16

Seite 103 ▶ Vermischte Übungen ◩ — Rationale Zahlen

5 a) – b) – c) + d) –

6 Individuelle Lösungen

7 a) −20 b) 34 c) 13 d) −70

8 a) −2 b) Bei allen Zahlen, die größer als 8 sind, ist das Ergebnis positiv.

9 a) Am Morgen sind es −5 °C. Bis zum Abend fällt das Thermometer um 8 °C.
Am Abend sind es daher **−13 °C**.

b) Amal hat im Spiel 560 Punkte geholt. Sarah hat 680 Punkte geholt.
Das waren **120** Punkte mehr als Amal.

c) Nico steigt in Etage **5** in den Fahrstuhl. Er fährt 7 Etagen nach unten. In Etage −2 steigt er aus.

d) Individuelle Lösungen

10 a) (−3) + 28 = 25 Das Casino ist in der 25. Etage.

b) 2500 € − 3200 € = −700 € Nach der ersten Runde hat er 700 € Schulden.
Diese Schulden verdreifachen sich noch: (−700 €) · 3 = −2100 €.
Herr Luck hat am Ende 2100 € Schulden.

Seite 104 ▶ Vermischte Übungen ⊠ — Rationale Zahlen

1 a) −4,5 b) 1,3 c) −5,6 und 5,6

2 a)

Zahl	−5,5	4	2,5	−3
Gegenzahl	5,5	−4	−2,5	3

Geordnet: −5,5; −4; −3; −2,5; 2,5; 3; 4; 5,5

b), c)

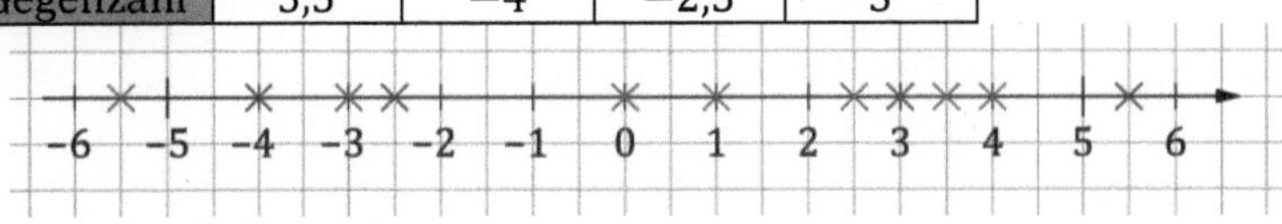

Zum Beispiel haben die Zahlen 0 und 3,5 eine Differenz von 3,5: 3,5 − 0 = **3,5**

3 a), b) A(1|0,5), B(1|1,5), C(1|2,5), D(2,5|2), E(4|2,5), F(4|1,5), G(4|0,5)

c), d) Die lilafarbenen Punkte bilden ein M.
Die roten und schwarzen Punkte bilden jeweils ein W.

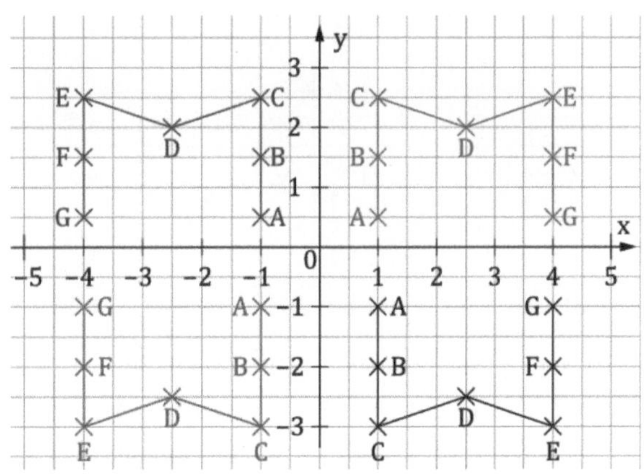

4 a) – b) + c) – d) + e) – f) –

5 a) 2,3 + (−4) = **−1,7** 2,3 − (−4) = **6,3**
2,3 · (−4) = **−9,2** 2,3 : (−4) = **−0,575**
Geordnet: −9,2; −1,7; −0,575; 6,3

b) (−3,5) + (−7) = **−10,5** (−3,5) − (−7) = **3,5**
(−3,5) · (−7) = **24,5** (−3,5) : (−7) = **0,5**
Geordnet: −10,5; 0,5; 3,5; 24,5

Seite 104 ▶ Vermischte Übungen ☒ — Rationale Zahlen

6 $[(-1{,}5) + (\mathbf{-8{,}5})] + [40 \cdot \mathbf{2{,}5}] + [63 : \mathbf{7}] + [\mathbf{1{,}7} - (-8{,}3)] = (-10) + 100 + 9 + 10 = 109$
Jeweils zwei Zahlen lassen sich gut zusammenfassen.

7 **a)**

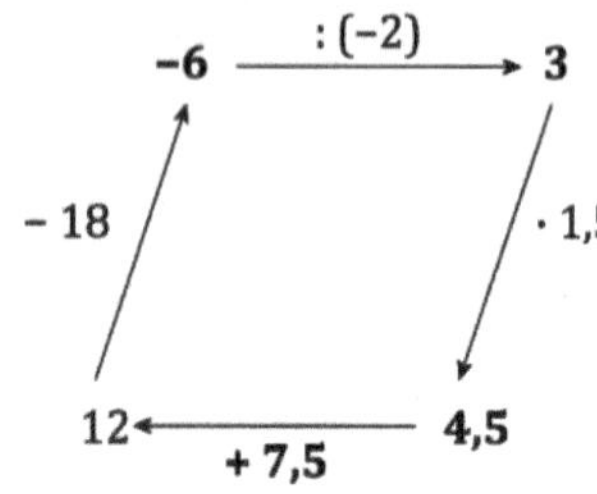

b)

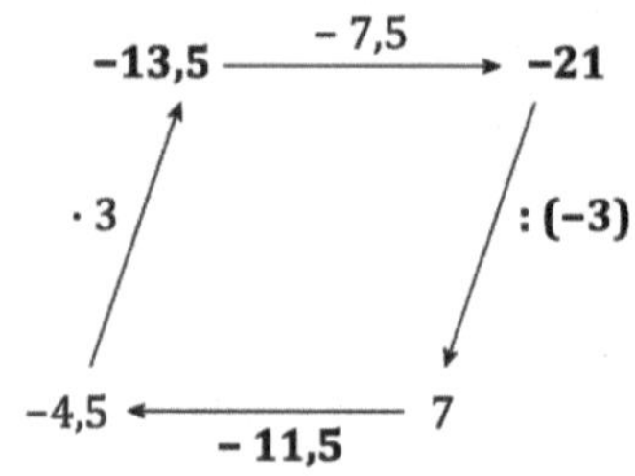

8 **a)** 5 **b)** −141 **c)** 63,6

9 **a)** ① −17 ② −15,5 ③ 8
b) ① Bei Zahlen, die kleiner sind als −6. ② Bei Zahlen, die größer sind als −6. ③ Bei −1,5.

10 **a)** −7 °C **b)** 48 m

11 **a)** 72 s + (72 s + 30 s) + (72 s − 8 s) = **238 s** Sandra braucht insgesamt 238 Sekunden.
b) (1300 − 800 + 1500) · 2 = **4000** Sie hat am Ende 4000 Punkte.

Seite 105 ▶ Vermischte Übungen ☒ — Rationale Zahlen

1 **a)** − 8,6 **b)** 0 **c)** ist kleiner als |−7,1| **d)** das Doppelte der Zahl

2

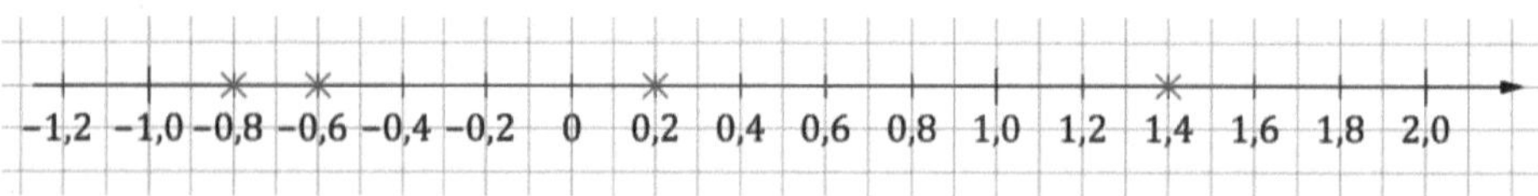

3 **a)**

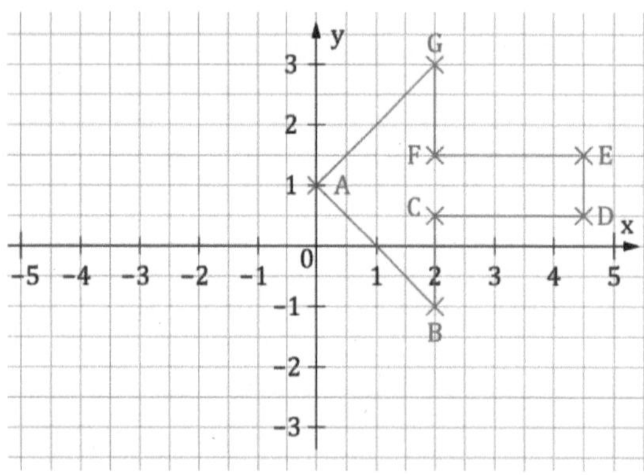

b) Die Schnittpunkte sind in (1|0) und (2|0).
c) ① Der Pfeil wird an der y-Achse gespiegelt. Er zeigt in die andere Richtung.
② Der Pfeil wird an der x-Achse gespiegelt. Er zeigt in die gleiche Richtung.
③ Der Pfeil wird sowohl an der x-Achse als auch an der y-Achse gespiegelt. Er zeigt in die andere Richtung.

4 **a)** $(-1{,}6) + (-1{,}4) = -3$ $(-1{,}6) - (-1{,}4) = -0{,}2$
$(-1{,}6) \cdot (-1{,}4) = 2{,}24$ $(-1{,}6) : (-1{,}4) = \frac{8}{7}$
Geordnet: $-3; -0{,}2; \frac{8}{7}; 2{,}24$

b) $\frac{7}{8} + (-\frac{5}{6}) = \frac{1}{24}$ $\frac{7}{8} - (-\frac{5}{6}) = \frac{41}{24}$ $\frac{7}{8} \cdot (-\frac{5}{6}) = -\frac{35}{48}$ $\frac{7}{8} : (-\frac{5}{6}) = -\frac{21}{20}$
Geordnet: $-\frac{21}{20}; -\frac{35}{48}; \frac{1}{24}; \frac{41}{24}$

Seite 105 ▶ Vermischte Übungen ☒ — Rationale Zahlen

5 a)

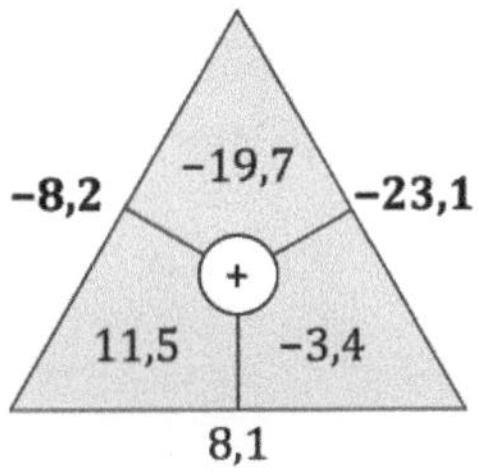

b)

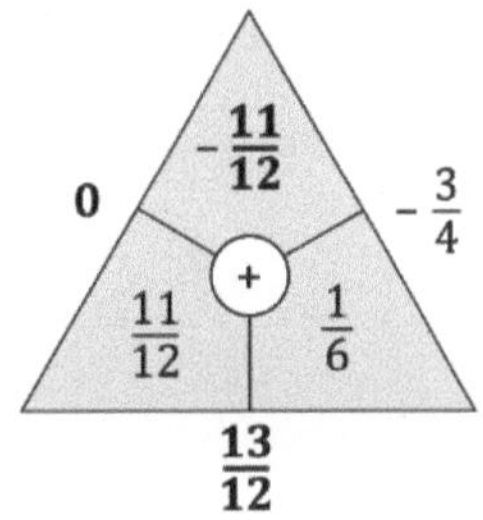

c)

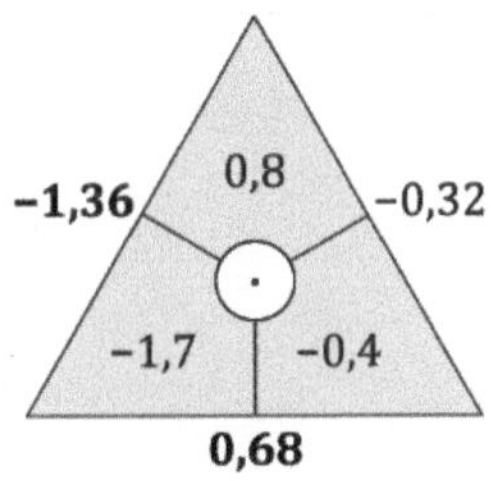

d)

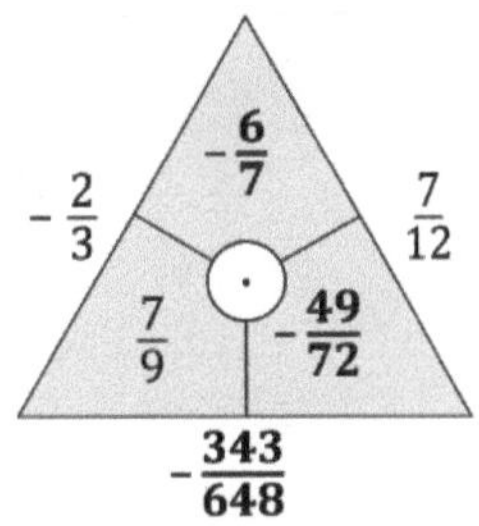

6 Individuelle Lösungen

7 **a)** 36,6 **b)** $-\frac{1}{4}$ **c)** −60,4

8 **a)** Ⓐ ① −8 ② −1 Ⓑ ① 3 ② −12 Ⓒ ① −3,4 ② −5,6

b) Das Ergebnis in ① ist positiv, wenn die Zahl kleiner als −4,5 ist.
Das Ergebnis in ② ist negativ, wenn die Zahl kleiner als +4,5 ist.

9 **a)** −6,5 m **b)** 9 °C **c)** 10 €

10 **a)** Ein Drittel von −225 Mio. €:
−225 000 000 € : 3 = **−75 000 000 €.**
Der Investor übernimmt 75 Mio. € Schulden.

b) Individuelle Lösungen. Zum Beispiel:
Zuerst wurden es weniger Schulden.
Danach haben sich die Schulden jährlich fast verdoppelt.

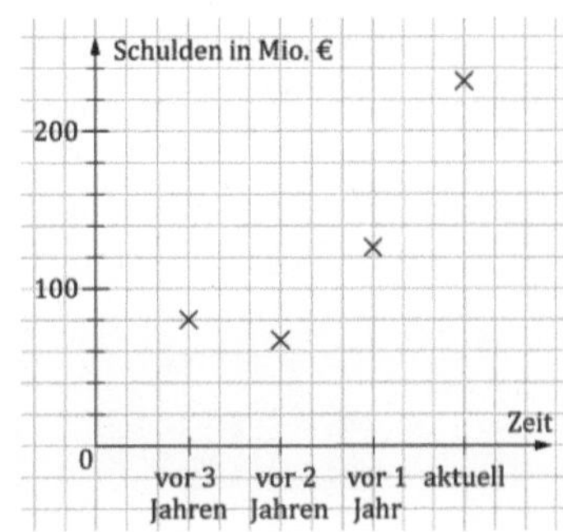

Seite 106 ▶ Tieftauchen — Rund um die Welt

A (−428) − (−794) = −428 + 794 = 366 Das Tote Meer ist an der tiefsten Stelle 366 m tief.

B 16 · (−1,80) = 16 · (−1,8) = −28,8 Ein Perlentaucher kann −28,8 m tief tauchen.

C (−44,9) + 26,9 = −18 Im Gefrierschrank herrschten −18 °C.

D Nur in den Monaten Oktober und November liegen die Temperaturen über 0 °C und unter 15 °C. Also konnte Herr Berger in diesen Monaten nach Neufundland reisen.

E (−2500) + 437,72 + 389,50 + 711,98 + 960,80
= (−2500) + (437,72 + 389,50 + 711,98 + 960,80)
= (−2500) + 2500
= 0

Nebenrechnung:

	437,72
+	389,50
+	711,98
+	960,80
	2500,00

Herr Berger hatte einen Kontostand von 0 €, als er wieder in Deutschland ankam.

Seite 112 ▶ Wissen — Begriffe der Prozentrechnung

1 Grundwert: 20 Schülerinnen und Schüler, Prozentwert: 5, Prozentsatz: 25 %

2

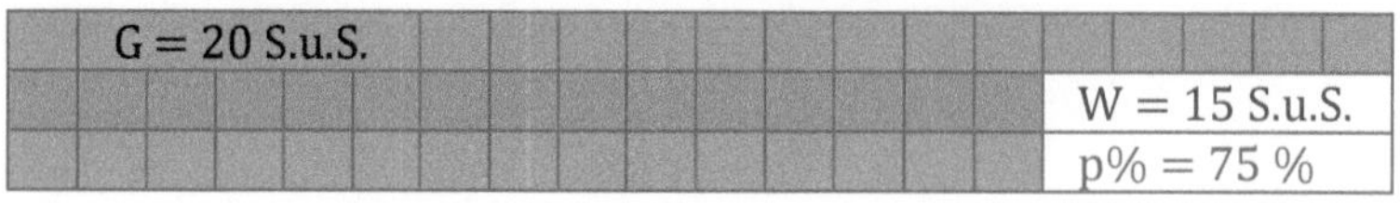

Seite 113 ▶ Üben — Begriffe der Prozentrechnung

1

	Grundwert G	Prozentwert W	Prozentsatz p %
a)	90 Brötchen	72 Brötchen	80 %
b)	240 Jugendliche	144 Jugendliche	60 %
c)	100 Fahrradständer	50 Fahrradständer	50 %

2

Grundwert G	Prozentwert W	Prozentsatz p %
10 Stifte	3 Stifte	30 %

3

	Grundwert G	Prozentwert W	Prozentsatz p %
a)	200 Jugendliche	20 Jugendliche	10 %
b)	200 Jugendliche	40 Jugendliche	20 %
c)	100 Zwölfjährige	75 Zwölfjährige	75 %

4

	Grundwert G	Prozentwert W	Prozentsatz p %
a)	180 Kinoplätze	54 Kinoplätze	**Gesucht: p %**
b)	60 km Radtour	**Gesucht: W**	80 % der Strecke geschafft
c)	120 Minuten langer Film	**Gesucht: W**	80 % des Films gesehen

5 a) Von den 8 Kiwis hat Emma bereits 6 Kiwis gegessen. Das sind 75 %.
b) Von den 120 Pflaumen sind 96 faul. Das sind 80 %.

6 a) Von den 20 vorbeifahrenden Autos hatten 16 Autos eine weiße Farbe. Das sind 80 %.
b) Von den 20 Katzen im Hof schliefen 4 Katzen. Das sind 20 %.

7 a)

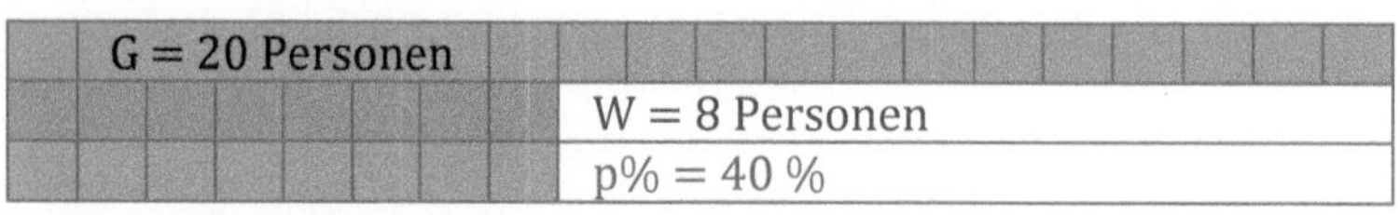

b)

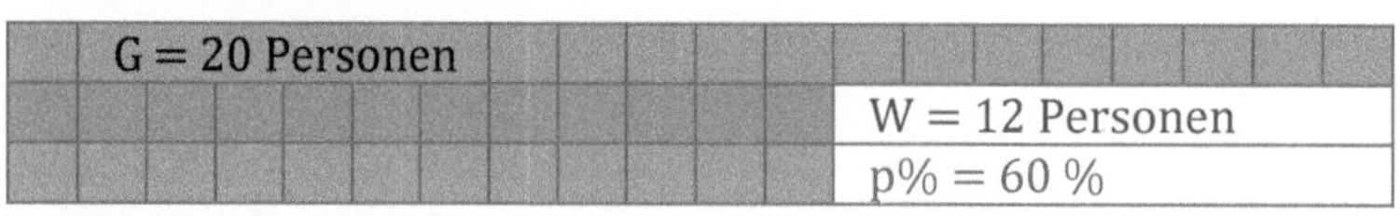

c)

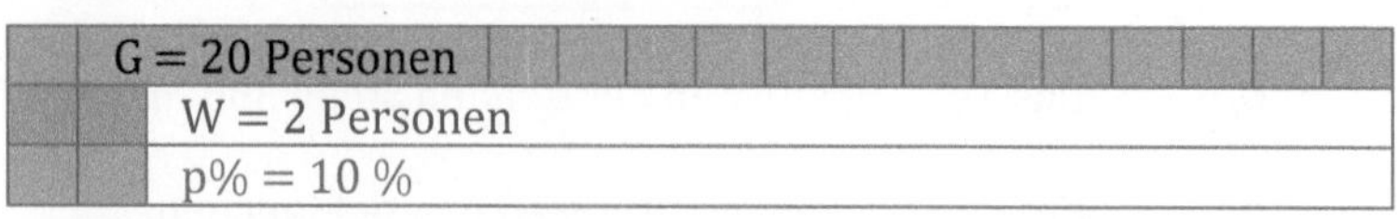

8 a) 1 Kästchen steht für 5 Katzen.

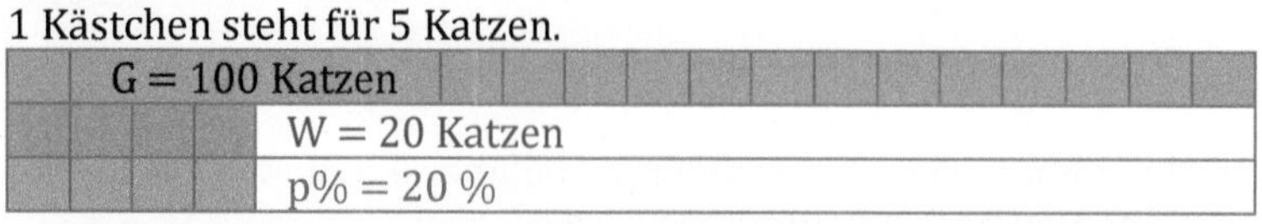

b) 1 Kästchen steht für 10 Mäuse.

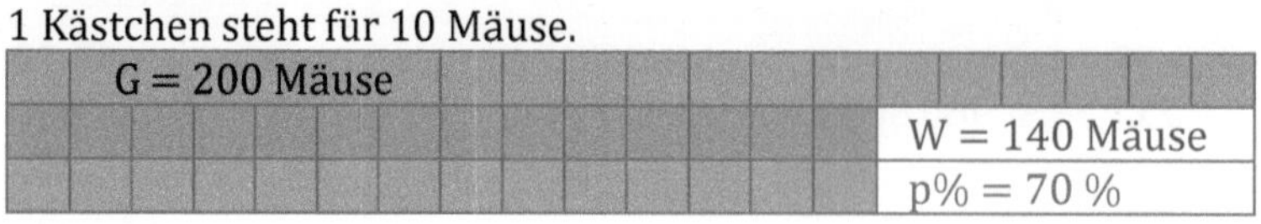

Seite 114 ▶ Üben ☒ — Begriffe der Prozentrechnung

1

	Grundwert G	Prozentwert W	Prozentsatz p %
a)	1500 Schülerinnen und Schüler	225 Schülerinnen und Schüler	15 %
b)	70 Waffeln	42 Waffeln	60 %
c)	30 Schülerinnen und Schüler	6 Schülerinnen und Schüler	20 %

2

	Grundwert G	Prozentwert W	Prozentsatz p %
a)	?	36 Tiere	75 %
b)	800 Bücher	200 Bücher	?
c)	?	7,50 €	50 %

3
a) 90 Papageien von 100 Papageien können mindestens 2 Wörter sagen. Das sind 90 %.
b) Von den 40 Monitoren sind 16 Monitore beschädigt. Das sind 40 %.
c) Von den 400 Metern Hürdenlauf hat Moritz 80 Meter geschafft. Das sind 20 %.

4
a) Der Grundwert beträgt 60 €. Du verteilst gleichmäßig 60€ auf 20 Kästchen. 20 Kästchen · 3 € sind 60 €. Jedes Kästchen ist 3 € wert. Der Prozentwert beträgt 6 €. 6 € : 3 € = 2, also sind 2 Kästchen blau.
b) Der Grundwert entspricht immer 100 %. Du verteilst gleichmäßig 100 % auf 20 Kästchen, indem du 100 : 20 rechnest. 100 % : 20 Kästchen = 5 % pro Kästchen.

5
a) 1 Kästchen steht für 20 g. (400 g : 20 Kästchen = 20 g pro Kästchen)

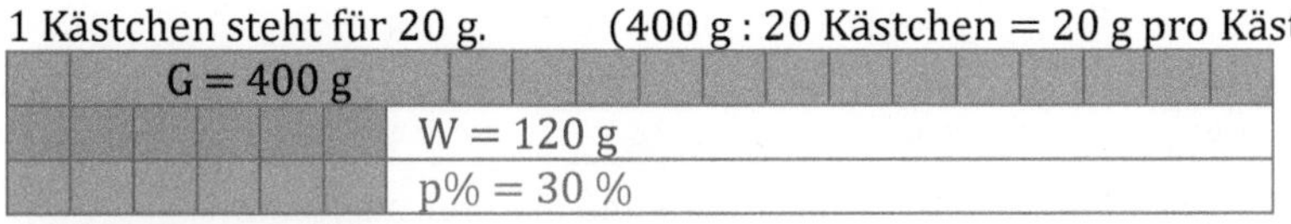

b) 1 Kästchen steht für 40 g. (800 g : 20 Kästchen = 40 g pro Kästchen)

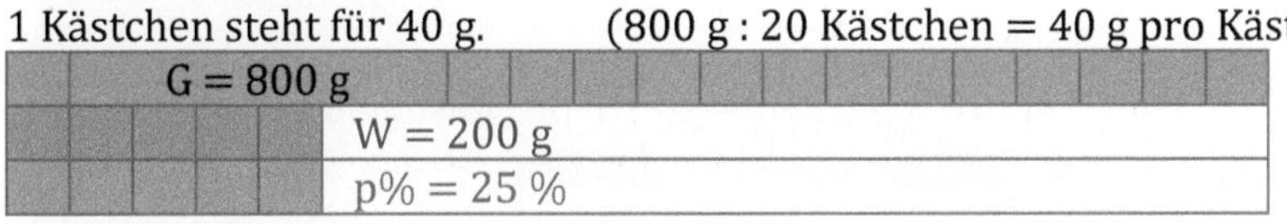

c) 1 Kästchen steht für 4 g. (80 g : 20 Kästchen = 4 g pro Kästchen)

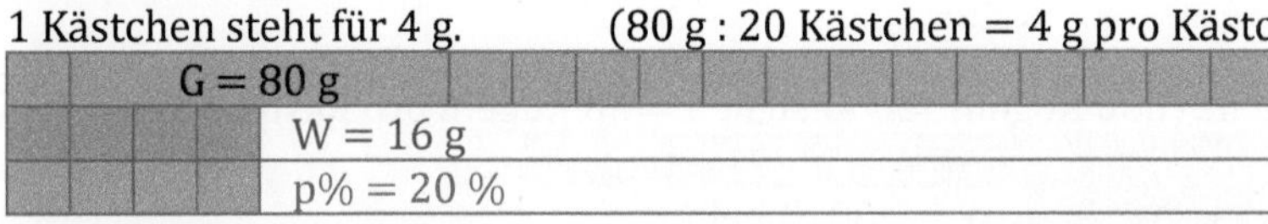

d) 1 Kästchen steht für 50 g. (1000 g : 20 Kästchen = 50 g pro Kästchen)

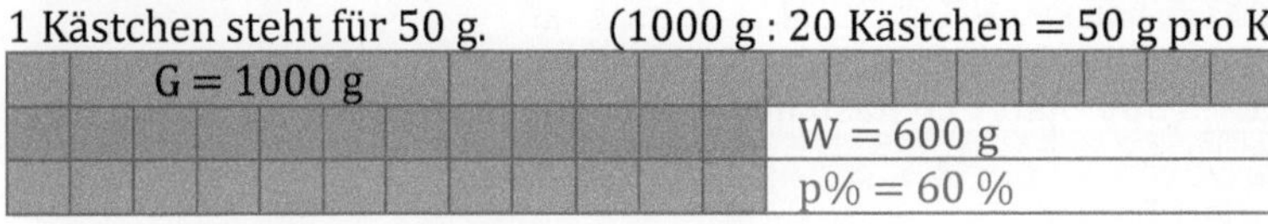

6
a) 1 Kästchen steht für 8 Äpfel. (160 Äpfel : 20 Kästchen = 8 Äpfel pro Kästchen)

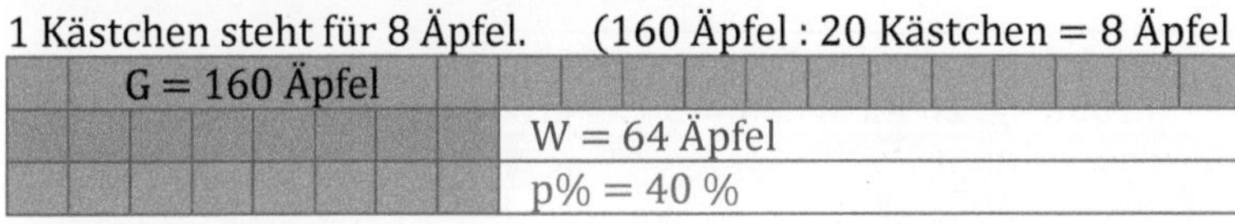

b) 1 Kästchen steht für 3 Bücher. (60 Bücher : 20 Kästchen = 3 Bücher pro Kästchen)

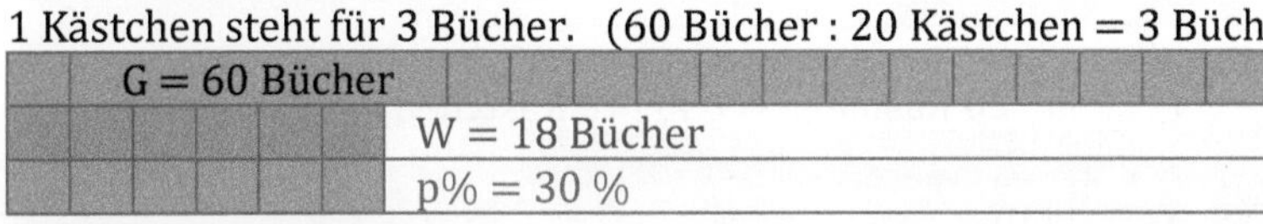

c) 1 Kästchen steht für 10 Seiten. (200 Seiten : 20 Kästchen = 10 Seiten pro Kästchen)

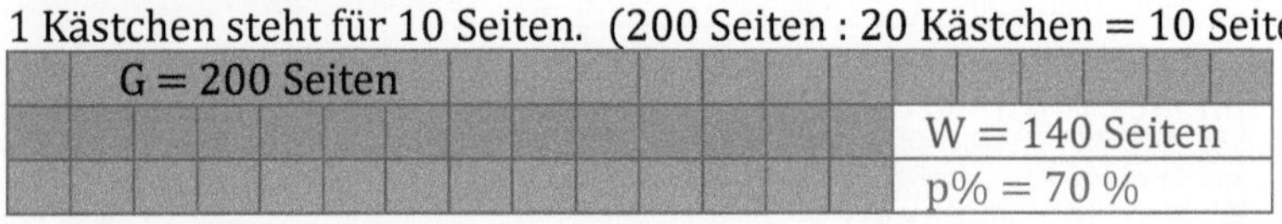

Seite 115 ▶ Üben ☒ — Begriffe der Prozentrechnung

1

	Grundwert G	Prozentwert W	Prozentsatz p %
a)	80 Muffins	60 Muffins	75 %
b)	1600 Schülerinnen und Schüler	640 Schülerinnen und Schüler	40 %
c)	20 Mitglieder der AG	1 Junge der AG	5 %

2

	Grundwert G	Prozentwert W	Prozentsatz p %
a)	**Gesucht: G**	168 Bücher	2 %
	Wie viele Bücher sind in der Schulbibliothek?		
b)	115 Comics	92 Comics mit Superhelden	**Gesucht: p %**
	Wie viel Prozent sind 92 von 115?		
c)	**Gesucht: G**	21 Lehrerinnen und Lehrer	30 %
	Wie viele Lehrerinnen und Lehrer sind in der Schule beschäftigt?		

3 a) Die Reise dauert insgesamt 150 Minuten. Leon ist 60 Minuten unterwegs. Wie viel Prozent sind das?
b) 80 % von den 250 g Johannisbeeren sind dunkelrot. Wie viel Gramm sind das?
c) Familie Kurz ist 30 % ihrer Radtour gefahren (108 km). Wie viele Kilometer sind es insgesamt?

4 a) Das Diagramm gibt 4 Gruppen von Transportmitteln an, mit denen Schülerinnen und Schüler zur Schule zu kommen: zu Fuß, mit dem Fahrrad, mit öffentlichen Transportmitteln oder anders.

	Zu Fuß	Fahrrad	öffentlich	anders	Grundwert (G)
Prozentwert (W)	100	300	250	50	700
Prozentsatz (p %)	14 %	43 %	36 %	7 %	100 %

Der Grundwert entspricht 100 %. Es sind 700 Schülerinnen und Schüler insgesamt.
b) Individuell

5 a) 1 Kästchen steht für 20 km. (400 km : 20 Kästchen = 20 km pro Kästchen)

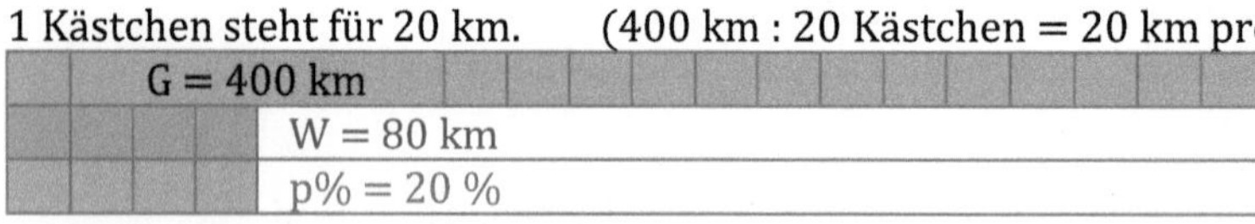

b) 1 Kästchen steht für 30 Kugeln. (600 Kugeln : 20 Kästchen = 30 Kugeln pro Kästchen)

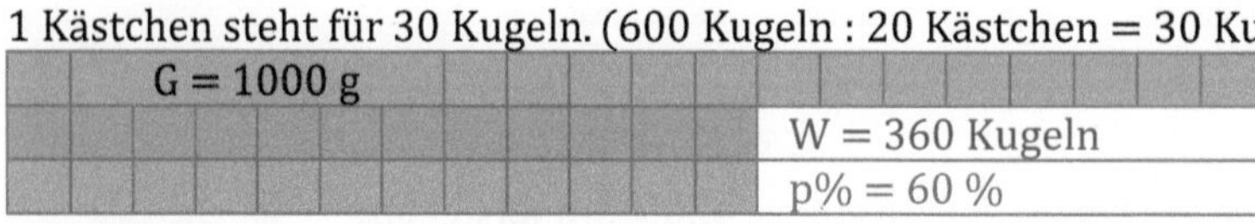

c) 1 Kästchen steht für 25 Blatt. (500 Blatt : 20 Kästchen = 25 Blatt pro Kästchen)

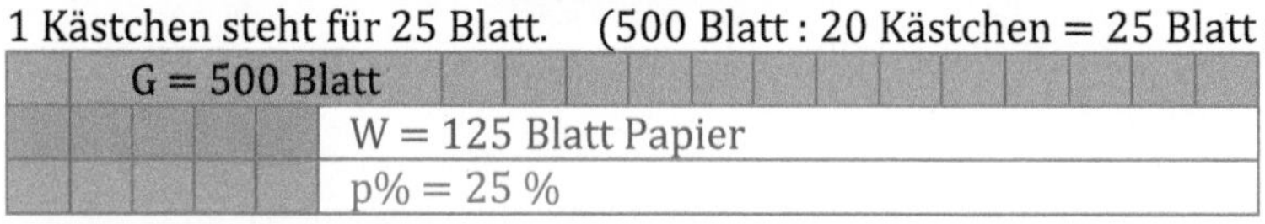

d) 1 Kästchen steht für 50 kg. (1000 kg: 20 Kästchen = 50 kg pro Kästchen)

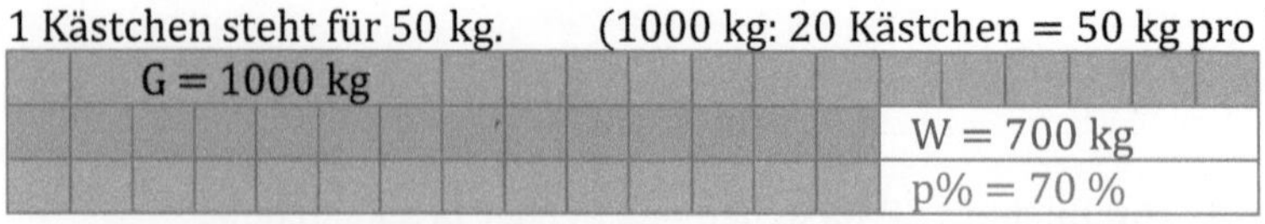

e) 1 Kästchen steht für 6 m. (120 m : 20 Kästchen = 6 m pro Kästchen)

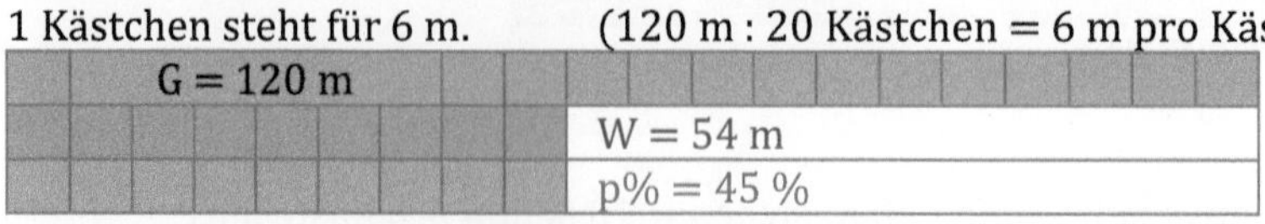

6 a) 1 Kästchen steht für 2 Smartphones. (40 Smartphones : 20 Kästchen = 2 Smartphones pro Kästchen)

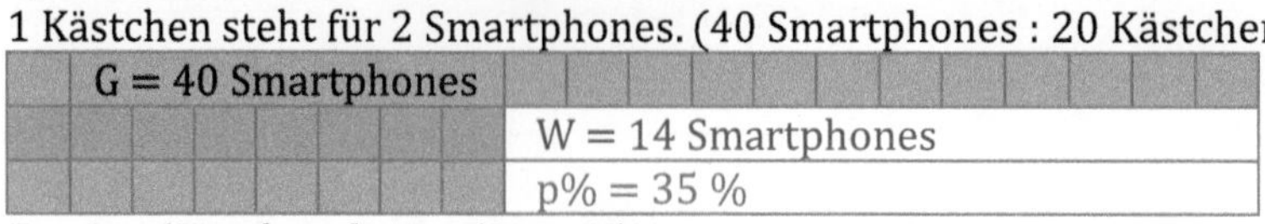

7 grüne Kästchen für $7 \cdot 5\% = 35\%$.
35% der Smartphones haben einen zu kleinen Speicher.

Seite 115 ▶ Üben ☒ — Begriffe der Prozentrechnung

6 ⇨ Fortsetzung

b) 1 Kästchen steht für 3 Fahrstühle. (60 Fahrstühle : 20 Kästchen = 3 Fahrstühle pro Kästchen)

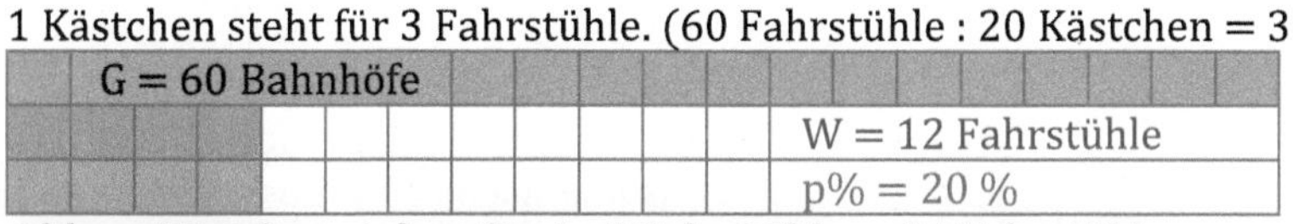

4 blaue Kästchen stehen für 4 · 3 Fahrstühle = 12 Fahrstühle.
Bei 12 Bahnhöfen sind die Fahrstühle defekt.

c) 1 Kästchen steht für 60 Schülerinnen und Schüler (1200 : 20 Kästchen = 60 pro Kästchen)

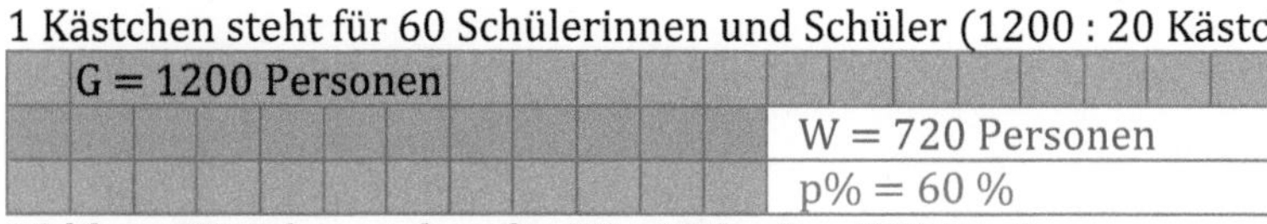

12 blaue Kästchen stehen für 12 · 60 S.u.S. = 720 S.u.S.
720 Schülerinnen und Schüler interessieren sich für den Umweltschutz.

d) 1 Kästchen steht für 6 Punkte. (120 Punkte : 20 Kästchen = 6 Punkte pro Kästchen)
$\frac{3}{4} = 75\ \%$

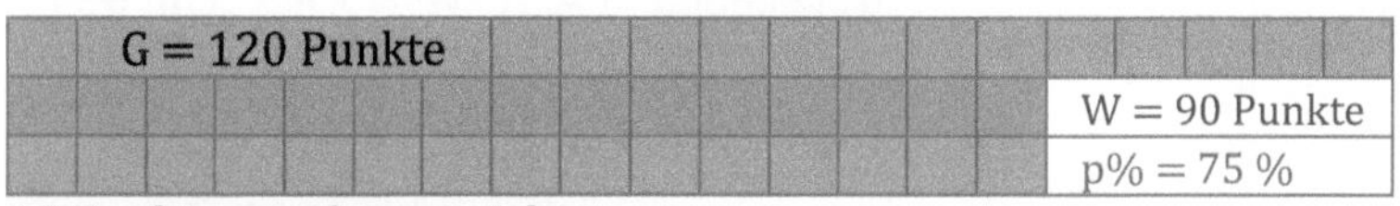

90 Punkte wurden erreicht.

e) 1 Kästchen steht für 4 Würfe. (80 Würfe : 20 Kästchen = 4 Würfe pro Kästchen)

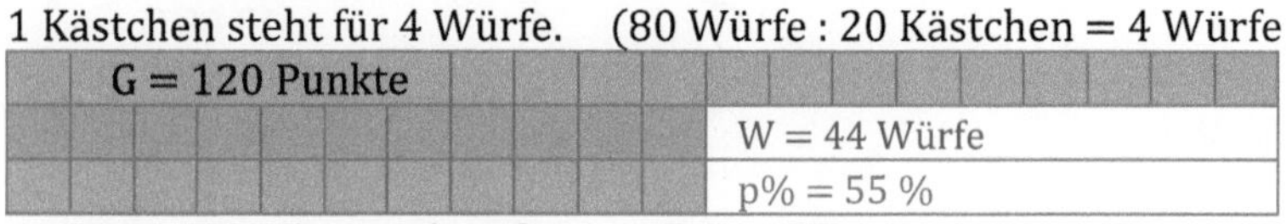

11 grüne Kästchen stehen für 11 · 5% = 55%.
55% der Würfe gingen in den Korb.

7 Beispiele:

① 1 Kästchen steht für 30 g. (600 g : 20 Kästchen = 30 g pro Kästchen)

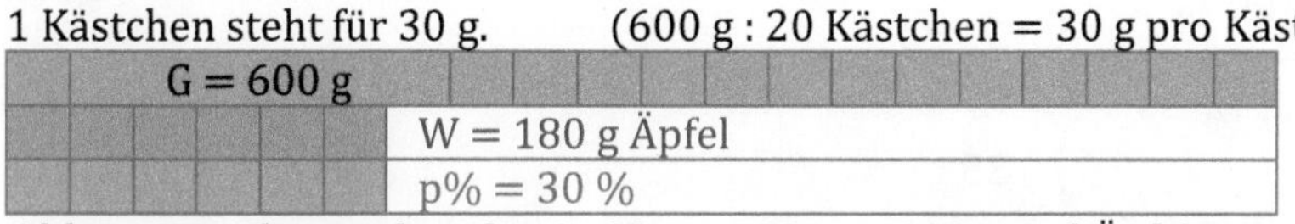

6 blaue Kästchen stehen für 6 · 30g = 180g. 180g sind Äpfel.
6 grüne Kästchen stehen für 6 · 5% = 30%. 30% des Obstsalats sind Äpfel.

② 1 Kästchen steht für 90 Fahrräder. (1800 Fahrräder : 20 Kästchen = 90 Fahrräder pro Kästchen)

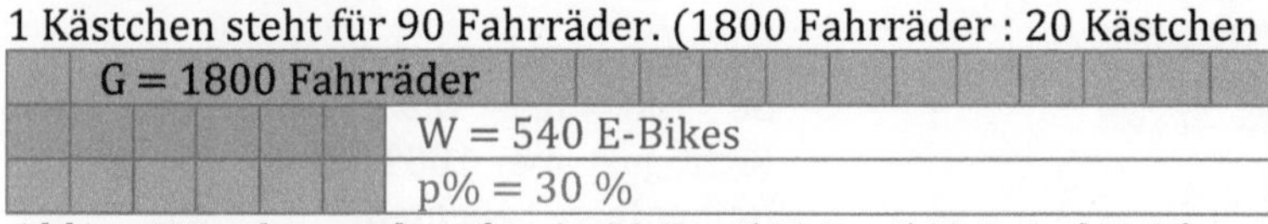

6 blaue Kästchen stehen für 6 · 90 F = 540 F. 540 F sind E-Bikes.
6 grüne Kästchen stehen für 6 · 5% = 30%. 30% der Fahrräder sind E-Bikes.

③ 1 Kästchen steht für 4 min. (80 min : 20 Kästchen = 4 min pro Kästchen)

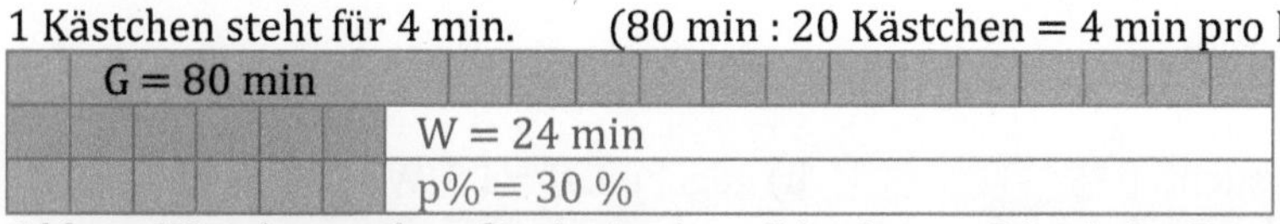

6 blaue Kästchen stehen für 6 · 4 min = 24 min. 24 min ist Tom schon gelaufen.
6 grüne Kästchen stehen für 6 · 5% = 30%. 30% seiner Strecke hat er geschafft.

Seite 116 ▶ Wissen — Den Prozentsatz berechnen

1 gegeben: G = 25, W = 11, gesucht: p %

	Würfe	Anteil	
	25	100 %	
: 25	1	4 %	: 25
· 11	11	**44 %**	· 11

44 % der Freiwürfe waren Treffer.
Franzis Mannschaft erreichte 45 %.
Das waren 1 % mehr Treffer.
Franzis Mannschaft hat besser getroffen.

2 gegeben: G = 20, W = 9, gesucht: p %

$p\,\% = \frac{9}{20} = \frac{45}{100} = \mathbf{45\ \%}$ Franzis Mannschaft erreichte 45 % Treffer.

Seite 117 ▶ Üben — Den Prozentsatz berechnen

1 **a)** gegeben: G = 25, W = 9, gesucht: p %

	Äpfel	Anteil	
	25	100 %	
: 25	1	4 %	**: 25**
· 9	9	**36 %**	**· 9**

b) gegeben: G = 10, W = 3, gesucht: p %

	Personen	Anteil	
	10	100 %	
: 10	1	**10 %**	: 10
· 3	3	**30 %**	**· 3**

c) gegeben: G = 50, W = 35, gesucht: p %

	Autos	Anteil	
	50	100 %	
: 50	1	**2 %**	**: 50**
· 35	35	**70 %**	**· 35**

2 gegeben: G = 50, W = 40, gesucht: p %

	Zeit in min	Anteil	
	50	100 %	
: 50	1	2 %	: 50
· 40	40	**80 %**	· 40

Im Buch wurde gerechnet:
50 : 100 = 0,5   0,5 · 40 = 20%
Richtig ist aber **100% : 50**
Reihenfolge beachten!

3 **a)** gegeben: G = 20, W = 12, gesucht: p %

	Strecke in km	Anteil	
	20	100 %	
: 20	1	**5 %**	**: 20**
· 12	12	**60 %**	**· 12**

Mats ist schon 60 % der Strecke gelaufen.

b) gegeben: G = 25, W = 8, gesucht: p %

	Nüsse	Anteil	
	25	100 %	
: 25	**1**	**4 %**	**: 25**
· 8	8	**32 %**	**· 8**

Evelina hat schon 32 % der Nüsse geknackt.

Seite 117 ▶ Üben **Den Prozentsatz berechnen**

3 ⇨ Fortsetzung

c) gegeben: G = 5, W =3, gesucht: p %

	Pfannkuchen	Anteil	
	5	100 %	
$:5$			$:5$
	1	**20 %**	
$\cdot 3$			$\cdot 3$
	3	**60 %**	

Sven hat schon 60 % der Pfannkuchen gegessen.

4 a) gegeben: G = 250 m, W = 25 m, gesucht: p %
$p\,\% = \frac{W}{G} = \frac{25}{250} = \frac{1}{10} = \frac{10}{100} = \mathbf{10\,\%}$
Kürze mit 25.

b) gegeben: G = 250 m, W = 50 m, gesucht: p %
$p\,\% = \frac{W}{G} = \frac{50}{250} = \frac{2}{10} = \frac{20}{100} = \mathbf{20\,\%}$
Kürze mit 25.

c) gegeben: G = 250 m, W = 200 m, gesucht: p %
$p\,\% = \frac{W}{G} = \frac{200}{250} = \frac{8}{10} = \frac{80}{100} = \mathbf{80\,\%}$
Kürze mit 25.

d) gegeben: G = 250 m, W = 175 m, gesucht: p %
$p\,\% = \frac{W}{G} = \frac{175}{250} = \frac{7}{10} = \frac{70}{100} = \mathbf{70\,\%}$
Kürze mit 25.

5 a) gegeben: G = 25 m, W = 5 m, gesucht: p %
$p\,\% = \frac{W}{G} = \frac{5}{25} = \frac{20}{100} = \mathbf{20\,\%}$
Erweitere mit 4.

b) gegeben: G = 250 m, W = 5 m, gesucht: p %
$p\,\% = \frac{W}{G} = \frac{5}{250} = \frac{1}{50} = \frac{2}{100} = \mathbf{2\,\%}$
Kürze mit 5, erweitere mit 2.

c) gegeben: G = 500 m, W = 5 m, gesucht: p %
$p\,\% = \frac{W}{G} = \frac{5}{500} = \frac{1}{100} = \mathbf{1\,\%}$
Kürze mit 5.

d) gegeben: G = 125 m, W = 5 m, gesucht: p %
$p\,\% = \frac{W}{G} = \frac{5}{125} = \frac{1}{25} = \frac{4}{100} = \mathbf{4\,\%}$
Kürze mit 5, erweitere mit 4.

6 a) gegeben: G = 45 €, W = 18 €, gesucht: p %
$p\,\% = \frac{W}{G} = \frac{18}{45} = \frac{2}{5} = \frac{40}{100} = \mathbf{40\,\%}$
Kürze mit 9, erweitere mit 20.

b) gegeben: G = 200 €, W = 60 €, gesucht: p %
$p\,\% = \frac{W}{G} = \frac{60}{200} = \frac{30}{100} = \mathbf{30\,\%}$
Kürze mit 2.

c) gegeben: G = 64 €, W = 16 €, gesucht: p %
$p\,\% = \frac{W}{G} = \frac{16}{64} = \frac{1}{4} = \mathbf{25\,\%}$
Kürze mit 16.

d) gegeben: G = 80 €, W = 12 €, gesucht: p %
$p\,\% = \frac{W}{G} = \frac{12}{80} = \frac{3}{20} = \frac{15}{100} = \mathbf{15\,\%}$
Kürze mit 4, erweitere mit 5.

e) gegeben: G = 110 €, W = 66 €, gesucht: p %
$p\,\% = \frac{W}{G} = \frac{66}{110} = \frac{6}{10} = \frac{60}{100} = \mathbf{60\,\%}$
Kürze mit 11, erweitere mit 10.

f) gegeben: G = 120 €, W = 6 €, gesucht: p %
$p\,\% = \frac{W}{G} = \frac{6}{120} = \frac{1}{20} = \frac{5}{100} = \mathbf{5\,\%}$
Kürze mit 6, erweitere mit 5.

7 gegeben: G = 80 Fahrräder, W = 20, gesucht: p %

a) 50 % entspricht der Hälfte. Bei 20 Kästchen sind das 10 Kästchen. Da nur 5 gefärbt sind, ist der Prozentsatz kleiner als 50 %.

b) $p\,\% = \frac{W}{G} = \frac{20}{80} = \frac{1}{4} = \mathbf{25\,\%}$
Kürze mit 20.

8 a) gegeben: G = 48 €, W = 12 €, gesucht: p %
$p\,\% = \frac{W}{G} = \frac{12}{48} = \frac{1}{4} = \mathbf{25\,\%}$
Kürze mit 12.

b) gegeben: G = 35 €, W = 7 €, gesucht: p %
$p\,\% = \frac{W}{G} = \frac{7}{35} = \frac{1}{5} = \frac{20}{100} = \mathbf{20\,\%}$
Kürze mit 7, erweitere mit 20.

c) gegeben: G = 70 €, W = 28 €, gesucht: p%
$p\,\% = \frac{W}{G} = \frac{28}{70} = \frac{4}{10} = \frac{40}{100} = \mathbf{40\,\%}$ Kürze mit 7, erweitere mit 10.

Seite 118 ▶ Üben ☒ — Den Prozentsatz berechnen

1 **a)** gegeben: G = 20, W = 14, gesucht: p %

	Freiwürfe	Anteil	
	20	100 %	
: 20	1	5 %	: 20
· **14**	14	**70 %**	· **14**

b) gegeben: G = 500, W = 30, gesucht: p %

	Lose	Anteil	
	500	100 %	
: **50**	10	**2 %**	: **50**
· **3**	30	**6 %**	· **3**

c) gegeben: G = 400, W = 300, gesucht: p %

	Eintritts-karten	Anteil	
	400	100 %	
: **4**	100	**25 %**	: **4**
· **3**	300	**75 %**	· **3**

d) Antwortsätze:

zu a) 70 % der Freiwürfe waren Treffer.
zu b) 6 % der Lose waren Gewinne.
zu c) 75 % der Eintrittskarten wurden verkauft.

2 **a)** gegeben: G = 25, W = 18, gesucht: p %

	Anzahl	Anteil	
	25	100 %	
: **25**	1	4 %	: **25**
· **18**	18	**72 %**	· **18**

b) gegeben: G = 200, W = 56, gesucht: p %

	Anzahl	Anteil	
	200	100 %	
: **100**	2	1 %	: **100**
· **28**	56	**28 %**	· **28**

c) gegeben: G = 1000, W = 660, gesucht: p %

	Anzahl	Anteil	
	1000	100 %	
: **100**	10	1 %	: **100**
· **66**	660	**66 %**	· **66**

d) gegeben: G = 50, W = 17, gesucht: p %

	Anzahl	Anteil	
	50	100 %	
: **50**	1	2 %	: **50**
· **17**	17	**34 %**	· **17**

3 **a)** gegeben: G = 35, W = 28, gesucht: p %

	Preis in €	Anteil	
	35	100 %	
: **5**	7	**20 %**	: **5**
· **4**	28	**80 %**	· **4**

b) gegeben: G = 24, W = 18, gesucht: p %

	Preis in €	Anteil	
	24	100 %	
: **4**	6	25 %	: **4**
· **3**	18	**75 %**	· **3**

c) gegeben: G = 15, W = 6, gesucht: p %

	Preis in €	Anteil	
	15	100 %	
: **5**	3	20 %	: **5**
· **2**	6	**40 %**	· **2**

d) gegeben: G = 40, W = 16, gesucht: p %

	Preis in €	Anteil	
	40	100 %	
: **5**	8	20 %	: **5**
· **2**	16	**40 %**	· **2**

Seite 118 ▶ Üben ☒ — Den Prozentsatz berechnen

4 **a)** gegeben: G = 240 m, W = 24 m, gesucht: p %

$p\,\% = \frac{W}{G} = \frac{24}{240} = \frac{1}{10} = \frac{10}{100} = \mathbf{10\,\%}$

Kürze mit 24.

b) gegeben: G = 240 m, W = 60 m, gesucht: p %

$p\,\% = \frac{W}{G} = \frac{60}{240} = \frac{1}{4} = \mathbf{25\,\%}$

Kürze mit 60.

c) gegeben: G = 240 m, W = 72 m, gesucht: p %

$p\,\% = \frac{W}{G} = \frac{72}{240} = \frac{6}{20} = \frac{30}{100} = \mathbf{30\,\%}$

Kürze mit 12, erweitere mit 5.

d) gegeben: G = 240 m, W = 180 m, gesucht: p %

$p\,\% = \frac{W}{G} = \frac{180}{240} = \frac{3}{4} = \mathbf{75\,\%}$

Kürze mit 60.

5 gegeben: G = 40 €, W = 8 €, gesucht: p %

Sandra: $p\,\% = \frac{W}{G} = \frac{8}{40} = \frac{2}{10} = \frac{20}{100} = \mathbf{20\,\%}$ → Sie hätte mit 4 kürzen und mit 10 erweitern müssen!

Maya: $p\,\% = \frac{W}{G} = \frac{8}{40} = \frac{1}{5} = \frac{2}{10} = \frac{20}{100} = \mathbf{20\,\%}$ → Mit 10 hätte Maya noch erweitern müssen.

Nathaniel: $p\,\% = \frac{W}{G} = \frac{8}{40} = \frac{40}{200} = \frac{20}{100} = \mathbf{20\,\%}$ → Mit 2 hätte Nathaniel noch kürzen müssen.

6 **a)** 8 grüne Kästchen stehen für 8 · 5 % = **40 %**.

b) gegeben: G = 240, W = 96, gesucht: p %

	Personen	Anteil	
	240	100 %	
: 20 ↓	12	5 %	↓ : 20
· 8 ↓	96	**40 %**	↓ · 8

$p\,\% = \frac{96}{240} = 0{,}4 = \mathbf{40\,\%}$

c) 1 Kästchen steht für 12 €. (240 € : 20 Kästchen = 12 € pro Kästchen)

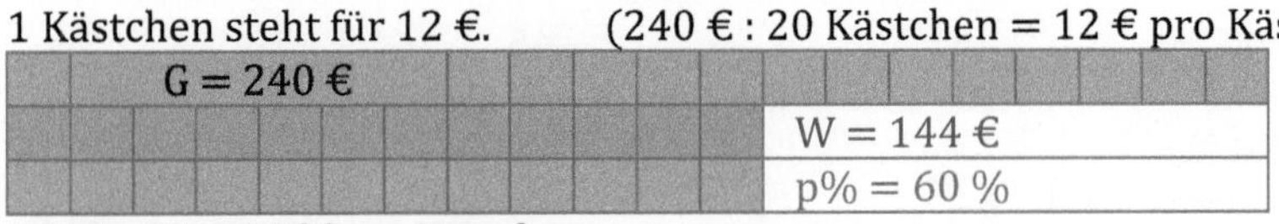

144€ : 12 = 12 blaue Kästchen.
12 blaue Kästchen stehen für 12 · 5% = 60%.

7 **a)** Anniki: gegeben: G = 68, W = 51, gesucht: p %

$p\,\% = \frac{W}{G} = \frac{51}{68} = \frac{3}{4} = \mathbf{75\,\%}$

Kürze mit 17.

Marie: gegeben: G = 45, W = 36, gesucht: p %

$p\,\% = \frac{W}{G} = \frac{36}{45} = \frac{4}{5} = \mathbf{80\,\%}$

Kürze mit 9.

Emilie: gegeben: G = 85, W = 68, gesucht: p %

$p\,\% = \frac{W}{G} = \frac{68}{85} = \frac{4}{5} = \mathbf{80\,\%}$

Kürze mit 17.

Svenja: gegeben: G = 95, W = 57, gesucht: p %

$p\,\% = \frac{W}{G} = \frac{57}{95} = \frac{3}{5} = \mathbf{60\,\%}$

Kürze mit 19.

Franzi: gegeben: G = 44, W = 33, gesucht: p %

$p\,\% = \frac{W}{G} = \frac{33}{44} = \frac{3}{4} = \mathbf{75\,\%}$ Kürze mit 11.

b) Die Skala beginnt erst bei 30 Würfen, weshalb der Eindruck entsteht, der Treffer-Balken wäre weniger als halb so lang wie der Würfe-Balken.

Seite 119 ▶ Üben ☒ Den Prozentsatz berechnen

1 **a)** gegeben: G = 50, W = 14, gesucht: p %

	Mitglieder	Anteil	
	50	100 %	
: 50			: **50**
	1	2 %	
· **14**			· **14**
	14	**28 %**	

b) gegeben: G = 250, W = 110, gesucht: p %

	Level	Anteil	
	250	100 %	
: **50**			: **50**
	5	**2 %**	
· **22**			· **22**
	110	**44 %**	

c) gegeben: G = 2000 Eintrittskarten, W = 700 Eintrittskarten, gesucht: p %

	Eintritts-karten	Anteil	
	2000	100 %	
: **20**			: **20**
	100	**5 %**	
· **7**			· **7**
	700	**35 %**	

d)
Aufgaben und Antwortsätze:

zu a) 14 von 50 Mitglieder des Bogenschießvereins sind Jungen. Wie viel Prozent sind das? Es sind 28 % Jungen im Verein.

zu b) Von 250 Leveln aus dem Computerspiel „Spice" hat Max bereits 110 erreicht. Wie viel Prozent sind das? Max hat 44 % erreicht.

zu c) Ein Theater bietet 2000 Eintrittskarten an. 700 Eintrittskarten konnten nicht verkauft werden. Das sind 35 %.

2 **a)** gegeben: G = 90, W = 54, gesucht: p %
90 und 54 haben den gemeinsamen Teiler 9.

	Anzahl	Anteil	
	90	100 %	
: **10**			: **10**
	9	10 %	
· **6**			· **6**
	54	**60 %**	

b) gegeben: G = 45, W = 27, gesucht: p %
45 und 27 haben den gemeinsamen Teiler 9.

	Anzahl	Anteil	
	45	100 %	
: **5**			: **5**
	9	20 %	
· **3**			· **3**
	27	**60 %**	

c) gegeben: G = 85, W = 34, gesucht: p %
85 und 34 haben den gemeinsamen Teiler 17.

	Anzahl	Anteil	
	85	100 %	
: **5**			: **5**
	17	20 %	
· **2**			· **2**
	34	**40 %**	

d) gegeben: G = 120, W = 42, gesucht: p %
120 und 42 haben den gemeinsamen Teiler 6.

	Anzahl	Anteil	
	120	100 %	
: **20**			: **20**
	6	5 %	
· **7**			· **7**
	42	**35 %**	

3 **a)** gegeben: G = 200, W = 110, gesucht: p %

	Anzahl	Anteil	
	200	100 %	
: **20**			: **20**
	10	5 %	
· **11**			· **11**
	110	**55 %**	

b) gegeben: G = 40, W = 28, gesucht: p %

	Anzahl	Anteil	
	40	100 %	
: **10**			: **10**
	4	10 %	
· **7**			· **7**
	28	**70 %**	

Seite 119 ▶ Üben ☒ Den Prozentsatz berechnen

3 ⇨ Fortsetzung

c) gegeben: G = 80, W = 32, gesucht: p %

	Anzahl	Anteil	
	80	100 %	
: 20			: 20
	4	5 %	
· 8			· 8
	32	**40 %**	

d) gegeben: G = 48, W = 36, gesucht: p %

	Anzahl	Anteil	
	48	100 %	
: 4			: 4
	12	25 %	
· 3			· 3
	36	**75 %**	

4 **a)** gegeben: G = 100, W = 35, gesucht: p %
$p\,\% = \frac{W}{G} = \frac{35}{100} = \mathbf{35\,\%}$

b) gegeben: G = 200, W = 40, gesucht: p %
$p\,\% = \frac{W}{G} = \frac{40}{200} = \frac{20}{100} = \mathbf{20\,\%}$ Kürze mit 2.

c) gegeben: G = 600, W = 42, gesucht: p %
$p\,\% = \frac{W}{G} = \frac{42}{600} = \frac{7}{100} = \mathbf{7\,\%}$
Kürze mit 6.

d) gegeben: G = 9,00 W = 1,80, gesucht: p %
$p\,\% = \frac{W}{G} = \frac{1{,}80}{9{,}00} = \frac{180}{900} = \frac{20}{100} = \mathbf{20\,\%}$
Komma verschieben, kürze mit 9.

e) gegeben: G = 2,60, W = 0,26, gesucht: p %
$p\,\% = \frac{W}{G} = \frac{0{,}26}{2{,}60} = \frac{26}{260} = \frac{1}{10} = \mathbf{10\,\%}$
Komma verschieben, kürze mit 26.

f) gegeben: G = 1,6, W = 0,8, gesucht: p %
$p\,\% = \frac{W}{G} = \frac{0{,}8}{1{,}6} = \frac{8}{16} = \frac{1}{2} = \mathbf{50\,\%}$
Komma verschieben, kürze mit 8.

g) gegeben: G = 0,6, W = 0,12, gesucht: p %
$p\,\% = \frac{W}{G} = \frac{0{,}12}{0{,}6} = \frac{12}{60} = \frac{1}{5} = \mathbf{20\,\%}$
Komma verschieben, kürze mit 12.

h) gegeben: G = 48, W = 2,4, gesucht: p %
$p\,\% = \frac{W}{G} = \frac{2{,}4}{48} = \frac{24}{480} = \frac{1}{20} = \mathbf{5\,\%}$
Komma verschieben, kürze mit 24.

5 ① Chips: gegeben: G = 2,00, W = 0,30
Gesucht: p %, $p\,\% = \frac{W}{G} = \frac{0{,}30}{2{,}00} = \frac{3}{20} = \frac{15}{100} = \mathbf{15\,\%}$
Komma verschieben, erweitere mit 5.

② Schoko: gegeben: G = 0,50, W = 0,15
Gesucht: p %, $p\,\% = \frac{W}{G} = \frac{0{,}15}{0{,}50} = \frac{15}{50} = \frac{30}{100} = \mathbf{30\,\%}$
Komma verschieben, erweitere mit 2.

③ Nüsse: gegeben: G = 1,50, W = 0,30
Gesucht: p %, $p\,\% = \frac{W}{G} = \frac{0{,}30}{1{,}50} = \frac{3}{15} = \frac{1}{5} = \mathbf{20\,\%}$
Komma verschieben, kürze mit 3.

④ Limo: gegeben: G = 1,80, W = 0,45
Gesucht: p %, $p\,\% = \frac{W}{G} = \frac{0{,}45}{1{,}80} = \frac{45}{180} = \frac{1}{4} = \mathbf{25\,\%}$
Komma verschieben, kürze mit 45.

6 **a)** $p\,\% = \frac{W}{G} = \frac{12}{60} = \frac{2}{10} = \mathbf{20\,\%}$ Kürze mit 6. $p\,\% = \frac{W}{G} = \frac{14}{70} = \frac{2}{10} = \mathbf{20\,\%}$ Kürze mit 7.
Die Prozentsätze sind gleich groß, damit ist auch $\frac{12}{60} = \frac{14}{70}$.

b) $p\% = \frac{W}{G} = \frac{40}{160} = \frac{5}{20} = \mathbf{25\,\%}$ Kürze mit 8. $p\,\% = \frac{W}{G} = \frac{36}{180} = \frac{2}{10} = \mathbf{20\,\%}$ Kürze mit 18.
Die Prozentsätze sind ungleich groß, 25 % > 20 %, somit ist $\frac{40}{160} > \frac{36}{180}$.

c) $p\,\% = \frac{W}{G} = \frac{16}{400} = \frac{4}{100} = \mathbf{4\,\%}$ Kürze mit 4. $p\,\% = \frac{W}{G} = \frac{21}{420} = \frac{1}{20} = \mathbf{5\,\%}$ Kürze mit 21.
Die Prozentsätze sind ungleich groß, 4 % < 5 %, somit ist $\frac{16}{400} < \frac{21}{420}$.

7 **a)** 1 Kästchen steht für 8 €. (160 € : 20 Kästchen = 8 € pro Kästchen)

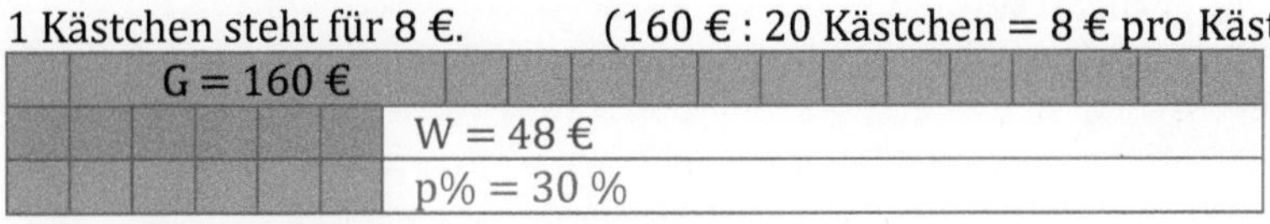

b) Rechenschritte für diesen Prozentstreifen:
① 160 € : 20 = 8 € pro Kästchen
② 48 € : 8 = 6 blaue Kästchen
③ 6 grüne Kästchen stehen für 6 · 5 % = 30 %

Seite 119 ▶ Üben ☒ Den Prozentsatz berechnen

8 a)

	Erhöhung des Taschengelds	in € (W)
Monique	18,00 € – 13,50 € =	4,50 €
Rachel	24,00 € – 20,00 € =	4,00 €
Simone	22,50 € – 18,00 € =	4,50 €

b)

	Erhöhung des Taschengelds in %
Monique	$p\,\% = \frac{W}{G} = \frac{4{,}50}{13{,}50} = \frac{45}{135} = \frac{1}{3} \approx \mathbf{33{,}33\,\%}$
Rachel	$p\,\% = \frac{W}{G} = \frac{4{,}00}{20{,}00} = \frac{1}{5} = \mathbf{20\,\%}$
Simone	$p\,\% = \frac{W}{G} = \frac{4{,}50}{18{,}00} = \frac{45}{180} = \frac{1}{4} = \mathbf{25\,\%}$

c) ② 33,33% > ③ 25% > ① 20%
Monique, Simone, Rachel

Seite 120 ▶ Wissen Den Prozentwert berechnen

1 gegeben: G = 60, p % = 5 %, gesucht: W

Anteil	Anzahl
100 %	60
1 %	0,6
5 %	**3**

(: 100, · 5 auf beiden Seiten)

Lea ist 3 Bahnen geschwommen. 3 Bahnen sind 5 % von 60 Bahnen.
Sie ist 12 – 3 Bahnen = 9 Bahnen weniger geschwommen als Marion.

2 gegeben: G = 60, p % = 20 %, gesucht: W

$W = G \cdot \frac{p}{100}$ $W = 60 \cdot \frac{20}{100} = \frac{60 \cdot 20}{100} = \frac{1200}{100} = \mathbf{12}$

Marion ist 12 Bahnen geschwommen. 12 Bahnen sind 20 % von 60 Bahnen.

Seite 121 ▶ Üben ◩ Den Prozentwert berechnen

1 a) gegeben: G = 1500, p % = 4 %, gesucht: W

Anteil	Anzahl
100 %	1500
1 %	15
4 %	**60**

(**: 100**, **· 4** auf beiden Seiten)

b) gegeben: G = 300, p % = 15 %, gesucht: W

Anteil	Anzahl
100 %	300
1 %	3
15 %	**45**

(**: 100**, **· 15** auf beiden Seiten)

c) gegeben: G = 700, p % = 11 %, gesucht: W

Anteil	Anzahl
100 %	700
1 %	7
11 %	**77**

(**: 100**, **· 11** auf beiden Seiten)

Seite 121 ▶ Üben — Den Prozentwert berechnen

2 a) gegeben: G = 900, p % = 40 %, gesucht: W

Anteil	Anzahl
100 %	900
1 %	9
40 %	360

(: 100 von 100 % zu 1 % und von 900 zu 9; · 40 von 1 % zu 40 % und von 9 zu 360)

Ja, Helena hat trotzdem richtig gerechnet.

b) Nur bei 30 %, da du mit · 3 weiterrechnen kannst.

3 a) gegeben: G = 200, p % = 60 %, gesucht: W

Anteil	Anzahl
100 %	200
10 %	20
60 %	**120**

(**: 10**; **· 6**)

Von den 200 Spielern sind 120 Spieler online. Das sind 60 %.

b) gegeben: G = 400, p % = 90 %, gesucht: W

Anteil	Anzahl
100 %	400
10 %	40
90 %	**360**

(**: 10**; **· 9**)

Von 400 Minuten hat Samir 360 Minuten im Internet verbracht. Das sind 90 %.

4 a) gegeben: G = 120 €, p % = 30 %, gesucht: W

$W = 120\,€ \cdot \frac{30}{100} = \frac{120\,€ \cdot 30}{100} = \frac{3600\,€}{100} = \mathbf{36\,€}$

b) gegeben: G = 80 €, p % = 40%, gesucht: W

$W = 80\,€ \cdot \frac{40}{100} = \frac{80\,€ \cdot 40}{100} = \frac{3200\,€}{100} = \mathbf{32\,€}$

c) gegeben: G = 80 €, p % = 50 %, gesucht: W

$W = 80\,€ \cdot \frac{50}{100} = \frac{80\,€ \cdot 50}{100} = \frac{4000\,€}{100} = \mathbf{40\,€}$

d) gegeben: G = 120 €, p % = 60 %, gesucht: W

$W = 120\,€ \cdot \frac{60}{100} = \frac{120\,€ \cdot 60}{100} = \frac{7200\,€}{100} = \mathbf{72\,€}$

5 a) gegeben: G = 200 m, p % = 1 %, gesucht: W

p %	1 %	10 %	30 %	50 %
W	2 m	20 m	60 m	100 m

$W = 200\,m \cdot \frac{1}{100} = \frac{200\,m \cdot 1}{100} = \frac{200}{100}\,m = \mathbf{2\,m}$

$\cdot 10 \rightarrow 20\,m \mid \cdot 30 \rightarrow 60\,m \mid \cdot 60 \rightarrow 120\,m$

b) gegeben: G = 4000 m, p % = 1 %, gesucht: W

p %	1 %	3 %	6 %	20 %
W	40 m	120 m	240 m	800 m

$W = 4000\,m \cdot \frac{1}{100} = \frac{4000\,m \cdot 1}{100} = \frac{4000}{100}\,m = \mathbf{40\,m}$

$\cdot 3 \rightarrow 120\,m$

6 a) gegeben: G = 600 m, p % = 25 %, gesucht: W

$W = 600\,m \cdot \frac{25}{100} = \frac{600\,m \cdot 25}{100} = \frac{15\,000}{100}\,m = \mathbf{150\,m}$

b) gegeben: G = 700 m, p % = 20 %, gesucht: W

$W = 700\,m \cdot \frac{20}{100} = \frac{14\,000}{100}\,m = \mathbf{140\,m}$

c) gegeben: G = 8000 m, p % = 30 %, gesucht: W

$W = 8000\,m \cdot \frac{30}{100} = \frac{240\,000}{100}\,m = \mathbf{2400\,m}$

d) gegeben: G = 1200 m, p % = 4 %, gesucht: W

$W = 1200\,m \cdot \frac{4}{100} = \frac{4800}{100}\,m = \mathbf{48\,m}$

7 $W = G \cdot \frac{p}{100}$ > „größer als" < „kleiner als"

a) $W = 600 \cdot \frac{15}{100} = \frac{9\,000}{100} = 90$ < $W = 800 \cdot \frac{30}{100} = \frac{24\,000}{100} = \mathbf{240}$

b) $W = 200 \cdot \frac{60}{100} = \frac{12\,000}{100} = 120$ > $W = 300 \cdot \frac{30}{100} = \frac{9\,000}{100} = \mathbf{90}$

c) $W = 800 \cdot \frac{8}{100} = \frac{6\,400}{100} = 64$ > $W = 1200 \cdot \frac{4}{100} = \frac{4\,800}{100} = \mathbf{48}$

Seite 121 ▶ Üben — Den Prozentwert berechnen

8 **a)** gegeben: G = 500 Leute, p % = 2 %, gesucht: W $W = 500\,L \cdot \frac{2}{100} = \frac{500\,L \cdot 2}{100} = \frac{1000}{100}\,L = \mathbf{10\ Leute}$
Von den 500 Leuten haben 10 Leute eine Rolle vom 10-Meter-Turm gewagt. Das sind 2 %.

b) gegeben: G = 4000 E., p % = 80 %, gesucht: W $W = 4000\,E \cdot \frac{80}{100} = \frac{320\,000}{100}\,E = \mathbf{3200\ E.}$
Von den 4000 Eintrittskarten wurden 3200 Eintrittskarten online gekauft. Das sind 80 %.

c) gegeben: G = 800 Tester, p % = 90 %, gesucht: W $W = 800\,T \cdot \frac{90}{100} = \frac{72\,000}{100}\,T = \mathbf{720\ Tester}$
Von den 800 Testern haben 720 Tester den Boden unter 4 Minuten erreicht. Das sind 90 %.

Seite 122 ▶ Üben — Den Prozentwert berechnen

1 **a)** gegeben: G = 200, p % = 16 %, gesucht: W

	Anteil	Fahrräder	
	100 %	200	
: 100	1 %	2	: 100
· 16	16 %	**32**	· 16

b) gegeben: G = 3600, p % = 20 %, gesucht: W

	Anteil	S.u.S.	
	100 %	3600	
: 100	1 %	36	: 100
· 20	20 %	**720**	· 20

c) gegeben: G = 1300, p % = 70 %, gesucht: W

	Anteil	Jugendliche	
	100 %	1300	
: 100	1 %	13	: 100
· 70	70 %	**910**	· 70

d) Antwortsätze:
zu a) Von 200 Fahrrädern sind 32 Fahrräder kaputt. Das sind 16 %.
zu b) Von den 3600 S.u.S mögen 720 Comics. Das sind 20 %.
zu c) Von 1300 Jugendlichen fanden 910 das Spiel langweilig. Das sind 70 %.

2 **a)** gegeben: G = 300, p % = 35 %, gesucht: W

	Anteil	Anzahl	
	100 %	300	
: 100	1 %	3	: 100
· 35	35 %	**105**	· 35

b) gegeben: G = 250, p % = 4 %, gesucht: W

	Anteil	Anzahl	
	100 %	250	
: 100	1 %	2,5	: 100
· 4	4 %	**10**	· 4

c) gegeben: G = 150, p % = 6 %, gesucht: W

	Anteil	Anzahl	
	100 %	150	
: 100	1 %	1,5	: 100
· 6	6 %	**9**	· 6

d) gegeben: G = 1200, p % = 8 %, gesucht: W

	Anteil	Anzahl	
	100 %	1200	
: 100	1 %	12	: 100
· 8	8 %	**96**	· 8

Seite 122 ▶ Üben ☒ — Den Prozentwert berechnen

2 ⇨ Fortsetzung

e) gegeben: G = 140, p % = 70 %, gesucht: W

Anteil	Anzahl
100 %	140
1 %	1,4
70 %	**98**

(: 100, · 70 auf beiden Seiten)

f) gegeben: G = 180, p % = 90 %, gesucht: W

Anteil	Anzahl
100 %	180
1 %	1,8
90 %	**162**

(: 100, · 90 auf beiden Seiten)

3 **a)** gegeben: G = 200, p % = 15 %, gesucht: W

Anteil	Anzahl
100 %	200
5 %	10
15 %	**30**

(: 20, · 3 auf beiden Seiten)

b) gegeben: G = 240, p % = 35 %, gesucht: W

Anteil	Anzahl
100 %	240
5 %	12
35 %	**84**

(: 20, · 7 auf beiden Seiten)

c) gegeben: G = 250, p % = 60 %, gesucht: W

Anteil	Anzahl
100 %	250
10 %	25
60 %	**150**

(: 10, · 6 auf beiden Seiten)

Djan hat 150 von 250 Punkten erreicht, also 60 %.

d) gegeben: G = 440, p % = 75 %, gesucht: W

Anteil	Anzahl
100 %	440
25 %	110
75 %	**330**

(: 4, · 3 auf beiden Seiten)

Von 440 sind 330 Bücher Mangas. Das sind 75 %.

e) 1. Finde gemeinsame Teiler von 100 und dem Grundwert (in Aufgabe d → 2, 4, 5, ... 20).
2. Prüfe für diese gefundenen Teiler, welche Zahl vom Zwischenergebnis des Prozentsatzes als Malaufgabe zu dem Prozentwert gerechnet werden kann (in Aufgabe d → 75 : **3** = 25).

4 **a)** Tim: gegeben: G = 800 m, p % = 80 %
Gesucht: W, $W = G \cdot \frac{p}{100}$
$W = 800\,m \cdot \frac{80}{100} = \frac{800\,m \cdot 80}{100} = \frac{64\,000}{100}\,m = \mathbf{640\,m}$
Heute ist Tim 640 m geschwommen.

b) Lea: gegeben: G = 800 m, p % = 90 %
Gesucht: W, $W = G \cdot \frac{p}{100}$
$W = 800\,m \cdot \frac{90}{100} = \frac{800\,m \cdot 90}{100} = \frac{72\,000}{100}\,m = \mathbf{720\,m}$
Heute ist Lea 720 m geschwommen.

c) Emma: gegeben: G = 800 m, p % = 75 %, gesucht: W
$W = 800\,m \cdot \frac{75}{100} = \frac{800\,m \cdot 75}{100} = \frac{60\,000}{100}\,m = \mathbf{600\,m}$
Heute ist Emma 600 m geschwommen.

5 **a)** gegeben: G = 550 g, p % = 8 %, gesucht: W

Anteil	Gewicht in g
100 %	550
2 %	11
8 %	**44**

(: 50, · 4 auf beiden Seiten)

$W = 550\,g \cdot \frac{8}{100} = \frac{550\,g \cdot 8}{100} = \frac{4400}{100}\,g = \mathbf{44\,g}$

b) Individuell

Seite 122 ▶ Üben ☒ Den Prozentwert berechnen

6 a) gegeben: G = 65, p % = 40 %, gesucht: W

$W = 65\text{ m} \cdot \frac{40}{100} = \frac{2600}{100}\text{ m} = \mathbf{26\text{ m}}$

b) gegeben: G = 460, p % = 20 %, gesucht: W

$W = 460\text{ g} \cdot \frac{20}{100} = \frac{9200}{100}\text{ g} = \mathbf{92\text{ g}}$

c) gegeben: G = 52, p % = 25 %, gesucht: W

$W = 52\text{ kg} \cdot \frac{25}{100} = \frac{1300}{100}\text{ kg} = \mathbf{13\text{ kg}}$

d) gegeben: G = 180, p % = 60 %, gesucht: W

$W = 180\text{ km} \cdot \frac{60}{100} = \frac{10\,800\text{m}}{100}\text{ km} = \mathbf{108\text{ km}}$

e) gegeben: G = 160, p % = 70 %, gesucht: W

$W = 160\text{ €} \cdot \frac{70}{100} = \frac{11\,200}{100}\text{ €} = \mathbf{112\text{ €}}$

f) gegeben: G = 36, p % = 30 %, gesucht: W

$W = 36\,\ell \cdot \frac{30}{100} = \frac{1080}{100}\,\ell = \mathbf{10{,}8\,\ell}$

7 ① G = 3000, p % = 20 % $W = 3000 \cdot \frac{20}{100} = \frac{60\,000}{100} = \mathbf{600}$

② G = 1400, p % = 40 % $W = 1400 \cdot \frac{40}{100} = \frac{56\,000}{100} = \mathbf{560}$

③ G = 900, p % = 60 % $W = 900 \cdot \frac{60}{100} = \frac{54\,000}{100} = \mathbf{540}$

④ G = 800, p % = 80 % $W = 800 \cdot \frac{80}{100} = \frac{64\,000}{100} = \mathbf{640}$

Reihenfolge: ④ > ① > ② > ③

8 a) gegeben: G = 1200, p % = 90 %, gesucht: W

Anteil	Anzahl
100 %	1200
10 %	120
90 %	**1080**

: 10 (100 % → 10 %) : 10; · 9 (10 % → 90 %) · 9

b) gegeben: G = 12, p % = 25 %, gesucht: W

$W = 12\text{ J} \cdot \frac{25}{100} = \frac{300}{100}\text{ J} = 3$ Jugendliche

Von 12 Jugendlichen haben 3 das Silber-Abzeichen geschafft. Das sind 25%.

c) gegeben: G = 30 g, p % = 70 %, gesucht: W

Anteil	Anzahl
100 %	30
10 %	3
70 %	**21**

: 10 (100 % → 10 %) : 10; · 7 (10 % → 70 %) · 7

Von 30 gehen 21 Jugendliche im Sommer gerne ins Freibad. Das sind 70 %.

Seite 123 ▶ Üben ☒ Den Prozentwert berechnen

1 a) gegeben: G = 15 km, p % = 20 %
gesucht: W

Anteil	Strecke in km
100 %	15
1 %	0,15
20 %	**3**

: 100 (100 % → 1 %) **: 100**; **· 20** (1 % → 20 %) **· 20**

b) gegeben: G = 240 Liter, p % = 90 %,
gesucht: W

Anteil	Füllung in ℓ
100 %	240
10 %	24
90 %	**216**

: 10 (100 % → 10 %) **: 10**; **· 9** (10 % → 90 %) **· 9**

Seite 123 ▶ Üben ☒ Den Prozentwert berechnen

1 ⇨ Fortsetzung

c) gegeben: G = 16 €, p % = 3 %, gesucht: W

	Anteil	Preis in €	
	100 %	16	
: 100			: 100
	1 %	0,16	
· 3			· 3
	3 %	**0,48**	

d)

Antwortsätze:
zu a) Von den 15 km ist Till 3 km bereits gelaufen. Das sind 20 %.
zu b) Ein 240-Liter-Container ist mit 216 Liter gefüllt. Das sind 90 %.
zu c) Der Preis von 16 € wird um 0,48 € verringert. Das sind 3 %.

2 **a)** gegeben: G = 360 €, p % = 15 %, gesucht: W

	Anteil	Preis in €	
	100 %	360	
: 20			: 20
	5 %	18	
· 3			· 3
	15 %	**54**	

b) ① gegeben: G = 40 €, p % = 70 %, gesucht: W

	Anteil	Preis in €	
	100 %	40	
: 10			: 10
	10 %	4	
· 7			· 7
	70 %	**28**	

② gegeben: G = 112 €, p % = 75 %, gesucht: W

	Anteil	Preis in €	
	100 %	112	
: 4			: 4
	25 %	28	
· 3			· 3
	75 %	**84**	

③ gegeben: G = 60 €, p % = 45 %, gesucht: W

	Anteil	Preis in €	
	100 %	60	
: 20			: 20
	5 %	3	
· 9			· 9
	45 %	**27**	

④ gegeben: G = 840 €, p % = 35 %, gesucht: W

	Anteil	Preis in €	
	100 %	840	
: 20			: 20
	5 %	42	
· 7			· 7
	35 %	**294**	

c) 1. Finde gemeinsame Teiler von 100 und dem Grundwert.
2. Prüfe für diese gefundenen Teiler, welche Zahl vom Zwischenergebnis des Prozentsatzes als Malaufgabe zu dem Prozentwert gerechnet werden kann.

3 **a)** gegeben: G = 30, p % = 80 %, gesucht: W

	Anteil	Anzahl	
	100 %	30	
: 10			: 10
	10 %	3	
· 8			· 8
	80 %	**24**	

Von den 30 Schülerinnen und Schüler haben 24 ein eigenes Tablet. Das sind 80 %.

b) gegeben: G = 180, p % = 40 %, gesucht: W

	Anteil	Anzahl	
	100 %	180	
: 10			: 10
	10 %	18	
· 4			· 4
	40 %	**72**	

Von 180 Jugendlichen haben 72 einen Drucker. Das sind 40 %.

Seite 123 ▶ Üben ☒ Den Prozentwert berechnen

3 ⇨ Fortsetzung

c) gegeben: G = 20, p % = 60 %, gesucht: W

Anteil	Anzahl
100 %	20
10 %	2
60 %	**12**

(: 10 von 100 % zu 10 % bzw. von 20 zu 2; · 6 von 10 % zu 60 % bzw. von 2 zu 12)

Von den 20 Bewerberinnen und Bewerber wurden 12 für die Theatergruppe ausgewählt. Das sind 60 %.

4 gegeben: G = 30 Schülerinnen und Schüler, gesucht: W

Note 1: p % = 10 %, W = 30 SuS $\cdot \frac{10}{100} = \frac{300}{100}$ SuS = **3 Schülerinnen und Schüler**

Note 2: p % = 30 %, W = 30 SuS $\cdot \frac{30}{100} = \frac{900}{100}$ SuS = **9 Schülerinnen und Schüler**

Note 3: p % = 40 %, W = 30 SuS $\cdot \frac{40}{100} = \frac{1200}{100}$ SuS = **12 Schülerinnen und Schüler**

Note 4: p % = 20 %, W = 30 SuS $\cdot \frac{20}{100} = \frac{600}{100}$ SuS = **6 Schülerinnen und Schüler**

5 **a)** gegeben: G = 940, p % = 5 %, gesucht: W

W = 940 m $\cdot \frac{5}{100} = \frac{4700}{100}$ m = **47 m**

b) gegeben: G = 760, p % = 2 %, gesucht: W

W = 760 € $\cdot \frac{2}{100} = \frac{1520}{100}$ € = **15,20 €**

c) gegeben: G = 52, p % = 25 %, gesucht: W

W = 52 kg $\cdot \frac{25}{100} = \frac{1300}{100}$ kg = **13 kg**

d) gegeben: G = 180, p % = 60 %, gesucht: W

W = 180 km $\cdot \frac{60}{100} = \frac{10\,800}{100}$ km = **108 km**

6 **a)**

100 %	→	1200 ℓ
− 1 %		− 12 ℓ
99 %	→	**1188 ℓ**

1. Sophie hat zuerst 1 % von 1200 ℓ berechnet.
2. Im 2. Rechenschritt hat sie 12 ℓ von den 1200 abgezogen.

b)

100 %	→	350 cm
− 1 %		− 3,5 cm
99 %	→	**346,5 cm**

1. Berechne 1 % von 350 cm.
2. Ziehe 3,5 cm von 350 cm ab.

7 a) gegeben: G = 600 €

1%	3%	9%	13%	27%	51%	89%
6 €	18 €	54 €	78 €	162 €	306 €	534 €

b) gegeben: G = 360 €

1%	2%	7%	11%	22%	49%	56%
3,6 €	7,2 €	25,2 €	39,6 €	79,2 €	176,4 €	201,6 €

8 gegeben: G = 620 Mitglieder, gesucht: W

Synchronschwimmen: p % = 20 %, W = 620 M $\cdot \frac{20}{100} = \frac{12\,400}{100}$ M = **124 Mitglieder**

Flossenschwimmen: p % = 30 %, W = 620 M $\cdot \frac{30}{100} = \frac{18\,600}{100}$ M = **186 Mitglieder**

Kurzstrecken: p % = 40 %, W = 620 M $\cdot \frac{40}{100} = \frac{24\,800}{100}$ M = **248 Mitglieder**

Langstrecken: p % = 10 %, W = 620 M $\cdot \frac{10}{100} = \frac{6200}{100}$ M = **62 Mitglieder**

9 gegeben: G = 15 000 Tickets, gesucht: W

① Wie viele Zuschauerinnen und Zuschauer sind bereits durch die Sicherheitskontrolle?

P % = 35 %, W = 15 000 Zuschauer $\cdot \frac{35}{100} = \frac{525\,000}{100}$ Z = **5250 Zuschauerinnen und Zuschauer**

5250 Zuschauerinnen und Zuschauer sind bereits durch die Sicherheitskontrolle.

Seite 123 ▶ Üben ☒ — Den Prozentwert berechnen

9 ⇨ Fortsetzung

② Wie viele Zuschauerinnen und Zuschauer stehen im Stau?

P % = 15 %, W = 15 000 Zuschauer $\cdot \frac{15}{100} = \frac{22\,500}{100}$ Z = **2250 Zuschauerinnen und Zuschauer**

2250 Zuschauerinnen und Zuschauer stehen im Stau.

Seite 124 ▶ Wissen — Den Grundwert berechnen

1

Anteil	Anzahl
20 %	6
1 %	0,3
100 %	**30**

(: 20, · 100 auf beiden Seiten)

gegeben: W = 6, p % = 20 %, gesucht: G
30 Jugendliche sind im Team Eisvögel.
Im Team Eisvögel sind mehr Jugendliche.

2 gegeben: W = 6, p % = 30 %, gesucht: G

$G = W \cdot \frac{100}{p}$ $G = 6 \cdot \frac{100}{30} = \frac{6 \cdot 100}{30} = \frac{600}{30} = \mathbf{20}$

20 Jugendliche sind im Team Hammerhaie.

Seite 125 ▶ Üben ◩ — Den Grundwert berechnen

1 **a)** gegeben: W = 36, p % = 9 %, gesucht: G

Anteil	Brötchen
9 %	36
1 %	4
100 %	**400**

(: 9, · 100 auf beiden Seiten)

b) gegeben: W = 45, p % = 15 %, gesucht: G

Anteil	Katzen
15 %	45
1 %	3
100 %	**300**

(: 15, · 100 auf beiden Seiten)

c) gegeben: W = 60, p % = 12 %, gesucht: G

Anteil	Fische
12 %	60
1 %	5
100 %	**500**

(: 12, · 100 auf beiden Seiten)

2 gegeben: W = 60 Hunde, p % = 15 %, gesucht: G

Anteil	Hunde
15 %	60
5 %	20
100 %	**400**

(: 3, · 20 auf beiden Seiten)

Seite 125 ▶ Üben — Den Grundwert berechnen

3 **a)** gegeben: W = 24, p % = 8 %, gesucht: G

	Anteil	Pferde	
	8 %	24	
: 8	1 %	3	: 8
· 100	100 %	**300**	· 100

300 Pferde sind es insgesamt.

b) gegeben: W = 30, p % = 15 %, gesucht: G

	Anteil	Tablets	
	15 %	30	
: 15	1 %	2	: 15
· 100	100 %	**200**	· 100

200 Tablets sind es insgesamt.

c) gegeben: W = 15 Akkus, p % = 3 %, gesucht: G

	Anteil	Akkus	
	3 %	15	
: 3	1 %	5	: 3
· 100	100 %	**500**	· 100

500 Akkus sind es insgesamt.

4 gegeben: W = 60m, gesucht: G

a) $G = 60\text{ m} \cdot \frac{100}{50} = \frac{60\text{ m} \cdot 100}{50} = \frac{6000}{50}\text{ m} = \mathbf{120\text{ m}}$

b) $G = 60\text{ m} \cdot \frac{100}{20} = \frac{60\text{ m} \cdot 100}{20} = \frac{6000}{20}\text{ m} = \mathbf{300\text{ m}}$

c) $G = 60\text{ m} \cdot \frac{100}{40} = \frac{60\text{ m} \cdot 100}{40} = \frac{6000}{40}\text{ m} = \mathbf{150\text{ m}}$

d) $G = 60\text{ m} \cdot \frac{100}{30} = \frac{60\text{ m} \cdot 100}{30} = \frac{6000}{30}\text{ m} = \mathbf{200\text{ m}}$

e) $G = 60\text{ m} \cdot \frac{100}{60} = \frac{60\text{ m} \cdot 100}{60} = \frac{6000}{60}\text{ m} = \mathbf{100\text{ m}}$

5 gegeben: p % = 40 %, gesucht: G

a) $G = 160\text{ m} \cdot \frac{100}{40} = \frac{160\text{ m} \cdot 100}{40} = \frac{16\,000}{40}\text{ m} = \mathbf{400\text{ m}}$

b) $G = 280\text{ m} \cdot \frac{100}{40} = \frac{280\text{ m} \cdot 100}{40} = \frac{28\,000}{40}\text{ m} = \mathbf{700\text{ m}}$

c) $G = 200\text{ m} \cdot \frac{100}{40} = \frac{200\text{ m} \cdot 100}{40} = \frac{20\,000}{40}\text{ m} = \mathbf{500\text{ m}}$

d) $G = 240\text{ m} \cdot \frac{100}{40} = \frac{240\text{ m} \cdot 100}{40} = \frac{24\,000}{40}\text{ m} = \mathbf{600\text{ m}}$

6 **a)** gegeben: W = 45, p % = 50 %, gesucht: G

	Anteil	Länge in m	
	50 %	45	
: 5	10 %	9	: 5
· 10	100 %	**90**	· 10

b) gegeben: W = 42, p % = 20 %, gesucht: G

	Anteil	Länge in m	
	20 %	42	
: 2	10 %	21	: 2
· 10	100 %	**210**	· 10

c) gegeben: W = 390, p % = 30 %, gesucht: G

	Anteil	Länge in m	
	30 %	390	
: 3	10 %	130	: 3
· 10	100 %	**1300**	· 10

d) gegeben: W = 640 m, p % = 80 %, gesucht: G

$G = W \cdot \frac{100}{p}$

$G = 640\text{ m} \cdot \frac{100}{80} = \frac{640\text{ m} \cdot 100}{80} = \frac{64\,000}{80}\text{ m} = \mathbf{800\text{ m}}$

e) gegeben: W = 540, p % = 60 %, gesucht: G

$G = 540\text{ m} \cdot \frac{100}{60} = \frac{540\text{ m} \cdot 100}{60} = \frac{54\,000}{60}\text{ m} = \mathbf{900\text{ m}}$

f) gegeben: W = 440, p % = 40 %, gesucht: G

$G = 440\text{ m} \cdot \frac{100}{40} = \frac{440\text{ m} \cdot 100}{40} = \frac{44\,000}{40}\text{ m} = \mathbf{1100\text{ m}}$

Seite 125 ▶ Üben — Den Grundwert berechnen

7 gegeben: W = 15 Punkte, p % = 30 %, gesucht: G

Anteil	Punkte
30 %	15
2 %	1
100 %	**50**

(: 15, · 50 auf beiden Seiten)

W = 15 Punkte, p % = 30 %, gesucht: G

$G = 15\,P \cdot \frac{100}{30} = \frac{15\,P \cdot 100}{30} = \frac{1500}{30}\,P = \mathbf{50\,P}$

Die mögliche Punktzahl sind 50 Punkte.

8 gegeben: W = 560 Schülerinnen und Schüler, p % = 70 %, gesucht: G

$G = 560\,\text{SuS} \cdot \frac{100}{70} = \frac{560\,\text{SuS} \cdot 100}{70} = \frac{56\,000}{70}\,\text{SuS} =$ **800 Schülerinnen und Schüler**

Es gehen insgesamt 800 Schülerinnen und Schüler auf die Schule.

9 a)

Meinung	Prozentwert	Prozentsatz	Grundwert
ja	54 Personen	45 %	$G = 54\,P \cdot \frac{100}{45} = \frac{54\,P \cdot 100}{45} = 120\,P$
nein	30 Personen	25 %	$G = 30\,P \cdot \frac{100}{25} = \frac{30\,P \cdot 100}{25} = 120\,P$
egal	36 Personen	30 %	$G = 36\,P \cdot \frac{100}{30} = \frac{36P \cdot 100}{30} = 120\,P$
Summe	**120 Personen**	**100 %**	

b) Individuell

Seite 126 ▶ Üben — Den Grundwert berechnen

1 a) gegeben: W = 420, p % = 60 %, gesucht: G

Anteil	Preis in €
60 %	420
1 %	**7**
100 %	**700**

(: 60, · 100 auf beiden Seiten)

b) gegeben: W = 720, p % = 80 %, gesucht: G

Anteil	Preis in €
80 %	720
1 %	**9**
100 %	**900**

(: 80, · 100 auf beiden Seiten)

c) gegeben: W = 960, p % = 30 %, gesucht: G

Anteil	Preis in €
30 %	960
1 %	**32**
100 %	**3200**

(: 30, · 100 auf beiden Seiten)

2 a) gegeben: G = 20, p % = 25 %, gesucht: W

Anteil	Länge in m
25 %	20
5 %	4
100 %	**80**

(: 5, · 20 auf beiden Seiten)

b) gegeben: G = 18, p % = 30 %, gesucht: W

Anteil	Länge in m
30 %	18
10 %	6
100 %	**60**

(: 3, · 10 auf beiden Seiten)

Seite 126 ▶ Üben ☒ Den Grundwert berechnen

2 ⇨ Fortsetzung

c) gegeben: G = 45, p % = 30 %, gesucht: W

	Anteil	Länge in m	
	30 %	45	
: 3			: 3
	10 %	15	
· 10			· 10
	100 %	**150**	

d) gegeben: G = 28, p % = 40 %, gesucht: W

	Anteil	Länge in m	
	40 %	28	
: 4			: 4
	10 %	7	
· 10			· 10
	100 %	**70**	

3 **a)** gegeben: W = 72, p % = 60 %, gesucht: G

	Anteil	Preis in €	
	60 %	72	
: 6			: 6
	10 %	12	
· 10			· 10
	100 %	**120**	

b) Timo hat einen gemeinsamen Teiler von 6 für 60 % und 72 € verwendet.

c) ① gegeben: W = 84, p % = 60 %, gesucht: G

	Anteil	Preis in €	
	60 %	84	
: 6			: 6
	10 %	14	
· 10			· 10
	100 %	**140**	

② gegeben: W = 90, p % = 60 %, gesucht: G

	Anteil	Preis in €	
	60 %	90	
: 6			: 6
	10 %	15	
· 10			· 10
	100 %	**150**	

③ gegeben: W = 132, p % = 60 %, gesucht: G

	Anteil	Preis in €	
	60 %	132	
: 6			: 6
	10 %	22	
· 10			· 10
	100 %	**220**	

4 gegeben: W = 165 Bonus-Schätze, p % = 30 %, gesucht: G

1. Rechenschritt:

	Anteil	Anzahl	
	30 %	165	
: 3			: 3
	10 %	55	
· 10			· 10
	100 %	**550**	

2. Rechenschritt:

550 – 165 = 385 Bonus-Schätze, die noch zu finden sind

Das Team kann insgesamt 550 Bonus-Schätze finden, davon hat es bereits 165 Bonus-Schätze gefunden. Das Team muss noch 385 Bonus-Schätze finden.

5 gegeben: p % =20 %, gesucht: G

a) $G = 40\text{ g} \cdot \frac{100}{20} = 40\text{ g} \cdot 5 = \mathbf{200\text{ g}}$

b) $G = 80\text{ km} \cdot \frac{100}{20} = 80\text{ km} \cdot 5 = \mathbf{400\text{ km}}$

b) $G = 68\text{ t} \cdot \frac{100}{20} = 68\text{ t} \cdot 5 = \mathbf{340\text{ t}}$

d) $G = 280\text{ kg} \cdot \frac{100}{20} = 280\text{ kg} \cdot 5 = \mathbf{1400\text{ kg}}$

Seite 126 ▶ Üben ☒ Den Grundwert berechnen

6 a) $G = 92\text{ S} \cdot \frac{100}{23} = \frac{92\text{ S} \cdot 100}{23} = \mathbf{400\ Stücke}$

b) $G = 70\text{ g} \cdot \frac{100}{28} = \frac{70\text{ g} \cdot 100}{28} = \mathbf{250\ g}$

c) $G = 57\text{ min} \cdot \frac{100}{19} = \frac{57\text{ min} \cdot 100}{19} = \mathbf{300\ min}$

d) $G = 256\text{ km} \cdot \frac{100}{40} = \frac{256\text{ km} \cdot 100}{40} = \mathbf{640\ km}$

e) $G = 96\text{ min} \cdot \frac{100}{80} = \frac{96\text{ min} \cdot 100}{80} = \mathbf{120\ min}$

f) $G = 54\text{ min} \cdot \frac{100}{15} = \frac{54\text{ min} \cdot 100}{15} = \mathbf{360\ min}$

7 gegeben: W = 840, p % = 70 %, gesucht: G

Anteil	Anzahl
70 %	840
10 %	120
100 %	**1200**

(:7 und ·10 auf beiden Seiten)

Es nahmen 1200 Studentinnen und Studenten an der Umfrage teil.

8 gegeben: W = 60, p % = 20 %, gesucht: G

Anteil	Anzahl
20 %	60
10 %	30
100 %	**300**

(:2 und ·10 auf beiden Seiten)

Die gesamte Bahnlänge ist 300 Meter lang.

9 gegeben: W = 90 Minuten, p % = 25 %, gesucht: G

1. Rechenschritt:

Anteil	Zeit in min
25 %	90
5 %	18
100 %	**360**

(:5 und ·20 auf beiden Seiten)

2. Rechenschritt:

360 min – 90 min = 270 min

Das Rennen dauert noch 270 Minuten, wenn sie im gleichen Tempo fahren.

10 gegeben: W = 14 g Zucker, p % = 70 %, gesucht: G

Anteil	Gewicht in g
70 %	14
10 %	2
100 %	**20**

(:7 und ·10 auf beiden Seiten)

100 g Müsli normal enthält 20 g Zucker.

Seite 127 ► **Üben** ☒ **Den Grundwert berechnen**

1 **a)** gegeben: W = 114, p % = 19 %, gesucht: G

	Anteil	Preis in €	
	19 %	114	
: 19	1 %	**6**	: 19
· 100	100 %	**600**	· 100

Das Handy hat vorher 600 € gekostet.

b) gegeben: W = 174, p % = 30 %, gesucht: G

	Anteil	Preis in €	
	30 %	174	
: 3	10 %	**58**	: 3
· 10	100 %	**580**	· 10

Das Tablet hat vorher 580 € gekostet.

c) gegeben: W = 136, p % = 40 %, gesucht: G

	Anteil	Preis in €	
	40 %	136	
: 4	**10 %**	**34**	: 4
· 10	**100 %**	**340**	· 10

Der Laptop hat vorher 340 € gekostet.

2 **a)** gegeben: W = 33, p % = 15 %, gesucht: G

	Anteil	Zeit in min	
	15 %	33	
: 3	5 %	11	: 3
· 20	100 %	**220**	· 20

b) gegeben: W = 328, p % = 40 %, gesucht: G

	Anteil	Länge in cm	
	40 %	328	
: 4	10 %	82	: 4
· 10	100 %	**820**	· 10

c) gegeben: W = 516, p % = 60 %, gesucht: G

	Anteil	Preis in €	
	60 %	516	
: 6	10 %	86	: 6
· 10	100 %	**860**	· 10

d) gegeben: W = 90, p % = 75 %, gesucht: G

	Anteil	Gewicht in g	
	75 %	90	
: 15	5 %	6	: 15
· 20	100 %	**120**	· 20

3 **a)** gegeben: W = 280, p % = 40 %, gesucht: G

	Anteil	Preis in €	
	40 %	280	
: 4	10 %	70	: 4
· 10	100 %	**700**	· 10

Das Snowboard kostet 700 €.

b)

700 € – 280 € = 420 €
Maximilian muss noch 420 € bezahlen.

Seite 127 ► Üben ☒ Den Grundwert berechnen

3 ⇨ Fortsetzung

c)

100% entsprechen 700€
- <u>40% entsprechen 280€</u>
60% entsprechen 420€

Du könntest statt auf 100 %, direkt auf 60 % rechnen:

	Anteil	Preis in €	
	40 %	280	
: 4	10 %	70	: 4
· 6	60 %	**420**	· 6

4 **a)**

Nr.	p %	Länge (W)
1	25 %	1 cm
2	40 %	1,4 cm
3	20 %	1,8 cm
4	30 %	1,8 cm

b) - c)

Nr.	p %	Länge (G)
1	100 %	$1\text{ cm} \cdot \frac{100}{25} = 4\text{ cm}$
2	100 %	$1{,}4\text{ cm} \cdot \frac{100}{40} = 3{,}5\text{ cm}$
3	100 %	$1{,}8\text{ cm} \cdot \frac{100}{20} = 9\text{ cm}$
4	100 %	$1{,}8\text{ cm} \cdot \frac{100}{30} = 6\text{ cm}$

5 **a)** p % = 30 %, W = 1200 kg, gesucht: G
$G = 1200\text{ kg} \cdot \frac{100}{30} = \frac{120\,000}{30}\text{ kg} = \mathbf{4000\text{ kg}}$

b) p % = 65 %, W = 195 €, gesucht: G
$G = 195\text{ €} \cdot \frac{100}{65} = \frac{19\,500}{65}\text{ €} = \mathbf{300\text{ €}}$

c) p % = 40 %, W = 96 m, gesucht: G $G = 96\text{ m} \cdot \frac{100}{40} = \frac{9600}{40}\text{ m} = \mathbf{240\text{ m}}$

6 **a)** gegeben: W = 0,90 €, p % = 15 %, gesucht: G

	Anteil	Preis in €	
	15 %	0,90	
: 3	5 %	0,30	: 3
· 20	100 %	**6**	· 20

b) gegeben: W = 4,2 €, p % = 30 %, gesucht: G

	Anteil	Preis in €	
	30 %	4,2	
: 3	10 %	1,4	: 3
· 10	100 %	**14**	· 10

c) gegeben: p % = 75 %, W = 4,50 €, gesucht: G
$G = 4{,}50\text{ €} \cdot \frac{100}{75} = \frac{450}{75}\text{ €} = \mathbf{6{,}00\text{ €}}$

d) gegeben: p % = 45 %, W = 6,75 €, gesucht: G
$G = 6{,}75\text{ €} \cdot \frac{100}{45} = \frac{675}{45}\text{ €} = \mathbf{15{,}00\text{ €}}$

7 gegeben: p % = 40 %, W = 10 min, gesucht: G $G = 10\text{ min} \cdot \frac{100}{40} = \frac{1000}{40}\text{ min} = 25\text{ min}$
Die gesamte vereinbarte Tauchzeit beträgt 25 Minuten. Er darf noch **15 Minuten** tauchen.

8 **a)** gegeben: W = 1500, p % = 70 %, gesucht: G

	Anteil	Preis in €	
	70 %	1500	
: 70	1 %	21,43	: 70
· 100	100 %	**2143**	· 100

b) gegeben: W = 245, p % = 85 %, gesucht: G

	Anteil	Preis in €	
	85 %	245	
: 85	1 %	2,88	: 85
· 100	100 %	**288**	· 100

Seite 127 ▶ Üben ☒ Den Grundwert berechnen

8 ⇨ Fortsetzung

c) gegeben: W = 19 450, p % = 42 %, gesucht: G

Anteil	Preis in €
42 %	19 450
1 %	463,10
100 %	**46 310**

(: 42, · 100 auf beiden Seiten)

9

	Prozentwert	Prozentsatz	Grundwert
Kilokalorien	532	24 %	$G = 532 \cdot \frac{100}{24} = \frac{532 \cdot 100}{24} \approx 2216{,}67 \approx \mathbf{2217}$
Zucker	59 g	109 %	$G = 59\,g \cdot \frac{100}{109} = \frac{59 \cdot 100\,g}{109} \approx 54{,}13\,g \approx \mathbf{54\,g}$
Fett	29 g	36 %	$G = 29\,g \cdot \frac{100}{36} = \frac{29 \cdot 100\,g}{36} = 80{,}56\,g \approx \mathbf{81\,g}$
Eiweiß	6 g	14 %	$G = 6\,g \cdot \frac{100}{14} = \frac{6 \cdot 100\,g}{14} \approx 42{,}86\,g \approx \mathbf{43\,g}$

Seite 129 ▶ Thema Rabatt und Skonto

1 ① Pullover: G = 35 €, p % = 20 %, gesucht: W

Anteil	Preis in €
100 %	35
1 %	0,35
20 %	**7**

(: 100, · 20 auf beiden Seiten)

$W = 35 \cdot \frac{20}{100} = \frac{35 \cdot 20}{100} = \frac{700}{100} = \mathbf{7}$

Neuer Preis: 35 € – 7 € = 28 €

② Kappe: G = 10 €, p % = 20 %, gesucht: W

Anteil	Preis in €
100 %	10
1 %	0,1
20 %	**2**

(: 100, · 20 auf beiden Seiten)

$W = 10 \cdot \frac{20}{100} = \frac{10 \cdot 20}{100} = \frac{200}{100} = \mathbf{2}$

Neuer Preis: 10 € – 2 € = 8 €

③ Sweatshirt: G = 25 €, p % = 20 %, gesucht: W

Anteil	Preis in €
100 %	25
1 %	0,25
20 %	**5**

(: 100, · 20 auf beiden Seiten)

$W = 25 \cdot \frac{20}{100} = \frac{25 \cdot 20}{100} = \frac{500}{100} = \mathbf{5}$

Neuer Preis: 25 € – 5 € = 20 €

④ Beutel: G = 6 €, p % = 20 %, gesucht: W

Anteil	Preis in €
100 %	6
1 %	0,06
20 %	**1,20**

(: 100, · 20 auf beiden Seiten)

$W = 6 \cdot \frac{20}{100} = \frac{6 \cdot 20}{100} = \frac{120}{100} = \mathbf{1{,}20}$

Neuer Preis: 6 € – 1,2 € = 4,80 €

⑤

Anteil	Preis in €
100 %	8
1 %	0,08
20 %	**1,60**

(: 100, · 20 auf beiden Seiten)

Turnbeutel: G = 8 €, p % = 20 %, gesucht: W

$W = G \cdot \frac{p}{100}$

$W = 8 \cdot \frac{20}{100} = \frac{8 \cdot 20}{100} = \frac{160}{100} = 1{,}60$

Neuer Preis: 8 € – 1,60 € = 6,40 €

Seite 129 ▶ Thema **Rabatt und Skonto**

2 ① Taschenrechner: G = 25 €, p % = 30 %, gesucht: W

Anteil	Preis in €
100 %	25
1 %	0,25
30 %	**7,50**

(: 100; · 30)

$W = 25\text{ €} \cdot \frac{30}{100} = \frac{25\text{ €} \cdot 30}{100} = \frac{750}{100}\text{ €} = \mathbf{7{,}50\text{ €}}$

Neuer Preis: 25 € – 7,50 € = 17,50 €
Der neue Preis für den Taschenrechner wurde falsch berechnet.

② Schürze: G = 14 €, p % = 30 %, gesucht: W

Anteil	Preis in €
100 %	14
1 %	0,14
30 %	**4,20**

(: 100; · 30)

$W = 14\text{ €} \cdot \frac{30}{100} = \frac{14\text{ €} \cdot 30}{100} = \frac{420}{100}\text{ €} = \mathbf{4{,}20\text{ €}}$

Neuer Preis: 14 € – 4,20 € = 9,80 €
Der neue Preis für die Schürze wurde falsch berechnet.

③ Sportanzug: G = 45 €, p % = 30 %, gesucht: W

Anteil	Preis in €
100 %	45
1 %	0,45
30 %	**13,50**

(: 100; · 30)

$W = 45\text{ €} \cdot \frac{30}{100} = \frac{45\text{ €} \cdot 30}{100} = \frac{1350}{100}\text{ €} = \mathbf{13{,}5\text{ €}}$

Neuer Preis: 45 € – 13,5 € = 31,50 €
Der Preis für den Sportanzug wurde richtig berechnet.

④ Geometrieset: G = 5 €, p % = 30 %, gesucht: W

Anteil	Preis in €
100 %	5
1 %	0,05
30 %	**1,50**

(: 100; · 30)

$W = 5\text{ €} \cdot \frac{30}{100} = \frac{5\text{ €} \cdot 30}{100} = \frac{150}{100}\text{ €} = \mathbf{1{,}50\text{ €}}$

Neuer Preis: 5 € – 1,50 € = 3,50 €
Der Preis für das Geometrieset wurde falsch berechnet.

3 Normaler Preis:

Anzahl	Preis in €
1	0,4
10	4,0

(· 10)

4,00 € – 3,60 € = 0,40 €

$p\,\% = \frac{W}{G} = \frac{0{,}4}{4} = 0{,}1 = \mathbf{10\,\%}$

Berechnung mit dem Dreisatz:

Anteil	Preis in €
100 %	4,00
1 %	0,04
10 %	**0,40**

(: 100; · 10)

Der Rabatt beträgt 0,40 €, das entspricht einem Rabatt von 10 %.

4 **a)**

Anteil	Preis in €
100 %	160
1 %	1,60
3 %	**4,80**

(: 100; · 3)

$W = G \cdot p\,\% = 160\text{ €} \cdot \frac{3}{100} = \frac{160\text{ €} \cdot 3}{100} = \frac{480}{100}\text{ €} = \mathbf{4{,}80\text{ €}}$

Der Skonto beträgt 4,80 €.

b) 160 € – 4,80 € = 155,20 €
Sie müssen nur 155,20 € bezahlen, wenn sie innerhalb von 5 Tagen bezahlen.

Seite 129 ▶ Thema **Rabatt und Skonto**

5 ① Angebot A: Kosten: 50 · 0,20 € = 10 €

Anteil	Preis in €
100 %	10
1 %	0,10
10 %	**1,00**

(: 100 ; · 10)

$W = 10\,€ \cdot \frac{10}{100} = \frac{10\,€ \cdot 10}{100} = \frac{100}{100}\,€ = \mathbf{1\,€}$

Rabatt-Preis: 10 € – 1 € = 9 €

Angebot A ist preiswerter.

② Angebot B: Kosten: 12 €

Anteil	Preis in €
100 %	12
1 %	0,12
5 %	**0,60**

(: 100 ; · 5)

$W = 12\,€ \cdot \frac{5}{100} = \frac{12\,€ \cdot 5}{100} = \frac{60}{100}\,€ = \mathbf{0{,}6\,€}$

Skonto-Preis: 12 € – 0,60 € = 11,40 €

6 **a)**

Anteil	Preis in €
100 %	2100
1 %	21
35 %	**735**

(: 100 ; · 35)

$W = G \cdot p\,\% = 2100\,€ \cdot \frac{35}{100} = \frac{2100\,€ \cdot 35}{100} = \frac{73\,500}{100}\,€ = \mathbf{735\,€}$

2100 € + 735 € = 2835 € Die AG Schülerfirma hat durch ihre Verkäufe 2835 € bekommen.

b) 2835 € – 2100 € = 735 €
Die Partnerschule in Afrika bekommt 735 €.

7

Artikel	alter Preis	neuer Preis	Rabatt	
			in €	in %
Schülerkalender	6 €	4,20 €	6 – 4,20 = 1,80	1,80 : 6 = 0,3 = 30 %
Federmappe	12 €	9,60 €	**12 – 9,60 = 2,40**	**2,40 : 12 = 0,2 = 20 %**
Lineal	2 €	1,70 €	**2 – 1,70 = 0,30**	**0,30 : 2 = 0,15 = 15 %**
Kugelschreiber	3 €	2,25 €	**3 – 2,25 = 0,75**	**0,75 : 3 = 0,25 = 25 %**
Füller	16 €	10,40 €	**16 – 10,40 = 5,60**	**5,60 : 16 = 0,35 = 35 %**

8 Angenommen der Pulli kostet 30 €.

Anteil	Preis in €
100 %	30
1 %	0,30
50 %	**15**

(: 100 ; · 50)

Anteil	Preis in €
100 %	15
1 %	0,15
50 %	**7,5**

(: 100 ; · 50)

1. Rabattierung um 50 %: 30 € – 15 € = 15 €

2. Rabattierung um 50 %: 15 € – 7,50 € = 7,50 €

① $W = 30\,€ \cdot \frac{50}{100} = \frac{1500}{100}\,€ = \mathbf{15\,€}$ 30 € – 15 € = 15 €

② $W = 15\,€ \cdot \frac{50}{100} = \frac{750}{100}\,€ = \mathbf{7{,}5\,€}$ 15 € – 7,5 € = 7,5 €

Der Pulli kostet am Schluss 7,50 €. Esras Aussage stimmt nicht.

Seite 130 ▶ Thema Prozente von Prozenten

1 ① T-Shirt: Erster Rabatt: $W = 15\,€ \cdot \frac{10}{100} = 1{,}50\,€$; Preis nach erstem Rabatt: 15,00 € – 1,50 € = 13,50 €
Zweiter Rabatt: $W = 13{,}50\,€ \cdot \frac{20}{100} = 2{,}70\,€$; Preis nach zweitem Rabatt: 13,50 € – 2,70 € = **10,80 €**
② Hose: Erster Rabatt: $W = 40\,€ \cdot \frac{25}{100} = 10{,}00\,€$; Preis nach erstem Rabatt: 40,00 € – 10,00 € = 30,00 €
Zweiter Rabatt: $W = 30{,}00\,€ \cdot \frac{20}{100} = 6{,}00\,€$; Preis nach zweitem Rabatt: 30,00 € – 6,00 € = **24,00 €**
③ Rock: Erster Rabatt: $W = 25{,}00\,€ \cdot \frac{20}{100} = 5{,}00\,€$; Preis nach erstem Rabatt: 25,00 € – 5,00 € = 20,00 €
Zweiter Rabatt: $W = 20{,}00\,€ \cdot \frac{20}{100} = 4{,}00\,€$; Preis nach zweitem Rabatt: 20,00 € – 4,00 € = **16,00 €**
④ Kleid: Erster Rabatt: $W = 30\,€ \cdot \frac{15}{100} = 4{,}50\,€$; Preis nach erstem Rabatt: 30 € – 4,50 € = 25,50 €
Zweiter Rabatt: $W = 25{,}50\,€ \cdot \frac{20}{100} = 5{,}10\,€$; Preis nach zweitem Rabatt: 25,50 € – 5,10 € = **20,40 €**

2 Taschen King:
Erster Rabatt: $W = 65\,€ \cdot \frac{5}{100} = 3{,}25\,€$; Preis nach erstem Rabatt: 65,00 € – 3,25 € = 61,75 €
Zweiter Rabatt: $W = 61{,}75\,€ \cdot \frac{20}{100} = 12{,}35\,€$; Preis nach zweitem Rabatt: 61,75 € – 12,35 € = **49,40 €**
Bags4Ever:
$W = 75\,€ \cdot \frac{30}{100} = 22{,}50\,€$; Neuer Preis nach Rabatt: 75,00 € – 22,50 € = **52,50 €**
Man sollte das Angebot von Taschen King wählen, weil die Tasche dort günstiger ist.

3 Layla hat nicht recht. Zum Beispiel:
20 € um 35 % reduziert: $W = 20\,€ \cdot \frac{35}{100} = 7{,}00\,€$; Neuer Preis nach Rabatt: 20,00 € – 7,00 € = **13,00 €**
20 € um 15 % reduziert: $W = 20\,€ \cdot \frac{15}{100} = 3{,}00\,€$; Neuer Preis nach Rabatt: 20,00 € – 3,00 € = **17,00 €**
17 € um 20 % reduziert: $W = 17\,€ \cdot \frac{20}{100} = 3{,}40\,€$; Neuer Preis nach Rabatt: 17,00 € – 3,40 € = **13,60 €**
Wenn man 20 € um 35 % reduziert, erhält man 13 €. Wenn man 20 € erst um 15 % und dann um 20 % reduziert, erhält man 13,60 €.

Seite 131 ▶ Thema Promille

1 **a)** 3 ‰ **b)** 9 ‰ **c)** 0,5 ‰ **d)** 1,4 ‰ **e)** 97 ‰ **f)** 12 ‰

2 **a)** $\frac{5}{1000}$ **b)** $\frac{16}{1000}$ **c)** $\frac{84}{10\,000}$ **d)** $\frac{39}{10\,000}$ **e)** $\frac{7}{10\,000}$ **f)** $\frac{2}{10\,000}$

3

	Grundwert G	Promillesatz p ‰	Promillewert W
a)	15 000	3	**45**
b)	6300	**60**	378
c)	**9800**	15	147
d)	46 000	**2**	92
e)	2000	0,5	**1**
f)	**5500**	20	110

4 $G = 750\,€ \cdot \frac{1000}{3} = $ **250 000 €**
Antwort: Die Versicherungssumme beträgt 250 000 €.

Seite 134 ▶ Thema Vermehrter und verminderter Grundwert

1 a)

Anteil	Preis in €
100 %	40
1 %	**0,40**
120 %	**48**

(: 100, · 120)

$W = 40\,€ \cdot \frac{120}{100} = \frac{40\,€ \cdot 120}{100} = \frac{4800}{100}\,€ = \mathbf{48\,€}$

b)

Anteil	Preis in €
100 %	50
1 %	**0,50**
130 %	**65**

(: 100, · 130)

$W = 50\,€ \cdot \frac{130}{100} = \frac{50\,€ \cdot 130}{100} = \frac{6500}{100}\,€ = \mathbf{65\,€}$

c)

Anteil	Preis in €
100 %	60
1 %	0,60
115 %	**69**

(: 100, · 115)

$W = G \cdot p\,\%$

$W = 60\,€ \cdot \frac{115}{100} = \frac{60\,€ \cdot 115}{100} = \frac{6900}{100}\,€ = \mathbf{69\,€}$

2 a)

Anteil	Preis in €
120 %	24
1 %	**0,20**
100 %	**20**

(: 120, · 100)

$G = 24\,€ \cdot \frac{100}{120} = \frac{24\,€ \cdot 100}{120} = \frac{2400}{120}\,€ = \mathbf{20\,€}$

b)

Anteil	Preis in €
150 %	60
1 %	**0,40**
100 %	**40**

(: 150, · 100)

$G = 60\,€ \cdot \frac{100}{150} = \frac{60\,€ \cdot 100}{150} = \frac{6000}{150}\,€ = \mathbf{40\,€}$

c)

Anteil	Preis in €
140 %	70
1 %	0,50
100 %	**50**

(: 140, · 100)

$G = 70\,€ \cdot \frac{100}{140} = \frac{70\,€ \cdot 100}{140} = \frac{7000}{140}\,€ = \mathbf{50\,€}$

Seite 135 ▶ Thema Vermehrter und verminderter Grundwert

3 a)

Anteil	Preis in €
100 %	320
1 %	**3,20**
55 %	**176**

(: 100, · 55)

$W = 320\,€ \cdot \frac{55}{100} = \frac{320\,€ \cdot 55}{100} = \frac{17\,600}{100}\,€ = \mathbf{176\,€}$

b)

Anteil	Preis in €
100 %	630
1 %	**6,30**
80 %	**504**

(: 100, · 80)

$W = 630\,€ \cdot \frac{80}{100} = \frac{630\,€ \cdot 80}{100} = \frac{50\,400}{100}\,€ = \mathbf{504\,€}$

Seite 135 ▶ Wissen — Vermehrter und verminderter Grundwert

3 ⇨ Fortsetzung

c)

	Anteil	Preis in €	
	100 %	50	
: 100			: 100
	1 %	0,50	
· 60			· 60
	60 %	**30**	

$W = G \cdot p\,\%$

$W = 50\,€ \cdot \frac{60}{100} = \frac{50\,€ \cdot 60}{100} = \frac{3000}{100}\,€ = \mathbf{30\,€}$

4 a)

	Anteil	Preis in €	
	70 %	210	
: 70			: 70
	1 %	**3**	
· 100			· 100
	100 %	**300**	

$G = 210\,€ \cdot \frac{100}{70} = \frac{210\,€ \cdot 100}{70} = \frac{21\,000}{70}\,€ = \mathbf{300\,€}$

b)

	Anteil	Preis in €	
	20 %	180	
: 20			: 20
	1 %	**9**	
· 100			· 100
	100 %	**900**	

$G = 180\,€ \cdot \frac{100}{20} = \frac{180\,€ \cdot 100}{20} = \frac{18\,000}{20}\,€ = \mathbf{900\,€}$

c)

	Anteil	Preis in €	
	90 %	72	
: 90			: 90
	1 %	0,80	
· 100			· 100
	100 %	**80**	

$G = 72\,€ \cdot \frac{100}{90} = \frac{72\,€ \cdot 100}{90} = \frac{7200}{90}\,€ = \mathbf{80\,€}$

Seite 136 ▶ Thema — Vermehrter und verminderter Grundwert

5 **a)** ① Flasche

	Anteil	Preis in €	
	100 %	10	
: 100			: 100
	1 %	0,10	
· 115			· 115
	115 %	**11,50**	

$W = 10\,€ \cdot \frac{115}{100} = \frac{10\,€ \cdot 115}{100} = \frac{1150}{100}\,€ = \mathbf{11{,}50\,€}$

② Tasse

	Anteil	Preis in €	
	100 %	6,80	
: 100			: 100
	1 %	0,068	
· 70			· 70
	70 %	**4,76**	

$W = 6{,}8\,€ \cdot \frac{70}{100} = \frac{6{,}8\,€ \cdot 70}{100} = \frac{476}{100}\,€ = \mathbf{4{,}76\,€}$

③ Glas

	Anteil	Preis in €	
	100 %	5	
: 100			: 100
	1 %	0,05	
· 125			· 125
	125 %	**6,25**	

$W = 5\,€ \cdot \frac{125}{100} = \frac{5\,€ \cdot 125}{100} = \frac{625}{100}\,€ = \mathbf{6{,}25\,€}$

④ Pralinen

	Anteil	Preis in €	
	100 %	4,25	
: 100			: 100
	1 %	0,0425	
· 80			· 80
	80 %	**3,40**	

$W = 4{,}25\,€ \cdot \frac{80}{100} = \frac{4{,}25\,€ \cdot 80}{100} = \frac{340}{100}\,€ = \mathbf{3{,}40\,€}$

Seite 136 ▶ Thema Vermehrter und verminderter Grundwert

5 ⇨ Fortsetzung

b) ① 11,50 € – 10 € = 1,50 € Man muss 1,50 € mehr bezahlen.
② 6,80 € – 4,76 € = 2,04 € Man muss 2,04€ weniger bezahlen.
③ 6,25 € – 5 € = 1,25 € Man muss 1,25 € mehr bezahlen.
④ 4,25 € – 3,40 € = 0,85 € Man muss 0,85€ weniger bezahlen.

c) Individuell. Beispiel: 15 % von 10 € sind $W = 10\,€ \cdot \frac{15}{100} = \frac{10\,€ \cdot 15}{100} = \frac{150}{100}\,€ = \mathbf{1{,}50\,€}$

10 € + 1,50 € = 11,50 €

Ja, Jana kann den neuen Preis so ausrechnen.

6 **a)** ① T-Shirt

Anteil	Preis in €
125 %	10
1 %	0,08
100 %	**8**

(: 125, · 100)

$G = 10\,€ \cdot \frac{100}{125} = \frac{10\,€ \cdot 100}{125} = \frac{1000}{125}\,€ = \mathbf{8\,€}$

② Teller

Anteil	Preis in €
60 %	15
1 %	0,25
100 %	**25**

(: 60, · 100)

$G = 15\,€ \cdot \frac{100}{60} = \frac{15\,€ \cdot 100}{60} = \frac{1500}{60}\,€ = \mathbf{25\,€}$

③ Hefter

Anteil	Preis in €
120 %	4,20
1 %	$\frac{4{,}2}{120} = \frac{42}{1200} = \frac{7}{200}$
100 %	$\frac{7 \cdot 100}{200} = \mathbf{3{,}50}$

(: 120, · 100)

$G = 4{,}2\,€ \cdot \frac{100}{120} = \frac{4{,}2\,€ \cdot 100}{120} = \frac{4200}{120}\,€ = \mathbf{3{,}5\,€}$

④ Gummibärchen

Anteil	Preis in €
85 %	2,55
1 %	$\frac{2{,}55}{85} = \frac{255}{8500} = \frac{3}{100}$
100 %	$\frac{3 \cdot 100}{100} = \mathbf{3}$

(: 85, · 100)

$G = 2{,}55\,€ \cdot \frac{100}{85} = \frac{2{,}55\,€ \cdot 100}{85} = \frac{255}{85}\,€ = \mathbf{3\,€}$

b) ① 10 € – 8 € = 2 € Man muss 2 € mehr bezahlen.
② 25 € – 15 € = 10 € Man muss 10 € weniger bezahlen.
③ 4,2 € – 3,5 € = 0,7 € Man muss 0,7 € mehr bezahlen.
④ 3 € – 2,55 € = 0,45 € Man muss 0,45 € weniger bezahlen.

c) Individuell. Beispiel:
Nein, Simon hat nicht recht. Da es sich um 25 % des früheren, geringeren Preises handelt, muss der Betrag weniger als 2,5 € betragen. Der alte Preis betrug 8 €, davon 25 % sind **2 €.**
Simon hat nicht gesehen, dass 10 € nicht der Grundwert, sondern der erhöhte Grundwert ist.

7 **a)**

Anteil	Preis in €
100 %	800
1 %	**8**
119 %	**952**

(: 100, · 119)

$W = 800\,€ \cdot \frac{119}{100} = \frac{800\,€ \cdot 119}{100} = \frac{95\,200}{100}\,€ = \mathbf{952\,€}$

b)

Anteil	Preis in €
100 %	350
1 %	**3,50**
119 %	**416,50**

(: 100, · 119)

$W = 350\,€ \cdot \frac{119}{100} = \frac{350\,€ \cdot 119}{100} = \frac{41\,650}{100}\,€ = \mathbf{416{,}50\,€}$

Seite 136 ▶ Thema **Vermehrter und verminderter Grundwert**

7 ⇨ Fortsetzung

c)

	Anteil	Preis in €	
	100 %	70	
: 100	1 %	**0,70**	: 100
· 119	119 %	**83,30**	· 119

$W = 70\,€ \cdot \frac{119}{100} = \frac{70\,€ \cdot 119}{100}$

$= \frac{8330}{100}\,€ = \mathbf{83{,}30\,€}$

8 ① Stifte

	Anteil	Preis in €	
	100 %	6	
: 100	1 %	0,06	: 100
· 119	119 %	**7,14**	· 119

$W = 6\,€ \cdot \frac{119}{100} = \frac{6\,€ \cdot 119}{100} = \frac{714}{100}\,€ = \mathbf{7{,}14\,€}$

② Block

	Anteil	Preis in €	
	100 %	2	
: 100	1 %	0,02	: 100
· 119	119 %	**2,38**	· 119

$W = 2\,€ \cdot \frac{119}{100} = \frac{2\,€ \cdot 119}{100} = \frac{238}{100}\,€ = \mathbf{2{,}38\,€}$

③ Heft

	Anteil	Preis in €	
	100 %	4	
: 100	1 %	0,04	: 100
· 119	119 %	**4,76**	· 119

$W = 4\,€ \cdot \frac{119}{100} = \frac{4\,€ \cdot 119}{100} = \frac{476}{100}\,€ = \mathbf{4{,}76\,€}$

④ Brotdose

	Anteil	Preis in €	
	100 %	5	
: 100	1 %	0,05	: 100
· 119	119 %	**5,95**	· 119

$W = 5\,€ \cdot \frac{119}{100} = \frac{5\,€ \cdot 119}{100} = \frac{595}{100}\,€ = \mathbf{5{,}95\,€}$

⑤ Trinkflasche

	Anteil	Preis in €	
	100 %	8	
: 100	1 %	0,08	: 100
· 119	119 %	**9,52**	· 119

$W = 8\,€ \cdot \frac{119}{100} = \frac{8\,€ \cdot 119}{100}$

$= \frac{952}{100}\,€ = \mathbf{9{,}52\,€}$

9 a)

	Anteil	Preis in €	
	119 %	476	
: 119	1 %	**4**	: 119
· 100	100 %	**400**	· 100

$G = 476\,€ \cdot \frac{100}{119} = \frac{476\,€ \cdot 100}{119} = \frac{47\,600}{119}\,€ = \mathbf{400\,€}$

b)

	Anteil	Preis in €	
	119 %	714	
: 119	1 %	**6**	: 119
· 100	100 %	**600**	· 100

$G = 714\,€ \cdot \frac{100}{119} = \frac{714\,€ \cdot 100}{119} = \frac{71\,400}{119}\,€ = \mathbf{600\,€}$

Seite 136 ▶ Thema Vermehrter und verminderter Grundwert

9 ⇨ Fortsetzung

c)

	Anteil	Preis in €	
	119 %	654,50	
: 119	1 %	$\frac{654{,}5}{119} = \frac{6545}{1190} = \frac{55}{10}$	: 119
· 100	100 %	$\frac{55 \cdot 100}{10} = \mathbf{550}$	· 100

$G = 654{,}50\,€ \cdot \frac{100}{119} = \frac{654{,}50\,€ \cdot 100}{119}$

$= \frac{65\,450}{119}\,€ = \mathbf{550\,€}$

Seite 137 ▶ Vermischte Übungen Prozentrechnung

1 a) Grundwert: 10 Schokoriegel
Prozentwert: 3 Schokoriegel

b) Prozentwert: 4 Stifte
Prozentsatz: 20 %

c) Grundwert: 20 Aufgaben Prozentsatz: 70 %

2 Individuelle Antworten

3 a)

	Anteil	Anzahl	
	100 %	150	
: 100	1 %	**1,50**	: 100
· 30	30 %	**45**	· 30

$W = \frac{150 \cdot 30}{100} = \frac{4500}{100} = \mathbf{45}$

b)

	Anzahl	Anteil	
	320	100 %	
: 320	8	$\frac{100\,\%}{329} = \frac{5}{16}\,\%$	: 320
· 48	48	$\frac{5 \cdot 48}{16}\,\% = \mathbf{15\,\%}$	· 48

$p\,\% = \frac{48}{320} = 0{,}15 = \mathbf{15\,\%}$

c)

	Anteil	Anzahl	
	11 %	55	
: 11	1 %	**5**	: 11
· 100	100 %	**500**	· 100

$W = \frac{55 \cdot 100}{11} = \frac{5500}{11} = \mathbf{500}$

d)

	Anzahl	Anteil	
	500	100 %	
: 500	1	0,2 %	: 500
· 130	130	**26 %**	· 130

$p\,\% = \frac{130}{500} = 0{,}26 = \mathbf{26\,\%}$

e)

	Anteil	Anzahl	
	100 %	160	
: 100	1 %	**1,60**	: 100
· 75	75 %	**120**	· 75

$W = 160 \cdot \frac{75}{100} = \frac{160 \cdot 75}{100} = \frac{12\,000}{100} = \mathbf{120}$

f)

	Anteil	Anzahl	
	12 %	198	
: 12	1 %	$\frac{198}{12} = \frac{19\,800}{1200} = \frac{165}{10}$	: 12
· 100	100 %	$\frac{165 \cdot 100}{10} = \mathbf{1650}$	· 100

$W = 198 \cdot \frac{100}{12} = \frac{198 \cdot 100}{12} = \frac{19\,800}{12} = \mathbf{1650}$

	Grundwert G	Prozentsatz p %	Prozentwert W
a)	150	30%	**45**
b)	320	**15 %**	48
c)	**500**	11%	55
d)	500	**26 %**	130
e)	160	75%	**120**
f)	**1650**	12%	198

Seite 137 ▶ Vermischte Übungen — Prozentrechnung

4 **a)** gegeben: p % = 75 %, G = 500 €, gesucht: W

$W = 500\,€ \cdot \frac{75}{100} = \frac{500\,€ \cdot 75}{100} = \frac{37\,500}{100}\,€ = \mathbf{375\,€}$

Antwort: 75 % von 500 € sind **375 €**.

b) gegeben: G = 500 €, W = 75 €, gesucht: p %

$p\,\% = \frac{75}{500} = 0{,}15 = \mathbf{15\,\%}$

Antwort: **15 %** von 500 € sind 75 €.

c) gegeben: p % = 20 %, W = 60 €, gesucht: G

$G = 60\,€ \cdot \frac{100}{20} = \frac{60\,€ \cdot 100}{20} = \frac{6000}{20}\,€ = \mathbf{300\,€}$

Antwort: 20 % von **300 €** sind 60 €.

d) gegeben: p % = 90 %, G = 2500 g, gesucht: W

$W = 2500\,g \cdot \frac{90}{100} = \frac{1500\,g \cdot 90}{100} = \frac{225\,000}{100}\,g = \mathbf{2250\,g}$

Antwort: 90 % von 2500 g sind **2250 g**.

e) gegeben: p % = 1 %, W = 11 ℓ, gesucht: G

$G = 11\,ℓ \cdot \frac{100}{1} = \frac{11\,ℓ \cdot 100}{1} = \frac{1100}{1}\,ℓ = \mathbf{1100\,ℓ}$

Antwort: 1 % von **1100 ℓ** sind 11 ℓ.

5 gegeben: G = 30 Schülerinnen und Schüler, p % = 40 %, gesucht: W

Anteil	Preis in €
100 %	30
1 %	0,30
40 %	**12**

(: 100, · 40 auf beiden Seiten)

$W = 30 \cdot \frac{40}{100} = \frac{30 \cdot 40}{100} = \frac{1200}{100} = \mathbf{12}$

Antwort: 12 Schülerinnen und Schüler haben einen Hund.

6 **a)** G = 300 €, p % = 35 %, gesucht: W
Wie viel hat Milan ausgegeben?

Anteil	Preis in €
100 %	300
1 %	3
35 %	**105**

(: 100, · 35 auf beiden Seiten)

$W = 300\,€ \cdot \frac{35}{100} = \frac{300\,€ \cdot 35}{100} = \frac{10\,500}{100}\,€ = \mathbf{105\,€}$

Antwort: Milan hat 105 € ausgegeben.

b) G = 500 €, W = 125 €, gesucht: p %
Welchen Prozentsatz hat Linus ausgegeben?

Preis in €	Anteil
500	100 %
1	0,2 %
125	**25 %**

(: 500, · 125 auf beiden Seiten)

$p\,\% = \frac{125}{500} = 0{,}25 = \mathbf{25\,\%}$

Antwort: Linus hat 25 % des Geldes ausgegeben.

c) gegeben: W = 12 €, p % = 40 %, gesucht: G
Wie viel Geld hatte Ben gespart?

Anteil	Preis in €
40 %	12
1 %	0,30
100 %	**30**

(: 40, · 100 auf beiden Seiten)

$G = 12\,€ \cdot \frac{100}{40} = \frac{12\,€ \cdot 100}{40} = \frac{1200}{40}\,€ = \mathbf{30\,€}$

Antwort: Ben hatte 30 € gespart.

7 **a)** G = 500 Schülerinnen und Schüler, p % = 20 %, gesucht: W

Anteil	Anzahl
100 %	500
1 %	5
20 %	**100**

(: 100, · 20 auf beiden Seiten)

$W = 500 \cdot \frac{20}{100} = \frac{500 \cdot 20}{100} = \frac{10\,000}{100} = \mathbf{100}$

Antwort: 100 Schülerinnen und Schüler fahren mit dem Rad zur Schule.

Seite 137 ► Vermischte Übungen — Prozentrechnung

7 ⇨ Fortsetzung

b) ① gegeben: G = 500 S.u.S., W (zu Fuß) = 200

	Anzahl	Anteil	
	500	100 %	
: 500			**: 500**
	1	0,2 %	
· 200			**· 200**
	200	**40 %**	

$p\,\% = \frac{200}{500} = 0{,}40 = \mathbf{40\,\%}$

Antwort: 40 % kommen zu Fuß.

② gegeben: G = 500 S.u.S., W (anders) = 75

	Anzahl	Anteil	
	500	100 %	
: 500			**: 500**
	1	0,2 %	
· 75			**· 75**
	75	**15 %**	

$p\,\% = \frac{75}{500} = 0{,}15 = \mathbf{15\,\%}$

Antwort: 15 % haben „anders" geantwortet.

c)

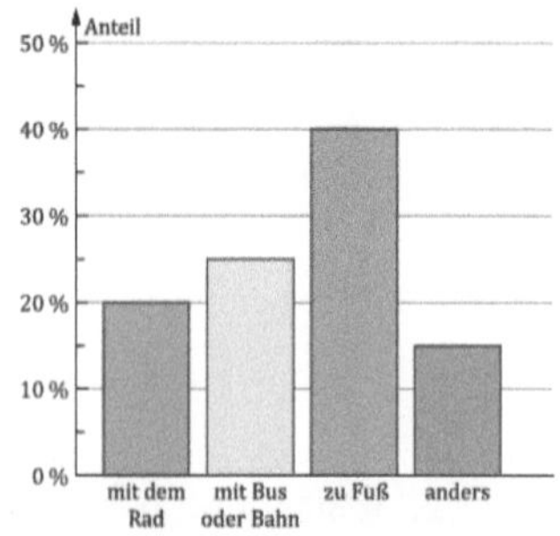

8 ① Frage:
Wie viel Gramm Zucker ist in dem Müsli?
gegeben: G = 500 g, p % = 40 %, gesucht: W

	Anteil	Gewicht in g	
	100 %	500	
: 100			**: 100**
	1 %	5	
· 40			**· 40**
	40 %	**200**	

$W = 500\text{ g} \cdot \frac{40}{100} = \frac{500\text{ g} \cdot 40}{100} = \frac{20\,000}{100}\text{ g} = \mathbf{200\text{ g}}$

Antwort: In dem Müsli sind 200 g Zucker.

② Frage: Wie lange hält der Akku, wenn er vollständig geladen ist?
gegeben: p % = 10 %, W = 20 Minuten, gesucht: G

	Anteil	Zeit in min	
	10 %	20	
: 10			**: 10**
	1 %	2	
· 100			**· 100**
	100 %	**200**	

$G = 20\text{ min} \cdot \frac{100}{10} = \frac{20\text{ min} \cdot 100}{10} = \frac{2000}{10}\text{ min} = \mathbf{200\text{ min}}$

Antwort: Der vollständig geladene Akku hält 200 Minuten (=3 Stunden und 20 Minuten).

Seite 138 ► Vermischte Übungen — Prozentrechnung

1 Der Prozentsatz...
...steht mit einem %-Zeichen.
...steht oft vor dem Wort „von".

Der Prozentwert...
...steht oft hinter „das sind".

Der Grundwert...
...steht oft zusammen mit „insgesamt".
...steht oft hinter dem Wort „von".

2 Individuelle Lösung

3 **a)**

	Anteil	Zeit in s	
	100 %	240	
: 100			**: 100**
	1 %	2,40	
· 35			**· 35**
	35 %	**84**	

$W = 240\text{ s} \cdot \frac{35}{100} = \frac{240\text{ s} \cdot 35}{100} = \frac{8400}{100}\text{ s} = \mathbf{84\text{ s}}$

b)

	Preis in €	Anteil	
	250	100 %	
: 250			**: 250**
	1	0,40 %	
· 45			**· 45**
	45	**18 %**	

$p\,\% = \frac{45}{250} = 0{,}18 = \mathbf{18\,\%}$

Seite 138 ▶ Vermischte Übungen ☒ Prozentrechnung

3 ⇨ Fortsetzung

c)

	Anteil	Gewicht in kg	
	32 %	208	
: 32	1 %	6,50	: 32
· 100	100 %	**650**	· 100

$G = 208\text{ kg} \cdot \frac{100}{32} = \frac{208\text{ kg} \cdot 100}{32} = \frac{20\,800}{32}\text{ kg} = \mathbf{650\text{ kg}}$

d)

	Anteil	Gewicht in g	
	100 %	1500	
: 100	1 %	15	: 100
· 65	65 %	**975**	· 65

$W = 1500\text{ g} \cdot \frac{65}{100} = \frac{1500\text{ g} \cdot 65}{100} = \frac{97\,500}{100}\text{ g} = \mathbf{975\text{ g}}$

e)

	Anteil	Zeit in min	
	44 %	572	
: 44	1 %	13	: 44
· 100	100 %	**1300**	· 100

$W = 572\text{ s} \cdot \frac{100}{44} = \frac{572\text{ s} \cdot 100}{44} = \frac{57\,200}{44}\text{ s} = \mathbf{1300\text{ s}}$

	Grundwert G	Prozentsatz p %	Prozentwert W
a)	240 s	35 %	**84 s**
b)	250 €	**18 %**	45 €
c)	**650 kg**	32 %	208 kg
d)	1500 g	65 %	**975 g**
e)	**1300 min**	44 %	572 min

4 **a)** gegeben: p % = 15 %, W = 6 min, gesucht: G

	Anteil	Zeit in min	
	15 %	6	
: 15	1 %	0,40	: 15
· 100	100 %	**40**	· 100

$G = 6\text{ min} \cdot \frac{100}{15} = \frac{6\text{ min} \cdot 100}{15} = \frac{600}{15}\text{ min} = \mathbf{40\text{ min}}$

b) gegeben: G = 20 min, W = 1 min, gesucht: p %

	Zeit in min	Anteil	
	20	100 %	
: 20	1	**5 %**	: 20

$p\,\% = \frac{1}{20} = 0{,}05 = \mathbf{5\,\%}$

c) gegeben: G = 30 min, p % = 40 %, gesucht: W

	Anteil	Zeit in min	
	100 %	30	
: 100	1 %	0,30	: 100
· 40	40 %	**12**	· 40

$W = 30\text{ min} \cdot \frac{40}{100} = \frac{30\text{ min} \cdot 40}{100}$

$= \frac{1200}{100}\text{ min} = \mathbf{12\text{ min}}$

5 **a)** gegeben: p % = 4 %; G = 500 kg, gesucht: W

$W = 500\text{ kg} \cdot \frac{4}{100} = \frac{500\text{ kg} \cdot 4}{100} = \frac{2000}{100}\text{ kg} = \mathbf{20\text{ kg}}$

b) gegeben: W = 16 €, G = 40 €, gesucht: p %

$p\,\% = \frac{16}{40} = 0{,}40 = \mathbf{40\,\%}$

c) gegeben: p % = 25 %; W = 2 ℓ, gesucht: G

$G = 2\,\ell \cdot \frac{100}{25} = \frac{2\,\ell \cdot 100}{25} = \frac{200}{25}\,\ell = \mathbf{8\,\ell}$

d) gegeben: p % = 95 %; G = 2500 g, gesucht: W

$W = 2500\text{ g} \cdot \frac{95}{100} = \frac{2500\text{ g} \cdot 95}{100} = \frac{237\,500}{100}\text{ g} = \mathbf{2375\text{ g}}$

Seite 138 ▶ Vermischte Übungen ☒ Prozentrechnung

6 **a)** ① Kohlenhydrate:
gegeben: G = 520 g, p % = 55 %, gesucht: W

	Anteil	Gewicht in g	
	100 %	520	
: 100	1 %	5,2	: 100
· 55	55 %	**286**	· 55

$W = 520\text{ g} \cdot \frac{55}{100} = \frac{520\text{ g} \cdot 55}{100} = \frac{28\,600}{100}\text{ g} = \mathbf{286\text{ g}}$

② Fett:
gegeben: G = 520 g, p % = 30 %, gesucht: W

	Anteil	Gewicht in g	
	100 %	520	
: 100	1 %	5,2	: 100
· 30	30 %	**156**	· 30

$W = 520\text{ g} \cdot \frac{30}{100} = \frac{520\text{ g} \cdot 30}{100} = \frac{15\,600}{100}\text{ g} = \mathbf{156\text{ g}}$

③ Eiweiß:
gegeben: G = 520 g, p % = 15 %, gesucht: W

	Anteil	Zeit in min	
	100 %	520	
: 100	1 %	5,2	: 100
· 15	15 %	**78**	· 15

$W = 520\text{ g} \cdot \frac{15}{100} = \frac{520\text{ g} \cdot 15}{100} = \frac{7800}{100}\text{ g} = \mathbf{78\text{ g}}$

Antwort: Laut Empfehlung sollte das Mittagessen 286 g Kohlenhydrate, 156 g Fett und 78 g Eiweiß enthalten.

b) W = 220 g; p % = 55 %, gesucht: G

	Anteil	Gewicht in g	
	55 %	220	
: 55	1 %	4	: 55
· 100	100 %	**400**	· 100

$G = 220\text{ g} \cdot \frac{100}{55} = \frac{220\text{ g} \cdot 100}{55} = \frac{22\,000}{55}\text{ g} = \mathbf{400\text{ g}}$

Antwort: Das Frühstück wiegt 400 g.

7 **a)** gegeben: W = 16, G = 20, gesucht: p %
Wie viel Prozent hat Adana richtig beantwortet?

	Punkte	Anteil	
	20	100 %	
: 20	1	5 %	: 20
· 16	16	**80 %**	· 16

$p\,\% = \frac{16}{20} = 0{,}80 = \mathbf{80\,\%}$

Antwort: Adana hat 80 % richtig beantwortet.

b) gegeben: G = 80, p % = 45 %, gesucht: W
Ab wann gab es die Note 4?

	Anteil	Punkte	
	100 %	80	
: 100	1 %	0,8	: 100
· 45	45 %	**36**	· 45

$W = 80\text{ P} \cdot \frac{45}{100} = \frac{80\text{ P} \cdot 45}{100} = \frac{3600}{100}\text{ P} = \mathbf{36\text{ P}}$

Antwort: Ab 36 Punkten gab es die Note 4.

c) gegeben: W = 114; p % = 95 %, gesucht: G. Wie viele Fragen hat der Onlinetest?

	Anteil	Fragen	
	95 %	114	
: 95	1 %	1,2	: 95
· 100	100 %	**120**	· 100

$G = 114 \cdot \frac{100}{95} = \frac{114 \cdot 100}{95} = \frac{11\,400}{95} = \mathbf{120}$

Antwort: Der Onlinetest hatte 120 Fragen.

Seite 138 ► Vermischte Übungen — Prozentrechnung

8

a) ① Sänger: G = 1200, p % = 15 %, gesucht: W

	Anteil	Personen	
	100 %	1200	
: 100	1 %	12	: 100
· 15	15 %	**180**	· 15

$W = 1200 \cdot \frac{15}{100} = \frac{1200 \cdot 15}{100} = \frac{18\,000}{100} = \mathbf{180}$

② Gitarristin: G = 1200, p % = 20 %, gesucht: W

	Anteil	Personen	
	100 %	1200	
: 100	1 %	12	: 100
· 20	20 %	**240**	· 20

$W = 1200 \cdot \frac{20}{100} = \frac{1200 \cdot 20}{100} = \frac{24\,000}{100} = \mathbf{240}$

③ Schlagz.: G = 1200, p % = 35 %, gesucht: W

	Anteil	Personen	
	100 %	1200	
: 100	1 %	12	: 100
· 35	35 %	**420**	· 35

$W = 1200 \cdot \frac{35}{100} = \frac{1200 \cdot 35}{100} = \frac{42\,000}{100} = \mathbf{420}$

④ Bassist: G = 1200, p % = 30 %, gesucht: W

	Anteil	Personen	
	100 %	1200	
: 100	1 %	12	: 100
· 30	30 %	**360**	· 30

$W = 1200 \cdot \frac{30}{100} = \frac{1200 \cdot 30}{100} = \frac{36\,000}{100} = \mathbf{360}$

b) ① Nichts: G = 1200, W = 480, gesucht: p %

	Personen	Anteil	
	1200	100 %	
: 1200	1	$\frac{1}{12}$ %	: 1200
· 480	480	**40 %**	· 480

$p\,\% = \frac{480}{1200} = 0{,}40 = \mathbf{40\,\%}$

② Schneller: G = 1200, W = 120, gesucht: p %

	Personen	Anteil	
	1200	100 %	
: 1200	1	$\frac{1}{12}$ %	: 1200
· 120	120	**10 %**	· 120

$p\,\% = \frac{120}{1200} = 0{,}10 = \mathbf{10\,\%}$

③ Englisch: G = 1200, W = 540, gesucht: p %

	Personen	Anteil	
	1200	100 %	
: 1200	1	$\frac{1}{12}$ %	: 1200
· 540	540	**45 %**	· 540

$p\,\% = \frac{540}{1200} = 0{,}45 = \mathbf{45\,\%}$

④ Keyboarder: G = 1200, W = 60, gesucht: p %

	Personen	Anteil	
	1200	100 %	
: 1200	1	$\frac{1}{12}$ %	: 1200
· 60	60	**5 %**	· 60

$p\,\% = \frac{60}{1200} = 0{,}05 = \mathbf{5\,\%}$

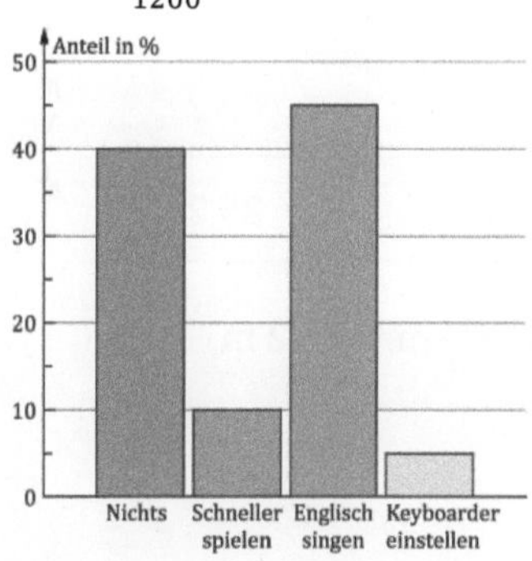

Seite 138 ► Vermischte Übungen ☒ Prozentrechnung

9 Verschiedene Lösungen möglich, z. B.:

a) Frage: Wie viele Spiele gehören der Kategorie Fantasie und wie viele der Kategorie Strategie an?

① Fantasie: G = 1600, p % = 50 %, gesucht: W

	Anteil	Spiele	
	100 %	1600	
: 100	1 %	16	: 100
· 50	50 %	**800**	· 50

$W = 1600 \cdot \frac{50}{100} = \frac{1600 \cdot 50}{100} = \frac{80\,000}{100} = \mathbf{800}$

② Strategie: G = 1600, p % = 30 %, gesucht: W

	Anteil	Spiele	
	100 %	1600	
: 100	1 %	16	: 100
· 30	30 %	**480**	· 30

$W = 1600 \cdot \frac{30}{100} = \frac{1600 \cdot 30}{100} = \frac{48\,000}{100} = \mathbf{480}$

Antwort: Es gibt 800 Fantasie- und 480 Strategiespiele.

b) Frage: Wie viele Minuten zeigte der Laptop beim Einschalten an? W = 192; p % = 32 %, gesucht: G

	Anteil	Zeit in min	
	32 %	192	
: 32	1 %	6	: 32
· 100	100 %	**600**	· 100

$G = 192\text{ min} \cdot \frac{100}{32} = \frac{192\text{ min} \cdot 100}{32} = \frac{19\,200}{32}\text{ min} = \mathbf{600\text{ min}}$

Antwort: Beim Einschalten zeigte der Laptop 600 Minuten an.

Seite 139 ► Vermischte Übungen ☒ Prozentrechnung

1 Individuelle Lösung

2 Individuelle Lösung

3 **a)**

	Anteil	Gewicht in kg	
	100 %	250	
: 100	1 %	2,5	: 100
· 65	65 %	**162,5**	· 65

$W = \frac{250\text{ kg} \cdot 100}{65} = \frac{25\,000}{65}\text{ kg} = \mathbf{162{,}5\text{ kg}}$

b)

	Länge in m	Anteil	
	3200	100 %	
: 3200	1	$\frac{1}{32}$ %	: 3200
· 400	400	**12,5 %**	· 400

$p\,\% = \frac{400}{3200} = 0{,}125 = \mathbf{12{,}5\,\%}$

c)

	Anteil	Zeit in min	
	12 %	810	
: 12	1 %	67,5	: 12
· 100	100 %	**6750**	· 100

$G = \frac{810\text{ min} \cdot 100}{12} = \frac{81\,000}{12}\text{ min} = \mathbf{6750\text{ min}}$

d)

	Anteil	Länge in m	
	100 %	42	
: 100	1 %	0,42	: 100
· 60	60 %	**25,2**	· 60

$W = \frac{42\text{ m} \cdot 60}{100} = \frac{2520}{100}\text{ m} = \mathbf{25{,}2\text{ m}}$

Seite 139 ► Vermischte Übungen ☒ Prozentrechnung

3 ⇨ Fortsetzung

e)

	Anteil	Zeit in min	
	15 %	450	
: 15	1 %	30	**: 15**
· 100	100 %	**3000**	**· 100**

$G = 450\text{ min} \cdot \frac{100}{15} = \frac{450\text{ min} \cdot 100}{15}$

$= \frac{45\,000}{15}\text{ min} = \mathbf{3000\text{ min}}$

	Grundwert G	Prozentsatz p %	Prozentwert W
a)	250 kg	65 %	**162,5 kg**
b)	3200 m	**12,5 %**	400 m
c)	**6750 min**	12 %	810 min
d)	42 m	60 %	**25,5 m**
e)	**3000 min**	15 %	450 min

4

a) ① Mädchen:
gegeben: G = 55, W = 11, gesucht: p %

	Personen	Anteil	
	55	100 %	
: 55	1	$\frac{20}{11}$ %	**: 55**
· 11	11	**20 %**	**· 11**

$p\,\% = \frac{11}{55} = 0{,}20 = \mathbf{20\,\%}$

② Jungen:
gegeben: G = 70, W = 49, gesucht: p %

	Personen	Anteil	
	70	100 %	
: 70	1	$\frac{10}{7}$ %	**: 70**
· 49	49	**70 %**	**· 49**

$p\,\% = \frac{49}{70} = 0{,}70 = \mathbf{70\,\%}$

Prozentual haben mehr Jungen eine Spielekonsole.

b) gegeben: G = 55 + 70 = 125 S.u.S.; W = 11 + 49 = 60 S.u.S., gesucht: p%

	Personen	Anteil	
	125	100 %	
: 125	1	0,8 %	**: 125**
· 60	60	**48 %**	**· 60**

$p\,\% = \frac{60}{125} = 0{,}48 = \mathbf{48\,\%}$

c) ① Mädchen:
gegeben: G = 60, p % = 40 %, gesucht: W

	Anteil	Personen	
	100 %	60	
: 100	1 %	0,6	**: 100**
· 40	40 %	**24**	**· 40**

$W = \frac{60 \cdot 40}{100} = \frac{2400}{100} = \mathbf{24}$

② Jungen:
gegeben: W = 45, p % = 60 %, gesucht: G

	Anteil	Personen	
	60 %	45	
: 60	1 %	0,75	**: 60**
· 100	100 %	**75**	**· 100**

$G = \frac{45 \cdot 100}{60} = \frac{4500}{60} = \mathbf{75}$

Seite 139 ► Vermischte Übungen ☒ Prozentrechnung

5 ①

25 Teilnehmende	
11 männlich ~~48~~ 44 %	14 weiblich ~~52~~ 56 %
Anstieg um ~~16~~ 20 % von 20 auf 25 zum letzten Jahr.	

②

25 Teilnehmende	
~~11~~ 12 männlich 48 %	~~14~~ 13 weiblich 52 %
Anstieg um 16 % von ~~20~~ 21 auf 25 zum letzten Jahr.	

6 ① 35 sind 7 % von 500 ② 8 sind 2 % von 400
③ 30 sind 10 % von 300 ④ 10 sind 5 % von 200

7 **a)** gegeben: W = 160, G = 112, gesucht: p %
Wie viel Prozent des Filmes sind schon vorbei?

	Zeit in min	Anteil	
	160	100 %	
: 160			**: 160**
	1	$\frac{100}{160}$ %	
· 112			**· 112**
	112	$\frac{100 \cdot 112}{160}$ % = $\frac{100 \cdot 7}{10}$ % = **70 %**	

$p\,\% = \frac{112}{160} = 0{,}70 = \mathbf{70\,\%}$
Antwort: 70 % des Filmes sind schon vorbei.

b) gegeben: W = 135, p % = 30 %, gesucht: G
Wie viele Punkte hatte Diandra?

	Anteil	Punkte	
	30 %	135	
: 30			**: 30**
	1 %	4,5	
· 100			**· 100**
	100 %	**450**	

$G = 135 \cdot \frac{100}{30} = \frac{135 \cdot 100}{30} = \frac{13\,500}{30} = \mathbf{450}$
Antwort: Diandra hatte 450 Punkte.

c) Frage: Wie viel kostet das Spiel?
① gegeben: G = 20, p % = 15 %, gesucht: W

	Anteil	Preis in €	
	100 %	20	
: 100			**: 100**
	1 %	0,20	
· 15			**· 15**
	15 %	**3**	

$G = 20 \cdot \frac{15}{100} = \frac{20 \cdot 15}{100} = \frac{300}{100} = \mathbf{3}$

② gegeben: G = 23 €; p % = 50 %, gesucht: W

	Anteil	Preis in €	
	100 %	23	
: 100			**: 100**
	1 %	0,23	
· 50			**· 50**
	50 %	**11,50**	

$G = 23 \cdot \frac{50}{100} = \frac{23 \cdot 50}{100} = \frac{1150}{100} = \mathbf{11{,}50}$

23 € – 11,50€ = 11,50 € Antwort: Das Computerspiel kostet 11,50 €.

8 **a)** ① Heute:
gegeben: G = 1500, p % = 17 %, gesucht: W

	Anteil	Personen	
	100 %	1500	
: 100			**: 100**
	1 %	15	
· 17			**· 17**
	17 %	**255**	

$W = 1500 \cdot \frac{17}{100} = \frac{1500 \cdot 17}{100} = \frac{25\,500}{100} = \mathbf{255}$

② Mittelalter:
gegeben: G = 1500, p % = 33 %, gesucht: W

	Anteil	Personen	
	100 %	1500	
: 100			**: 100**
	1 %	15	
· 33			**· 33**
	33 %	**495**	

$W = 1500 \cdot \frac{33}{100} = \frac{1500 \cdot 33}{100} = \frac{49\,500}{100} = \mathbf{495}$

Seite 139 ► Vermischte Übungen ☒ Prozentrechnung

8 ⇨ Fortsetzung

a) ③ Zukunft:
gegeben: G = 1500, p % = 40 %, gesucht: W

Anteil	Personen
100 %	1500
1 %	15
40 %	**600**

(: 100, dann · 40)

$W = 1500 \cdot \frac{40}{100} = \frac{1500 \cdot 40}{100} = \frac{60\,000}{100} = \mathbf{600}$

④ Antike:
gegeben: G = 1500, p % = 10 %, gesucht: W

Anteil	Personen
100 %	1500
1 %	15
10 %	**150**

(: 100, dann · 10)

$W = 1500 \cdot \frac{10}{100} = \frac{1500 \cdot 10}{100} = \frac{15\,000}{100} = \mathbf{150}$

b) ① Schmied:
gegeben: G = 1500, W = 386, gesucht: p %

Personen	Anteil
1500	100 %
1	$\frac{1}{15}$ %
386	$\frac{386}{15}$ % ≈ **26 %**

(: 1500, dann · 386)

$p\,\% = \frac{386}{1500} \approx 0{,}257 \approx \mathbf{26\,\%}$

② Ritter:
gegeben: G = 1500, W = 642, gesucht: p %

Personen	Anteil
1500	100 %
1	$\frac{1}{15}$ %
642	$\frac{642}{15}$ % ≈ **43 %**

(: 1500, dann · 642)

$p\,\% = \frac{642}{1500} \approx 0{,}428 \approx \mathbf{43\,\%}$

③ Zauberin:
gegeben: G = 1500, W = 245, gesucht: p %

Personen	Anteil
1500	100 %
1	$\frac{1}{15}$ %
245	$\frac{49}{3}$ % ≈ **16 %**

(: 1500, dann · 245)

$p\,\% = \frac{245}{1500} \approx 0{,}163 \approx \mathbf{16\,\%}$

④ Drache:
gegeben: G = 1500, W = 227, gesucht: p %

Personen	Anteil
1500	100 %
1	$\frac{1}{15}$ %
227	$\frac{227}{15}$ % ≈ **15 %**

(: 1500, dann · 227)

$p\,\% = \frac{227}{1500} \approx 0{,}151 \approx \mathbf{15\,\%}$

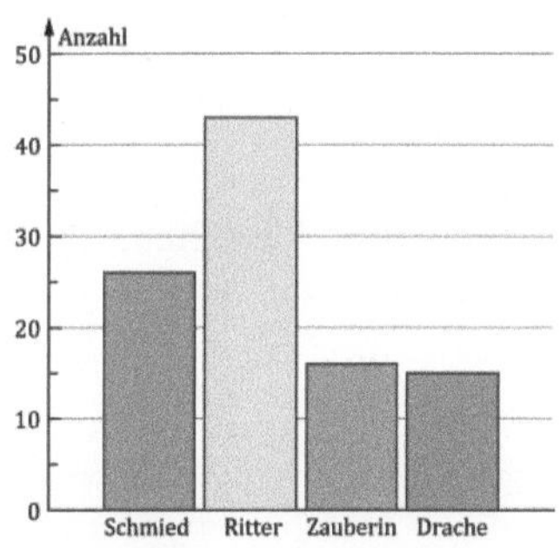

Seite 139 ▶ Vermischte Übungen ⊠ — Prozentrechnung

9 **a)** gegeben: G = 800, p % = 40 %, gesucht: W
Gibt es mehr Englisch- oder Deutschbücher?

	Anteil	Bücher	
	100 %	800	
: 100	1 %	8	: 100
· 40	40 %	**320**	· 40

$W = 800 \cdot \frac{40}{100} = \frac{800 \cdot 40}{100} = \frac{32\,000}{100} = \mathbf{320}$

Alternativ: Berechnung des Prozentsatzes der Deutschbücher (35 %).
Antwort: In dem Laden gibt es mehr Englisch- als Deutschbücher.

b) W = 150, p % = (100 % – 85 %) = 15 %, gesucht: G. Wie lang ist die gesamte Strecke?

	Anteil	Strecke in km	
	15 %	150	
: 15	1 %	10	: 15
· 100	100 %	**1000**	· 100

$G = \frac{150\text{ km} \cdot 100}{15} = \frac{15\,000}{15}\text{ km} = \mathbf{1000\ km}$

Antwort: Die gesamte Strecke ist 1000 km lang.

10 Angenommen der Pullover kostet 30 €.

①

	Anteil	Preis in €	
	100 %	30	
: 100	1 %	0,30	: 100
· 50	50 %	**15**	· 50

$W = 30\text{ €} \cdot \frac{50}{100} = \frac{30\text{ €} \cdot 50}{100} = \frac{1500}{100}\text{ €} = \mathbf{15\ €}$

30 € + 15 € = 45 €

②

	Anteil	Preis in €	
	100 %	45	
: 100	1 %	0,45	: 100
· 50	50 %	**22,50**	· 50

$W = 45\text{ €} \cdot \frac{50}{100} = \frac{45\text{ €} \cdot 50}{100} = \frac{2250}{100}\text{ €} = \mathbf{22{,}50\ €}$

Der Pullover kostet dann 22,50 €.

Ellies Aussage stimmt nicht.

Seite 140 ▶ Tieftauchen — Gerätebesitz von Jugendlichen

A Die meisten Mädchen besitzen ein Handy/Smartphone, eine feste Spielekonsole und einen Laptop. Die meisten Jungen besitzen ein Handy/Smartphone, einen Fernseher und einen Computer.

B gegeben: G = 2000 Jugendliche; W = 900 Mädchen, gesucht: p %

	Personen	Anteil	
	2000	100 %	
: 2000	1	0,05 %	: 2000
· 900	900	**45 %**	· 900

$p\,\% = \frac{900}{2000} = 0{,}45 = \mathbf{45\ \%}$

45 % der Befragten waren Mädchen.

C gegeben: G = 900; p % = 28 %, gesucht: W

	Anteil	Personen	
	100 %	900	
: 100	1 %	9	: 100
· 28	28 %	**252**	· 28

$W = 900 \cdot \frac{28}{100} = \frac{900 \cdot 28}{100} = \frac{25\,200}{100} = \mathbf{252}$

252 Mädchen haben ein Tablet.

Seite 140 ▶ Tieftauchen **Gerätebesitz von Jugendlichen**

D

	Anteil	Personen	
	100 %	1100	
: 100	1 %	11	: 100
· 54	54 %	**594**	· 54

gegeben: G = 1100; p % = 54 %, gesucht: W

$W = 1100 \cdot \frac{54}{100} = \frac{1100 \cdot 54}{100} = \frac{59\,400}{100} = \mathbf{594}$

594 Jungen haben einen Fernseher.

E

① gegeben: G = 900; p % = 54 %, gesucht: W

	Anteil	Personen	
	100 %	900	
: 100	1 %	9	: 100
· 54	54 %	**486**	· 54

$W = 900 \cdot \frac{54}{100} = \frac{900 \cdot 54}{100} = \frac{48\,600}{100} = \mathbf{486}$

② gegeben: G = 1100; p % = 41 %, gesucht: W

	Anteil	Personen	
	100 %	1100	
: 100	1 %	11	: 100
· 41	41 %	**451**	· 41

$W = 1100 \cdot \frac{41}{100} = \frac{1100 \cdot 41}{100} = \frac{45\,100}{100} = \mathbf{451}$

Es sind 486 Mädchen und 451 Jungen. Es haben mehr Mädchen als Jungen einen Laptop.

F

① gegeben: G = 1100; p % = 44 %, gesucht: W

	Anteil	Computer	
	100 %	1100	
: 100	1 %	11	: 100
· 44	44 %	**484**	· 44

$W = 1100 \cdot \frac{44}{100} = \frac{1100 \cdot 44}{100} = \frac{48\,400}{100} = \mathbf{484}$

② gegeben: G = 900; p % = 12 %, gesucht: W

	Anteil	Computer	
	100 %	900	
: 100	1 %	9	: 100
· 12	12 %	**108**	· 12

$W = 900 \cdot \frac{12}{100} = \frac{900 \cdot 12}{100} = \frac{10\,800}{100} = \mathbf{108}$

484 – 108 = 376 Es haben 376 mehr Jungen als Mädchen einen Computer.

G

① gegeben: G = 900; W = 252, gesucht: p %

	Personen	Anteil	
	900	100 %	
: 900	1	$\frac{1}{9}$ %	: 900
· 252	252	**28 %**	· 252

$p\,\% = \frac{252}{900} = 0{,}28 = \mathbf{28\,\%}$

② gegeben: G = 1100; W = 242, gesucht: p %

	Personen	Anteil	
	1100	100 %	
: 1100	1	$\frac{1}{11}$ %	: 1100
· 242	242	**22 %**	· 242

$p\,\% = \frac{242}{1100} = 0{,}22 = \mathbf{22\,\%}$

28 % der Mädchen und 22 % der Jungen besitzen eine tragbare Spielekonsole.

H

	Anteil	Personen	
	46 %	736	
: 46	1 %	16	: 46
· 100	100 %	**1600**	· 100

gegeben: W = 736; p % = 46 %, gesucht: G

$G = 736 \cdot \frac{100}{46} = \frac{736 \cdot 100}{46} = \frac{73\,600}{46} = \mathbf{1600}$

In der Schweiz wurden insgesamt 1600 Jugendliche befragt.

I Individuell

Seite 146 ▶ Wissen — Wiederholung: Absolute und relative Häufigkeiten

1 **a)** rot: 5 blau: 10 orange: 6 grün: 3 gelb: 1
b) $5 + 10 + 6 + 3 + 1 = 25$
c) rot: $\frac{5}{25} = \frac{20}{100} = 20\ \%$ blau: $\frac{10}{25} = \frac{40}{100} = 40\ \%$ orange: $\frac{6}{25} = \frac{24}{100} = 24\ \%$
grün: $\frac{3}{25} = \frac{12}{100} = 12\ \%$ gelb: $\frac{1}{25} = \frac{4}{100} = 4\ \%$

Seite 147 ▶ Üben — Wiederholung: Absolute und relative Häufigkeiten

1 **a)**

	1	2	3	4	5	6
absolute Häufigkeit	9	22	18	20	17	14

b) $9 + 22 + 18 + 20 + 17 + 14 = 100$ Emma hat 100-mal gewürfelt.
c)

	1	2	3	4	5	6
relative Häufigkeit	$\frac{9}{100} = 9\ \%$	$\frac{22}{100} = 22\ \%$	$\frac{18}{100} = 18\ \%$	$\frac{20}{100} = 20\ \%$	$\frac{17}{100} = 17\ \%$	$\frac{14}{100} = 14\ \%$

d) individuelle Lösungen (Als Kontrolle: die sechs relativen Häufigkeiten ergeben zusammen 100 %.)

2 4 von 20: $\frac{4}{20} = \frac{1}{5}$ und 2 von 10: $\frac{2}{10} = \frac{1}{5}$ 10 von 40: $\frac{10}{40} = \frac{1}{4}$ und 5 von 20: $\frac{5}{20} = \frac{1}{4}$

6 von 12: $\frac{6}{12} = \frac{1}{2}$ und 12 von 24: $\frac{12}{24} = \frac{1}{2}$4 von 80: $\frac{4}{80} = \frac{1}{20}$ und 2 von 40: $\frac{2}{40} = \frac{1}{20}$

3 **a)** Juri $\frac{3}{10} = \frac{6}{20}$ Leon $\frac{5}{20}$ Juri hat mehr Aufgaben falsch gelöst.
b) Ana $\frac{9}{15}$ Tim $\frac{4}{5} = \frac{12}{5}$ Tim hat mehr Tore geschossen.
c) 1. Lostopf $\frac{22}{25} = \frac{88}{100}$ 2. Lostopf $\frac{85}{100}$ Im 1. Lostopf sind mehr Nieten unter den Losen.

4

	Kästner-Schule	Goethe-Schule	Schiller-Schule
Schüler mit 2. Sprache	36	22	40
Schüler gesamt	300	200	400
relative Häufigkeit	$\frac{36}{300} = \frac{12}{100} = 12\ \%$	$\frac{22}{200} = \frac{11}{100} = 11\ \%$	$\frac{40}{400} = \frac{10}{100} = 10\ \%$

5 **a)** Finns Klasse: $4 + 5 + 3 + 8 = 20$ Schüler; Klaras Klasse: $4 + 7 + 8 + 6 = 25$ Schüler
b) Deutsch: $\frac{4}{20} = \frac{20}{100} = 20\ \%$ Mathe: $\frac{2}{20} = \frac{25}{100} = 25\ \%$
Englisch: $\frac{3}{20} = \frac{15}{100} = 15\ \%$ Sport: $\frac{8}{20} = \frac{40}{100} = 40\ \%$
c) Deutsch: $\frac{4}{25} = \frac{16}{100} = 16\ \%$ Mathe: $\frac{7}{25} = \frac{28}{100} = 28\ \%$
Englisch: $\frac{8}{25} = \frac{32}{100} = 32\ \%$ Sport: $\frac{6}{25} = \frac{24}{100} = 24\ \%$
d) Finn hat nicht recht. Die absolute Häufigkeit ist gleich, es antworten also gleich viele Schüler, dass sie Deutsch am Liebsten mögen. In Klaras Klasse gehen aber mehr Schüler als in Finns Klasse. Deswegen ist der Anteil (relative Häufigkeit) in Klaras Klasse kleiner als in Finns Klasse.

6 Luisa: $\frac{7}{10} = \frac{70}{100} = 70\ \%$
Jana: $\frac{15}{25} = \frac{60}{100} = 60\ \%$
Tania: $\frac{12}{20} = \frac{60}{100} = 20\ \%$
Luisa trifft am sichersten.

Seite 147 ▶ Üben – Wiederholung: Absolute und relative Häufigkeiten

7 100 % sind 10 getroffene Hütchen.
10 % ist 1 getroffenes Hütchen.
60 % sind 6 getroffene Hütchen.
Tom hat also 6-mal getroffen.

Seite 148 ▶ Üben – Wiederholung: Absolute und relative Häufigkeiten

1 **a)**

	1	2	3	4	5	6
absolute Häufigkeit	9	7	10	8	9	7

b) $9 + 7 + 10 + 8 + 9 + 7 = 50$ Nele hat 50-mal gewürfelt.

c)

	1	2	3	4	5	6
relative Häufigkeit	$\frac{9}{50} = \frac{18}{100} = 18\,\%$	$\frac{7}{50} = \frac{14}{100} = 14\,\%$	$\frac{10}{50} = \frac{20}{100} = 20\,\%$	$\frac{8}{50} = \frac{16}{100} = 16\,\%$	$\frac{9}{50} = \frac{18}{100} = 18\,\%$	$\frac{7}{50} = \frac{14}{100} = 14\,\%$

d) individuelle Lösungen (Als Kontrolle: die sechs relativen Häufigkeiten ergeben zusammen 100 %.)

2 **a)** Party A: $\frac{4}{20} = \frac{1}{5}$ Party B: $\frac{18}{36} = \frac{1}{2}$ Der Anteil der Mädchen auf Party B ist größer.
b) 1. Strauß: $\frac{8}{32} = \frac{1}{4}$ 2. Strauß: $\frac{9}{27} = \frac{1}{3}$ Der Anteil Rosen im 2. Strauß ist größer.

3 **a)** $\frac{12}{25} = \frac{48}{100} = 48\,\%$ **b)** $\frac{30}{60} = \frac{1}{2} = \frac{50}{100} = 50\,\%$ **c)** $\frac{4}{5} = \frac{80}{100} = 80\,\%$

4 **a)**

	Rhein-Schule	Weser-Schule
schlechte Beleuchtung	$\frac{100}{200} = \frac{50}{100} = 50\,\%$	$\frac{150}{300} = \frac{50}{100} = 50\,\%$
schlechte Bremsen	$\frac{80}{200} = \frac{40}{100} = 40\,\%$	$\frac{90}{300} = \frac{30}{100} = 30\,\%$
Klingel fehlt	$\frac{60}{200} = \frac{30}{100} = 30\,\%$	$\frac{60}{300} = \frac{20}{100} = 20\,\%$

b) Bei beiden Schulen beträgt der Anteil Fahrräder mit schlechter Beleuchtung 50 %. Der Anteil schlechter Bremsen und fehlender Klingeln ist an der Weser-Schule geringer als an der Rhein-Schule. Die relative Häufigkeit für schlechte Bremsen ist an der Rheinschule 40 %, an der Weser-Schule 30 %. Bei 20 % der Fahrräder an der Weser-Schule stellte die Polizei fest, dass die Klingel fehlt. An der Rhein-Schule beträgt dieser Anteil 30 %. Damit schneidet die Weser-Schule deutlich besser ab.

5 **a)** 10- bis 12-Jährige: 2013- bis 14-Jährige: 25
b)

	10- bis 12-Jährige	13- bis 14-Jährige
Comic	$\frac{5}{20} = \frac{25}{100} = 25\%$	$\frac{5}{25} = \frac{20}{100} = 20\,\%$
Natur	$\frac{10}{20} = \frac{50}{100} = 50\,\%$	$\frac{3}{25} = \frac{12}{100} = 12\,\%$
Sport	$\frac{3}{20} = \frac{15}{100} = 15\,\%$	$\frac{9}{25} = \frac{36}{100} = 36\,\%$
anderes	$\frac{2}{20} = \frac{10}{100} = 10\,\%$	$\frac{8}{25} = \frac{32}{100} = 32\,\%$

c) Diese Aussage ist nicht richtig. Da in beide Gruppen unterschiedlich viele Jugendliche befragt wurden, dürfen die absoluten Häufigkeiten nicht miteinander verglichen werden.
Nur die relativen Häufigkeiten dürfen verglichen werden. Dort erkennt man, dass unter den 10- bis 12-Jährigen Comics beliebter sind.

Seite 148 ▶ Üben ☒ Wiederholung: Absolute und relative Häufigkeiten

6 Cenk: $\frac{4}{5} = \frac{80}{100} = 80\ \%$ Max: $\frac{15}{20} = \frac{75}{100} = 75\ \%$ Oskar: $\frac{9}{10} = \frac{90}{100} = 90\ \%$
Oskar springt am zuverlässigsten über 3,50 m. Seine relative Häufigkeit beträgt 90 % und ist damit höher als die von Cenk und Max.

7 Jeder Zweite kommt mit dem Fahrrad. absolute Häufigkeit: 200 : 2 = 100
100 Schüler kommen mit dem Fahrrad. relative Häufigkeit: $\frac{100}{200} = \frac{50}{100} = 50\ \%$
Jeder Fünfte ist in einem Sportverein. absolute Häufigkeit: 200 : 5 = 40
40 Schüler sind in einem Sportverein. relative Häufigkeit: $\frac{40}{200} = \frac{20}{100} = 20\ \%$
Jeder Zehnte hat einen Schülerjob. absolute Häufigkeit: 200 : 10 = 20
20 Schüler haben einen Schülerjob. relative Häufigkeit: $\frac{20}{200} = \frac{10}{100} = 10\ \%$

Seite 149 ▶ Üben ☒ Wiederholung: Absolute und relative Häufigkeiten

1 a)

	1	2	3	4	5	6
absolute Häufigkeit	24	32	38	36	40	30

b)

	1	2	3	4	5	6
relative Häufigkeit	$\frac{24}{200} = \frac{12}{100}$ = 12 %	$\frac{32}{200} = \frac{16}{100}$ = 16 %	$\frac{38}{200} = \frac{19}{100}$ = 19 %	$\frac{36}{200} = \frac{18}{100}$ = 18 %	$\frac{40}{200} = \frac{20}{100}$ = 20 %	$\frac{30}{200} = \frac{15}{100}$ = 15 %

c) individuelle Lösungen (Als Kontrolle: die sechs relativen Häufigkeiten ergeben zusammen 100 %.)

2 Januar: $\frac{60}{80} = \frac{3}{4} = \frac{75}{100} = 75\ \%$ Februar: $\frac{40}{50} = \frac{80}{100} = 80\ \%$ März: $\frac{72}{120} = \frac{12}{20} = \frac{60}{100} = 60\ \%$
Die relative Häufigkeit der Siege war im Februar mit 80 % am größten und im März mit 60 % am kleinsten.

3 a) absolute Häufigkeiten:

	Museum	Zoo	Sprungraum	Schwimmbad
Amelies Klasse	3	7	6	4
Milans Klasse	2	7	10	6

b) Amelies Klasse: 20 Schüler Milans Klasse: 25 Schüler
c) relative Häufigkeiten:

	Museum	Zoo	Sprungraum	Schwimmbad
Amelies Klasse	$\frac{3}{20} = \frac{15}{100} = 15\ \%$	$\frac{7}{20} = \frac{35}{100} = 35\ \%$	$\frac{6}{20} = \frac{30}{100} = 30\ \%$	$\frac{4}{20} = \frac{20}{100} = 20\ \%$
Milans Klasse	$\frac{2}{25} = \frac{8}{100} = 8\ \%$	$\frac{7}{25} = \frac{28}{100} = 28\ \%$	$\frac{10}{25} = \frac{40}{100} = 40\ \%$	$\frac{6}{25} = \frac{24}{100} = 24\ \%$

d) Amelie hat nicht recht. Sie hat zum Vergleich die beiden absoluten Häufigkeiten genommen. Beide Klassen haben unterschiedlich viele Schüler, sodass sie nur die relativen Häufigkeiten miteinander vergleichen darf. Der Anteil Schüler, die in den Zoo wollen, ist in Amelies Klasse höher.

4 a) Hanna hat nicht beachtet, dass alle drei verschieden viele Versuche hatten. Um alle drei miteinander vergleichen zu können, muss sie die relative Häufigkeit berechnen. Diese gibt den Erfolg als Anteil an, welche sie dann miteinander vergleichen kann.
b) Hanna: $\frac{9}{15} = \frac{3}{5} = \frac{60}{100} = 60\ \%$ Jola: $\frac{9}{12} = \frac{3}{4} = \frac{75}{100} = 75\ \%$ Alina: $\frac{9}{10} = \frac{90}{100} = 90\ \%$
Alina schwimmt die 50 m am zuverlässigsten, da sie in 90 % schneller als 45 s war.

Seite 149 ▶ Üben ☒ Wiederholung: Absolute und relative Häufigkeiten

5 Trefferquote von TSV Rot-Weiß: $\frac{3}{10} = \frac{30}{100} = 30\,\%$
Trefferquote von SV Aktiv: $\frac{2}{5} = \frac{40}{100} = 40\,\%$
Das Spiel TSV Rot-Weiß gegen SV Aktiv ging 3:2 aus, also hat der TSV Rot-Weiß gewonnen und ist von daher die bessere Mannschaft. Trotz der schlechteren Trefferquote haben sie mehr Tore geschossen, weil sie sich auch mehr Chancen erspielt hatten.

6 **a)** Um die Gesamtzahl zu erhalten, musst du die Anzahl der erledigten Aufgaben und die Anzahl der fehlenden Aufgaben addieren. Die Gesamtzahl beträgt immer 25.
Montag: $\frac{5}{25} = \frac{20}{100} = 20\,\%$ Dienstag: $\frac{3}{25} = \frac{12}{100} = 12\,\%$ Mittwoch: $\frac{4}{25} = \frac{16}{100} = 16\,\%$
b) $\frac{12}{75} = \frac{4}{25} = \frac{16}{100} = 16\,\%$
c) Am Donnerstag dürfen maximal 12 % der Schüler oder 3 Schüler die Aufgaben nicht machen.
Da Frau Schneider sogar möchte, dass der Anteil weniger als 15 % ist, müssen weniger als 12 % der Schüler bzw. weniger als 3 Schüler die Aufgaben nicht machen.

7 **a)** „Jeder Vierte…" bedeutet, dass du die Anzahl aller Schülerinnen und Schüler in deiner Klasse durch 4 dividieren musst. Dann erhältst du die Anzahl der Personen in deiner Klasse, die sich (nach der Schlagzeile) zu wenig bewegen.
b) $7 \cdot 4 = 28$ In Cems Klasse sind 28 Schülerinnen und Schüler.
c) $\frac{4}{12} = \frac{1}{3}$ und $\frac{1}{3} > \frac{1}{4}$
In Merles Familie ist der Anteil der Personen, die sich zu wenig bewegen, größer als in der Schlagzeile.

Seite 150 ▶ Wissen Wiederholung: Zufall und Wahrscheinlichkeit

1 **a)** „Das Glücksrad drehen" ist ein Zufallsexperiment. Wenn du drehst, kannst du nicht beeinflussen oder vorhersagen, auf welchem Feld der Pfeil stehen bleibt. Du kennst alle möglichen Ergebnisse: blau, rot, grün. Das Glücksrad kannst du immer wieder drehen.
b) „Den Wochentag des 1. Mai herausfinden" ist kein Zufallsexperiment. Du kannst die Antwort vorhersagen, weil das Ergebnis im Kalender des Jahres festgelegt ist.

2

Anzahl der Drehungen	10	100	1000
absolute Häufigkeit für „grün"	4	19	254
relative Häufigkeit für „grün"	$\frac{4}{10} = 0{,}4 = 40\,\%$	$\frac{19}{100} = 0{,}19 = 19\,\%$	$\frac{254}{1000} = 0{,}254 = 25{,}4\,\%$

Die Wahrscheinlichkeit für grün kannst du auf 25 % schätzen.

Seite 151 ▶ Üben ☒ Wiederholung: Zufall und Wahrscheinlichkeit

1 **a)** Herz/rot, Kreis/blau, Stern/gelb **b)** grau, blau, grün, rot
c) 1, 2, 3, 4, 5, 6 **d)** gelb, rot, blau

2 **a)** „Das Glücksrad drehen" ist ein Zufallsexperiment, denn:
① Wenn du drehst, kannst du nicht beeinflussen oder vorhersagen, auf welchem Feld der Pfeil stehen bleibt.
② Du kennst alle möglichen Ergebnisse: blau, rot, grün, violett, gelb.
③ Das Glücksrad kannst du immer wieder drehen.
b) „Den Würfel werfen" ist für diesen Würfel kein Zufallsexperiment, wenn man davon ausgeht, dass alle Seiten rot sind.
① Wenn du den Würfel wirfst, dann kannst du vorhersagen, dass eine rote Fläche oben liegen wird.

Seite 151 ▶ Üben ◩ Wiederholung: Zufall und Wahrscheinlichkeit

3 Philip macht ein Zufallsexperiment, wenn er ohne hinzusehen eine Karte zieht.
① Er kann nicht beeinflussen oder vorhersagen, welches Bild auf der Karte ist, die er zieht.
② Er kennt alle möglichen Ergebnisse: Herz 10, Herz Bube, Herz Dame, Herz König, Herz As.
③ Wenn Philip die Karten zurück in den Stapel legt und mischt, kann er das Zufallsexperiment so oft wiederholen, wie er möchte.

4 **a)** Merle macht ein Zufallsexperiment.
Sie kann nicht beeinflussen oder vorhersagen, welches Bonbon sie zieht.
Sie kennt alle möglichen Ergebnisse: rot oder grün.
Wenn sie das gezogene Bonbon zurücklegt, kann sie das Zufallsexperiment so oft wiederholen, wie sie möchte.

b) Leon macht kein Zufallsexperiment.
Wenn er eine Silvester-Party feiert, kann er das Datum genau vorhersagen: 31.12. Es gibt auch nur ein mögliches Ergebnis, den 31.12.

c) Miriam macht ein Zufallsexperiment.
Sie kann nicht beeinflussen oder vorhersagen, ob sie richtig angekreuzt hat, weil sie nicht gelernt hat.
Sie weiß, dass ihr Kreuz entweder richtig oder falsch ist.
Dieses Zufallsexperiment könnte sie mit beliebig vielen Fragen so oft wiederholen, wie sie möchte.

5 **a)**

Anzahl der Ziehungen	10	20	30
Strichliste für rot	IIII	𝍸 𝍸 I	𝍸 𝍸 𝍸 I
absolute Häufigkeit	4	11	16
relative Häufigkeit	$\frac{4}{10} = 40\ \%$	$\frac{11}{20} = \frac{55}{100} = 55\ \%$	$\frac{16}{30} \approx \frac{53}{100} \approx 53\ \%$

b) Die Wahrscheinlichkeit für rot kannst du auf $\frac{1}{2} = 50\ \%$ schätzen.

c) z. B.: eine gelbe Kugel ziehen; eine schwarze Kugel ziehen

6 individuell; Beispiel:

a) Anzahl der Ziehungen	10	50	100
Strichliste für rot	IIII	𝍸 𝍸 𝍸 𝍸 𝍸 I	𝍸 𝍸 𝍸 𝍸 𝍸 𝍸 𝍸 𝍸 𝍸 IIII
b) absolute Häufigkeit	4	26	49
c) relative Häufigkeit	$\frac{4}{10} = 40\ \%$	$\frac{26}{50} = \frac{52}{100} = 52\ \%$	$\frac{49}{100} = 49\ \%$

d) Je häufiger die Münze geworfen wird, desto eher nähern sich die Ergebnisse einander an.

e) Die Wahrscheinlichkeit für „Zahl" kannst du auf 50 % schätzen.

7

Anzahl der Ziehungen	10	20	50	100
absolute Häufigkeit	7	15	34	66
a) relative Häufigkeit	$\frac{7}{10} = \frac{70}{100} = 70\ \%$	$\frac{15}{20} = \frac{75}{100} = 75\ \%$	$\frac{34}{50} = \frac{68}{100} = 68\ \%$	$\frac{66}{100} = 66\ \%$

b) Die Wahrscheinlichkeit kannst du auf 66 % schätzen.

Seite 152 ▶ Üben ☒ Wiederholung: Zufall und Wahrscheinlichkeit

1 **a)** Das Werfen einer Münze ist ein Zufallsexperiment, denn:
① Du kannst du nicht beeinflussen oder vorhersagen, welche Seite der Münze oben liegen wird.
② Du kennst alle möglichen Ergebnisse: Kopf oder Zahl (bzw. Wappen oder Zahl).
③ Die Münze kannst du immer wieder werfen.

b) Das Aussuchen der Lieblingssorte im Eisladen ist kein Zufallsexperiment, denn:
① Du kannst das Ergebnis beeinflussen und vorhersagen.

Seite 152 ▶ Üben ☒ Wiederholung: Zufall und Wahrscheinlichkeit

1 ⇨ Fortsetzung

c) Das Ziehen eines Bonbons ist ein Zufallsexperiment, denn:
① Du kannst nicht beeinflussen oder vorhersagen, was für ein Bonbon du erhältst.
② Du kennst alle möglichen Ergebnisse: Frucht oder Sahne.
③ Wenn du das gezogene Bonbon wieder in die Tüte zurücklegst, kannst du das Ziehen beliebig oft wiederholen.

d) Das Bestimmen des Nachfolgers einer Zahl ist kein Zufallsexperiment, denn:
① Du kannst das Ergebnis vorhersagen. Es ist eindeutig bestimmt.

2 **a)** „Den Würfel werfen“ ist ein Zufallsexperiment, weil:
① Du kannst nicht beeinflussen oder vorhersagen, welche Fläche oben erscheint.
② Du kennst alle möglichen Ergebnisse: 1, 2, 3, 4, 5, 6.
③ Du kannst den Würfel so oft werfen, wie du möchtest.

2 **b)** „Das Glücksrad drehen“ ist ein Zufallsexperiment, weil:
① Du kannst nicht beeinflussen oder vorhersagen, auf welcher Fläche der Pfeil stehen bleibt.
② Du kennst alle möglichen Ergebnisse: 1, 2, 3, 4, 5, 6, 7, 8, 9, 10.
③ Du kannst das Glücksrad so oft drehen, wie du möchtest.

c) „Eine Kugel ziehen“ ist ein Zufallsexperiment, weil:
① Du kannst nicht beeinflussen oder vorhersagen, welche Kugel du herausziehst.
② Du kennst alle möglichen Ergebnisse: 1, 2, 3, 4.
③ Du kannst die Kugeln so oft herausziehen, wie du möchtest, wenn du sie immer wieder zurücklegst.

d) „Eine Karte ziehen“ ist ein Zufallsexperiment, weil:
① Du kannst nicht beeinflussen oder vorhersagen, welche Karte du ziehst.
② Du kennst alle möglichen Ergebnisse: Herz 2, Herz 3, Herz 4, Herz 5, Herz 6.
③ Du kannst so oft eine Karte ziehen, wie du möchtest, wenn du die Karte wieder zurücklegst.
ALTERNATIV: Wenn man eine Karte zieht, wenn die Karten aufgedeckt sind, ist es kein Zufallsexperiment. Dann kannst du nämlich beeinflussen, welche Karte du ziehst.

3 ① Ben kann nicht beeinflussen oder vorhersagen, welches Gesicht auf seinem Los abgedruckt ist.
② Ben kennt beide möglichen Ergebnisse: ☺ und ☹.
③ Wenn er ein Los gezogen hat, kann er noch ein weiteres ziehen. Er kann das Zufallsexperiment also wiederholen.

4 **a)** Unmöglich: Der Spielwürfel hat nur die Zahlen 1 – 6 abgedruckt.
b) Möglich: Wenn du ausreichend geübt hast, kannst du eine Zwei schreiben.
c) Möglich: Wenn du einen Bleistift in deiner Federmappe hast, kann dieser auch angespitzt sein.
d) Sicher: In einem dieser drei Monate beginnen ganz sicher die Sommerferien.

5 **a)**

Anzahl der Würfe	10	50	80	100
absolute Häufigkeit für „3“	4	17	24	26
relative Häufigkeit für „3“	$\frac{4}{10} = 40\ \%$	$\frac{17}{50} = \frac{34}{100} = 34\ \%$	$\frac{24}{80} = \frac{3}{10} = 30\ \%$	$\frac{26}{100} = 26\ \%$

b) Die Wahrscheinlichkeit für „3“ kannst du auf 25 % schätzen.

6 **a)**, **b)**

Anzahl der Würfe	10	25	100
a) Strichliste für Zahl	𝍸	𝍸 𝍸 II	𝍸 𝍸 𝍸 𝍸 𝍸 𝍸 𝍸 𝍸 I
absolute Häufigkeit	5	12	41
b) relative Häufigkeit	$\frac{5}{10} = 50\ \%$	$\frac{12}{25} = \frac{48}{100} = 48\ \%$	$\frac{41}{100} = 41\ \%$

c) –

d) Die Wahrscheinlichkeit für „Kopf“ kannst du auf 40 % schätzen.

Seite 152 ▶ Üben ☒ Wiederholung: Zufall und Wahrscheinlichkeit

7 **a)** Zu ① passen die Ergebnisse von B. Zu ② passen die Ergebnisse von A. Beim Quader ist die pinke Fläche am kleinsten, deswegen liegt diese Fläche am seltensten oben. Anders bei der Schale: Dort gibt es mehr pinke Kugeln als grüne, weswegen diese auch viel öfter gezogen werden.

b) In der Schale sind 3 pinke Kugeln bei 5 Kugeln insgesamt. Da mehr als die Hälfte Kugeln pink ist, muss auch die Wahrscheinlichkeit die pinke zu ziehen größer als $\frac{1}{2}$ bzw. 50 % sein.

Die Wahrscheinlichkeit beträgt 3 zu 5 bzw. $\frac{3}{5} = 0{,}6 = 60\ \%$

Seite 153 ▶ Üben ☒ Wiederholung: Zufall und Wahrscheinlichkeit

1 **a)** „Diesen Würfel werfen" ist ein Zufallsexperiment, weil:
① Du kannst nicht beeinflussen oder vorhersagen, welche Fläche oben erscheint.
② Du kennst alle möglichen Ergebnisse: 1, 2, 3, 4, 5, 6.
③ Du kannst den Würfel so oft werfen, wie du möchtest.

b) Der Mathelehrer macht ein Zufallsexperiment, weil:
① Er kann nicht beeinflussen oder vorhersagen, welchen Namen er zieht.
② Er kennt alle möglichen Ergebnisse: Kim, Nina, Cem.
③ Er kann beliebig oft einen Zettel ziehen.

c) Das ist kein Zufallsexperiment.
Du kannst genau vorhersagen, dass du ein Kirschbonbon aus dieser Tüte ziehen wirst.

d) Wenn du dir deine Lieblingspizza aussuchst, ist es kein Zufallsexperiment. Es ist dann ein Zufallsexperiment, wenn du mit deinem Finger über alle Sorten fährst und ein anderer, der die Speisekarte nicht sehen kann, „Stopp" ruft, weil:
① Du kannst das Ergebnis nicht beeinflussen oder vorhersagen.
② Du kennst alle möglichen Ergebnisse, weil sie auf der Speisekarte abgedruckt sind.
③ Du kannst dieses Experiment beliebig oft wiederholen.

2 Beispiele:
a) Auf einem Spielwürfel sind jeweils 2 Seiten rot, grün und blau gefärbt. Du wirfst diesen Würfel.
In einer Schüssel sind rote, grüne und blaue Kugeln. Du ziehst eine Kugel.

b) Alle Schüler und Schülerinnen einer Klasse versammeln sich im Kreis. Eine Person steht in der Mitte und dreht sich langsam. Eine zweite Person sagt mit geschlossenen Augen „Stopp" und rät.

c) Auf Karten stehen die Ziffern 1 bis 4. Eine Karte wird gezogen.
Ein Glücksrad hat vier gleich große Felder mit den Zahlen von 1 bis 4. Das Glücksrad wird gedreht.

3 Beispiele:
a) Unmöglich: Eine grüne Kugel wird gezogen.
Möglich: Eine rote Kugel wird gezogen.
Sicher: Die gezogene Kugel ist nicht gelb.

b) Unmöglich: Der Magnet landet auf einer gelben Fläche.
Möglich: Der Magnet landet auf der roten runden Fläche.
Sicher: Der Magnet landet wieder.

4 **a)**

Anzahl der Drehungen	20	50	80	100
absolute Häufigkeit für „Herz"	11	26	44	62
relative Häufigkeit für „Herz"	$\frac{11}{20} = \frac{55}{100} = 55\ \%$	$\frac{26}{50} = \frac{52}{100} = 52\ \%$	$\frac{44}{80} = \frac{55}{100} = 55\ \%$	$\frac{62}{100} = 62\ \%$

Seite 153 ► Üben ☒ Wiederholung: Zufall und Wahrscheinlichkeit

4 ⇨ Fortsetzung

b) Die relative Häufigkeit steigt mit zunehmender Anzahl an Drehungen an.

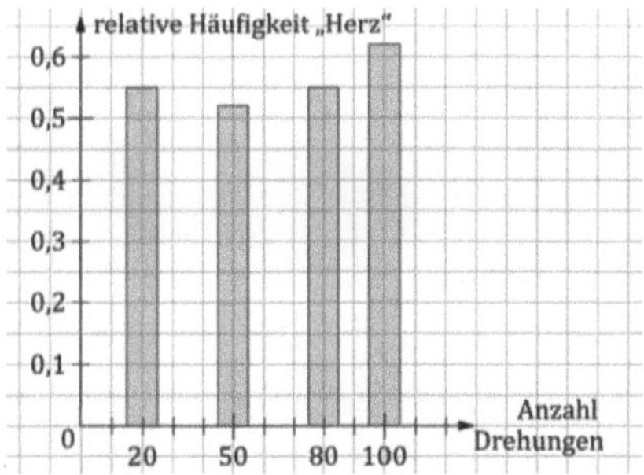

c) Geschätzt liegt die Wahrscheinlichkeit bei etwa 60 %.

5 **a)** Klinge, flache Rückseite, geriffelte Seitenfläche (2-mal), Seitenfläche mit Loch, schmale Seitenfläche

b) Beispiel:

Anzahl der Würfe	20	50	100
absolute Häufigkeit	16	39	84
c) relative Häufigkeit	$\frac{16}{20} = \frac{80}{100} = 55\ \%$	$\frac{39}{50} = \frac{78}{100} = 78\ \%$	$\frac{84}{100} = 84\ \%$

Diagramm individuell

d) Individuell

6 **a)** ① 1, 2, 3, 4 ② 1, 2, 3, 4, 5, 6 ③ 1, 2, 3

b) ① gehört zu ①, weil in $\frac{1}{4}$ ($= \frac{25}{100} = 25\ \%$) der Fälle die gezogene Kugel eine 3 ist und die relative Wahrscheinlichkeit von 28 % am ehesten dazu passt.

② gehört zu ②, weil in $\frac{1}{6}$ ($\approx \frac{17}{100} \approx 17\ \%$) der Fälle eine 3 fällt und die relative Wahrscheinlichkeit von 25 % am ehesten dazu passt.

③ gehört zu ③, weil in $\frac{1}{3}$ ($\approx \frac{33}{100} \approx 33\ \%$) der Fälle eine 3 angezeigt wird und die relative Wahrscheinlichkeit von 31 % am ehesten dazu passt.

c) Am wahrscheinlichsten ist das Ergebnis „4“ im Versuch ①. Dort gibt es nur vier mögliche Ergebnisse, beim Würfel gibt es sechs mögliche Ergebnisse. Auf dem Glücksrad hingegen gibt es keine 4.

d) z.B. in ① gleiche Zahlen auf den Kugeln; in ② alle Flächen des Würfels mit der gleichen Farbe überkleben, sodass man auch keine Zahlen sieht; in ③ gleiche Zahl und Farbe in den Feldern

7 Das Diagramm zeigt die relative Häufigkeit für eine steigende Anzahl an Versuchen. Am Anfang schwankt der Wert für die relative Häufigkeit noch sehr, nähert sich bei mehr als 500 Versuchen immer mehr dem Wert 10 %.
Ein Zufallsexperiment wäre ein Glücksrad mit 10 Feldern, bei dem eines ein Gewinnfeld ist ODER eine Schale mit 10 Kugeln, bei der eine Kugel eine Gewinnkugel ist.

8

Anzahl der Ziehungen	50	100	500	1000
absolute Häufigkeit Buntstifte	8	22	102	198
a) relative Häufigkeit Buntstifte	$\frac{8}{50} = \frac{16}{100}$ $= 16\ \%$	$\frac{16}{100} = 22\ \%$	$\frac{102}{500} = \frac{204}{1000}$ $= 20{,}4\ \%$	$\frac{198}{1000}$ $= 19{,}8\ \%$

Die Werte für die relative Häufigkeit nähern sich dem Wert 20 %.

b) Wenn 20 % der Stifte Buntstifte sind, dann sind 80 % Filzstifte. Bei 10 Stiften in der Box kannst du also 8 Filzstifte vermuten.

Seite 154 ▶ Thema Zufallsexperimente durchführen

1 **a)** Individuell unterschiedliche Strichlisten
b) Position C wird wahrscheinlich am häufigsten vorkommen, Position A etwas seltener, Position B ist eher unwahrscheinlich.

2 **a), b)** Individuell unterschiedliche Strichlisten
c) Zahl und Wappen sollten ungefähr gleich häufig vorkommen.
d) Sophie hat recht. „Die Chance für Zahl steht 50 zu 50" bedeutet eine Wahrscheinlichkeit von $\frac{1}{2}$.

3 Bei Möglichkeit 1 deckt Maxim die Schüssel nicht zu. Er kann also bestimmen und vorhersagen, welchen Chip er zieht. Deshalb ist Möglichkeit 1 kein Zufallsexperiment.
Möglichkeit 2 ist ein Zufallsexperiment, weil Maxim nicht vorhersagen kann, welchen Chip er zieht.

Seite 155 ▶ Thema Zufallsexperimente durchführen

4 **a), b)** Individuell unterschiedliche Strichlisten
c) Jede Farbe sollte ungefähr gleich häufig vorkommen.
d) Die Anzahlen sollten in etwa gleich groß sein.

5 **a)** Die Person mit Aufgabe A wird häufiger die 1 als Ergebnis bekommen, weil die beiden Flächen mit der 1 größer sind als die Flächen mit der 2 oder 3. Die Person mit Aufgabe B wird häufiger die 3 als Ergebnis bekommen. Alle drei Zettel sind gleich groß und werden mit der gleichen Wahrscheinlichkeit $\frac{1}{3}$ gezogen.
b) Individuell unterschiedliche Strichlisten
c) Individuelle Antworten und Erklärungen
d) Egal wie häufig Jella diesen Versuch durchführt, die Wahrscheinlichkeit für eine der Ziffern ändert sich nicht. Die Wahrscheinlichkeit für jede einzelne Zahl bleibt bei jedem Ziehen bei $\frac{1}{3}$.

6 **a)** In eurer Strichliste sollten die Augensummen von 2 bis 12 vorkommen:

Augenzahl	2	3	4	5	6	7	8	9	10	11	12
Striche											
Anzahl der Striche											

b) Individuelle Vermutungen und Begründungen
c) Individuell unterschiedliche Strichlisten
d) Am häufigsten wird wahrscheinlich die Augensumme 7 gewürfelt. Denn die 7 ergibt sich bei sechs Paaren: (1; 6), (2; 5), (3; 4), (4; 3), (5; 2), (6; 1). Alle anderen Zahlen lassen sich nur durch weniger Paare würfeln.

Seite 156 ▶ Wissen Wiederholung: Laplace-Experimente

1 **a)** Dieses Experiment ist ein Laplace-Experiment, weil die Stifte alle gleich sind und sich nur in ihrer Farbe unterscheiden.
Jedes Ergebnis (jeder Stift) hat die gleiche Wahrscheinlichkeit, gezogen zu werden.
b) $P(\text{blauer Stift}) = \frac{1}{5}$

2 $P(\text{grüner oder gelber Stift}) = \frac{2}{5} = 0{,}4 = 40\ \%$

Seite 157 ▶ Üben ◪ **Wiederholung: Laplace-Experimente**

1 **a)** „Eine Kugel aus dieser Kiste ziehen" ist ein Laplace-Experiment, weil alle Ergebnisse gleich wahrscheinlich sind (die Kugeln sind äußerlich gleich).

b) „Diesen Anspitzer werfen" ist kein Laplace-Experiment, weil nicht alle Ergebnisse gleich wahrscheinlich sind (die Seitenflächen sind unterschiedlich groß).

c) „Das Glücksrad drehen" ist ein Laplace-Experiment, weil alle Ergebnisse gleich wahrscheinlich sind. Die Teilflächen (Sektoren) sind alle gleich groß.

d) „Den Dominostein werfen" ist kein Laplace-Experiment, weil nicht alle Ergebnisse gleich wahrscheinlich sind (die Seitenflächen sind unterschiedlich groß).

2 **a)** Mögliche Ergebnisse: 1, 2, 3, 4, 5, 6. Das sind 6 mögliche Ergebnisse.
$P(4) = \frac{1}{6}$

b) Mögliche Ergebnisse: rot, gelb, grün. Das sind 3 mögliche Ergebnisse.
$P(\text{grün}) = \frac{1}{3}$

c) Mögliche Ergebnisse: Herz 2, Herz 3, Herz 4, Herz 5, Herz 6. Das sind 5 mögliche Ergebnisse.
$P(\text{Herz } 5) = \frac{1}{5}$

d) Mögliche Ergebnisse: 10, 11, 12, 13, 14, 15, 16, 17, 18, 19, 20. Das sind 11 mögliche Ergebnisse.
$P(13) = \frac{1}{11}$

3 Wenn ich eine Münze werfe, dann sind **2** Ergebnisse möglich: Wappen und **Zahl**.
Die Ergebnisse sind gleich **wahrscheinlich**, also ist es ein **Laplace-Experiment**.
Die Wahrscheinlichkeit für Wappen ist $\mathbf{\frac{1}{2}}$.

4 **a)** Es sind 10 Ergebnisse möglich (Zahlen 1 bis 10 auf den Kugeln).
Es gibt 10 Kugeln. Diese unterscheiden sich in 3 Farben.

b) ① $P(\text{blaue Kugel}) = \frac{1}{10}$ ② $P(\text{gelbe Kugel}) = \frac{5}{10} = \frac{1}{2}$ ③ $P(\text{rote Kugel}) = \frac{4}{10} = \frac{2}{5}$

④ $P(\text{rote oder gelbe Kugel}) = \frac{9}{10}$ ⑤ $P(\text{keine rote Kugel}) = \frac{6}{10} = \frac{3}{5}$ ⑥ $P(\text{weiße Kugel}) = 0$

5 **a)** Ereignis: eine 3 oder eine 4
2 günstige Ergebnisse: 3; 4
$P(\text{eine 3 oder eine 4}) = \frac{2}{6} = \frac{1}{3}$

b) Ereignis: eine gerade Zahl
3 günstige Ergebnisse: 2; 4; 6
$P(\text{eine gerade Zahl}) = \frac{3}{6} = \frac{1}{2}$

c) Ereignis: eine Zahl größer als 3
(Achtung:Bei „größer als 3" zählt die 3 nicht mit.)
3 günstige Ergebnisse: 4; 5; 6
$P(\text{eine Zahl größer als 3}) = \frac{3}{6} = \frac{1}{2}$

d) Ereignis: eine Zahl kleiner als 2
1 günstiges Ergebnis: 1
$P(\text{eine Zahl kleiner als 2}) = \frac{1}{6}$

e) Ereignis: mindestens eine 4
(Achtung: Bei „mindestens eine 4" zählt die 4 mit.)
3 günstige Ergebnisse: 4; 5; 6
$P(\text{mindestens eine 4}) = \frac{3}{6} = \frac{1}{2}$

f) Ereignis: höchstens eine 1
(Achtung: Bei „höchstens eine 1" ist der größte Wert 1.)
1 mögliches Ergebnis: 1
$P(\text{höchstens eine 1}) = \frac{1}{6}$

6 gegeben: Anzahl der Jungen in der Klasse: 12
Anzahl der Mädchen in der Klasse: 18
In der Klasse sind 18 + 12 = 30 Schülerinnen und Schüler.
$P(\text{Junge}) = \frac{12}{30} = \frac{2}{5}$

Seite 157 ▶ Üben Wiederholung: Laplace-Experimente

7 gegeben: Anzahl der Nieten: 120
Anzahl der Trostpreise: 70
Anzahl der Hauptgewinne: 10

a) Im Eimer befinden sich $120 + 70 + 10 = 200$ Lose.

b) ① $P(\text{Hauptgewinn}) = \frac{10}{200} = \frac{1}{20}$ ② $P(\text{Trostpreis}) = \frac{70}{200} = \frac{7}{20}$

③ $P(\text{Niete}) = \frac{120}{200} = \frac{12}{20} = \frac{3}{5}$

Seite 158 ▶ Üben Wiederholung: Laplace-Experimente

1 **a)** „Eine Münze werfen" ist ein Laplace-Experiment, weil alle Ergebnisse gleich wahrscheinlich sind (die Seitenflächen sind gleich groß).

b) „Diese Spielfigur werfen" ist kein Laplace-Experiment, weil nicht alle Ergebnisse gleich wahrscheinlich sind (die Spielfigur wird öfter auf der Seite liegen als stehen).

c) „Einen Radiergummi werfen" ist kein Laplace-Experiment, weil nicht alle Ergebnisse gleich wahrscheinlich sind (die Seitenflächen sind unterschiedlich groß).

d) „Einen Tetraeder-Würfel werfen" ist ein Laplace-Experiment, weil alle Ergebnisse gleich wahrscheinlich sind (die Seitenflächen sind gleich groß).

2 **a)** ① „Den Würfel werfen" ist ein Laplace-Experiment, weil alle Ergebnisse gleich wahrscheinlich sind (die Seitenflächen sind gleich groß).
② „Den Quader werfen" ist kein Laplace-Experiment, weil nicht alle Ergebnisse gleich wahrscheinlich sind (die Seitenflächen sind unterschiedlich groß).
③ „Den Zylinder werfen" ist kein Laplace-Experiment, weil nicht alle Ergebnisse gleich wahrscheinlich sind (die Seitenflächen sind unterschiedlich groß).

b) ③

c) Auf dem Zylinder hat die Fläche mit der 1 den größten Anteil von allen Flächen.
Deswegen ist hier die Wahrscheinlichkeit am größten, eine 1 zu werfen.

3 **a)** Für ein Laplace-Experiment ist nur die Größe der Felder wichtig. Wenn alle gleich groß sind, ist es ein Laplace-Experiment. Die Reihenfolge der Beschriftung spielt keine Rolle.

b) $P(3) = \frac{1}{8}$; $P(8) = \frac{1}{8}$

4 Die Namen der Würfel gehen auf die griechischen Zahlen zurück: hexa = 6, okta = 8, dodeka = 12.

a) ① 1, 2, 3, 4, 5, 6
② 1, 2, 3, 4, 5, 6, 7, 8
③ 1, 2, 3, 4, 5, 6, 7, 8, 9, 10, 11, 12

b) ① $\frac{1}{6}$ – Es gibt 6 mögliche Ergebnisse. Die Wahrscheinlichkeit für ein Ergebnis beträgt $\frac{1}{6}$.
② $\frac{1}{8}$ – Es gibt 8 mögliche Ergebnisse. Die Wahrscheinlichkeit für ein Ergebnis beträgt $\frac{1}{8}$.
③ $\frac{1}{12}$ – Es gibt 12 mögliche Ergebnisse. Die Wahrscheinlichkeit für ein Ergebnis beträgt $\frac{1}{12}$.

5 **a)** Ereignis: eine gerade Zahl — 5 günstige Ergebnisse: 2; 4; 6; 8; 10
$P(\text{eine gerade Zahl}) = \frac{5}{10} = \frac{1}{2} = \frac{50}{100} = 0{,}50 = 50\ \%$

b) Ereignis: eine durch 3 teilbare Zahl — 3 günstige Ergebnisse: 3; 6; 9
$P(\text{eine durch 3 teilbare Zahl}) = \frac{3}{10} = \frac{30}{100} = 0{,}30 = 30\ \%$

c) Ereignis: keine 4 — 9 günstige Ergebnisse: 1; 2; 3; 5; 6; 7; 8; 9; 10
$P(\text{keine 4}) = \frac{9}{10} = \frac{90}{100} = 0{,}90 = 90\ \%$

Seite 158 ▶ Üben ☒ Wiederholung: Laplace-Experimente

5 ⇨ Fortsetzung

d) Ereignis: eine Zahl größer als 6 4 günstige Ergebnisse: 7; 8; 9; 10

P(eine Zahl größer als 6) $= \frac{4}{10} = \frac{2}{5} = \frac{40}{100} = 0{,}40 = 40\ \%$

e) Ereignis: eine Zahl aus der 12er Reihe 0 günstige Ergebnisse: -

P(eine Zahl aus der 12er Reihe) = 0 = 0 %

6 **a)** 130 + 120 + 180 + 70 = 500

Es sind 500 Schülerinnen und Schüler an dieser Schule.

b) ① P(Fahrrad) $= \frac{180}{500} = \frac{9}{25} = \frac{36}{100} = 36\ \%$ ② P(Bus oder Auto) $= \frac{130 + 70}{500} = \frac{200}{500} = \frac{2}{5} = \frac{40}{100} = 40\ \%$

③ P(nicht mit dem Fahrrad) $= \frac{130 + 120 + 70}{500} = \frac{320}{500} = \frac{16}{25} = \frac{64}{100} = 64\ \%$

c) Rechnung von Nora: P(nicht mit dem Fahrrad) = 100 % - 36 % = 64 %

Die Rechnung von Nora ist richtig. Alle Möglichkeiten, zur Schule zu kommen, ergeben zusammen 100 %. Wenn sie von diesen 100 % die Wahrscheinlichkeit für „Fahrrad" abzieht, erhält sie die Wahrscheinlichkeit für „nicht mit dem Fahrrad".

7 **a)** Die hier aufgeführten Lösungen sind Beispiele. Deine Ereignisse können anders lauten.

① Eine 1 würfeln. (Zu diesem Ereignis gehört 1 Ergebnis.)
② Eine ungerade Zahl würfeln. (Zu diesem Ereignis gehören 3 Ergebnisse.)
③ Ein Zahl größer als 1 würfeln. (Zu diesem Ereignis gehören 5 Ergebnisse.)
④ Höchstens eine 4 würfeln. (Zu diesem Ereignis gehören 4 Ergebnisse.)

b) Ich weiß, dass ein Spielwürfel sechs Seitenflächen hat. Die Wahrscheinlichkeit für ein Ergebnis beträgt $\frac{1}{6}$. Bei der Wahrscheinlichkeit $\frac{5}{6}$ überlege ich mir ein Ereignis mit 5 Ergebnissen.

Um für alle angegebenen Brüche Ereignisse angeben zu können, muss der Bruch auf Sechstel erweitert werden. Dann kann man am Zähler ablesen, wie viele Ergebnisse zu diesem Ereignis gehören. Mit dieser Anzahl kann ich dann ein Ereignis formulieren.

c) Individuelle Vergleiche und Beispiele (siehe auch oben)

8 Im einfachsten Fall könnten sich 4 Lose in der Schale befinden.

Von diesen 4 Losen (möglichen Ergebnissen) sind 3 eine Niete (günstige Ergebnisse).

Der Bruch $\frac{3}{4}$ lässt sich beliebig erweitern, beispielsweise auf $\frac{75}{100}$. Dann wären 100 Lose in der Schule, also 100 Ergebnisse möglich. Von diesen sind dann 75 Nieten, also günstige Ergebnisse.

Seite 159 ▶ Üben ☒ Wiederholung: Laplace-Experimente

1 **a)** ① „Eine Münze werfen" ist ein Laplace-Experiment, weil alle Ergebnisse gleich wahrscheinlich sind (die Seitenflächen sind gleich groß).

② „Eine Reißzwecke werfen" ist kein Laplace-Experiment, weil nicht alle Ergebnisse gleich wahrscheinlich sind.

③ „Das Glücksrad A drehen" ist kein Laplace-Experiment, weil nicht alle Ergebnisse gleich wahrscheinlich sind. Die Teilflächen (Sektoren) sind nicht gleich groß.

④ „Das Glücksrad B drehen" ist ein Laplace-Experiment, weil alle Ergebnisse gleich wahrscheinlich sind. Die Teilflächen (Sektoren) sind gleich groß.

b) Bei Glücksrad A müssten die Felder alle gleich groß gemacht werden.

2 **a)** Mögliche Ergebnisse: 1, 2, 3, 4, 5, 6 Wahrscheinlichkeit für ein Ergebnis: $\frac{1}{6}$

b) Mögliche Ergebnisse:

Stift 1, Stift 2, Stift 3, Stift 4, Stift 5, Stift 6, Stift 7, Stift 8, Stift 9, Stift 10, Stift 11, Stift 12

Wahrscheinlichkeit für ein Ergebnis: $\frac{1}{12}$

Seite 159 ▶ Üben ☒ Wiederholung: Laplace-Experimente

2 ⇨ Fortsetzung

c) Mögliche Ergebnisse: Spieler 1, Spieler 2, Spieler 3, Spieler 4, Spieler 5, Spieler 6

Wahrscheinlichkeit für ein Ergebnis: $\frac{1}{6}$

d) Mögliche Ergebnisse: Zahl, Wappen — Wahrscheinlichkeit für ein Ergebnis: $\frac{1}{2}$

3 **a)** Wenn die Kugeln alle gleich sind (gleich groß, gleiches Material), dann ist es ein Laplace-Experiment. Jede Kugel hat die gleiche Wahrscheinlichkeit, gezogen zu werden.

$P(\text{Kugel mit der 3 ziehen}) = \frac{1}{5} = \frac{20}{100} = 20\ \%$

b) Eine Karte aus diesem Kartenstapel ziehen ist ein Laplace-Experiment, weil die Karten alle gleich beschaffen sind. Jede Karte hat die gleiche Wahrscheinlichkeit, gezogen zu werden.

$P(\text{Herz-König ziehen}) = \frac{1}{32}$

c) Mia spielt mit einem normalen Spielwürfel. Bei einem Spielwürfel hat jede Zahl die gleiche Wahrscheinlichkeit, geworfen zu werden.

$P(4\text{ würfeln}) = \frac{1}{6}$

4 Die Wahrscheinlichkeit ist eine Zahl, die eine Chance angibt, ein bestimmtes Feld zu drehen. In der Realität kann man nur einen ungefähren Wert damit ermitteln, wie oft ein Feld gedreht wird. Das Glücksrad, welches Paul dreht, ist ein Laplace-Experiment, weil die Felder alle gleich groß sind.

(Bei sehr vielen Versuchsdurchgängen nähern sich die Häufigkeiten den Wahrscheinlichkeiten an.)

5 Die Lösungen hier sind Beispiele. Du kannst andere Farben gewählt haben und bei c) auch eine andere Anzahl an Feldern.

a)

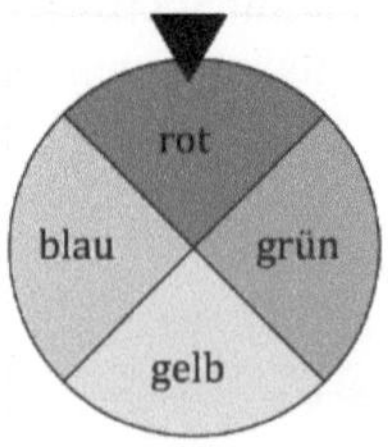

b)

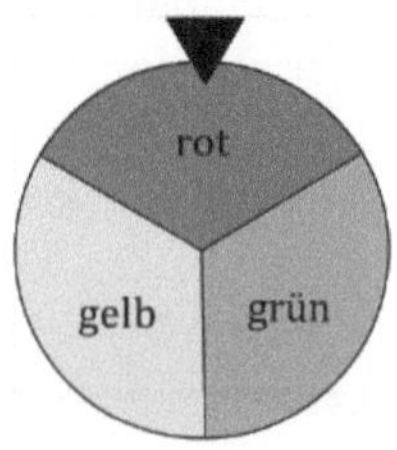

c)

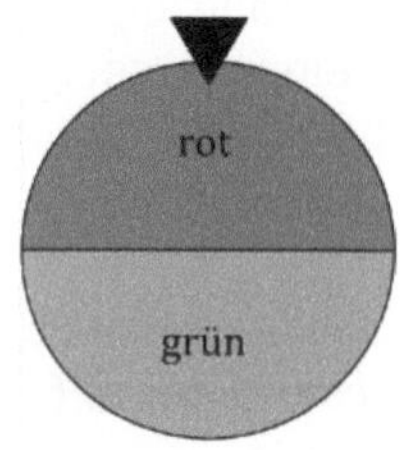

6 **a)** $P(\text{Gewinn}) = \frac{10}{50} = \frac{1}{5} = \frac{20}{100} = 20\ \%$

b) Es gibt insgesamt 72 Gewinne. Damit die Gewinnwahrscheinlichkeit weniger als $\frac{1}{2}$ beträgt, muss die Klasse mehr als 72 Nieten erstellen. Sie brauchen also mindestens 73 Nieten.

7 **a)** Ereignis: rote Kugel mit einer geraden Zahl
günstige Ergebnisse: 2, 4, 6, 8, 10, 12, 14, 16, 18, 20, 22, 24 (Anzahl: 12)

$P(\text{rote Kugel mit einer geraden Zahl}) = \frac{12}{50} = \frac{6}{25} = \frac{24}{100} = 24\ \%$

b) Ereignis: Kugel mit einer durch 4 teilbaren Zahl
günstige Ergebnisse: 4, 8, 12, 16, 20, 24, 28, 32, 36, 40, 44, 48 (Anzahl: 12)

$P(\text{Kugel mit einer durch 4 teilbaren Zahl}) = \frac{12}{50} = \frac{6}{25} = \frac{24}{100} = 24\ \%$

c) Ereignis: einstellige Zahl auf blauer Kugel
günstige Ergebnisse: keine (Anzahl: 0)
$P(\text{einstellige Zahl auf blauer Kugel}) = 0 = 0\ \%$

d) Ereignis: blaue Kugel mit einer Zahl größer als 40
günstige Ergebnisse: 41, 42, 43, 44, 45, 46, 47, 48, 49, 50 (Anzahl: 10)

$P(\text{blaue Kugel mit einer Zahl größer als 40}) = \frac{10}{50} = \frac{1}{5} = \frac{20}{100} = 20\ \%$

Seite 159 ▶ Üben ☒ Wiederholung: Laplace-Experimente

7 ⇨ Fortsetzung

e) Beispiele:

① Ereignis: Kugel mit einer Primzahl
günstige Ergebnisse: 2, 3, 5, 7, 11, 13, 17, 19, 23, 29, 31, 37, 41, 43, 47 (Anzahl: 15)
P(Kugel mit einer Primzahl) $= \frac{15}{50} = \frac{3}{10} = \frac{30}{100} = 30\,\%$

② Ereignis: blaue Kugel mit einer Quadratzahl
günstige Ergebnisse: 36, 49 (Anzahl: 2)
P(blaue Kugel mit einer Quadratzahl) $= \frac{2}{50} = \frac{1}{25} = \frac{4}{100} = 4\,\%$

③ Ereignis: durch 7 teilbare Zahl
günstige Ergebnisse: 7, 14, 21, 28, 35, 42, 49 (Anzahl: 7)
P(durch 7 teilbare Zahl) $= \frac{7}{50} = \frac{14}{100} = 14\,\%$

8 Beim Werfen eines Spielwürfels gibt es insgesamt 6 mögliche Ergebnisse.
Max betrachtet das Gegenteil, also **„**eine 6 werfen**"**. Die Wahrscheinlichkeit dafür beträgt $\frac{1}{6}$.
Er zieht die Wahrscheinlichkeit für "eine 6 werfen" von 1 (= 100 %) ab und erhält so die Wahrscheinlichkeit für **„**keine 6**"**, nämlich $\frac{5}{6}$.
(Für das Ereignis **„**keine 6**"** gibt es 5 verschiedene günstige Ergebnisse. Es stimmt also.)

9 **a)** P(defekter Akku) $= \frac{6}{1000} = \frac{3}{500} = 0{,}6\,\%$
Die Wahrscheinlichkeit für einen defekten Akku beträgt 0,6 %.

b) Vorausgesetzt, es gibt nur einen der beiden Defekte pro Gerät, gibt es bei 1000 Powerbanks 984 einwandfreie (1000 - 10 - 6 = 984).
P(einwandfreie Powerbank) $= \frac{984}{1000} = \frac{123}{125} = 98{,}4\,\%$
Die Wahrscheinlichkeit für eine einwandfreie Powerbank beträgt 98,4 %.

10 Die hier aufgeführten Lösungen sind Beispiele. Deine Ereignisse können anders lauten.
a) E: Die Kugel mit der 40 ziehen. (Für dieses Ereignis ist 1 Ergebnis günstig.)
b) E: Eine Kugel mit einer ungeraden Zahl ziehen. (Für dieses Ereignis sind 20 Ergebnisse günstig.)
c) E: Höchstens eine 10 ziehen. (Für dieses Ereignis sind 10 Ergebnisse günstig.)
d) E: Eine Zahl kleiner als 25 ziehen. (Für dieses Ereignis sind 24 Ergebnisse günstig.)

Seite 160 ▶ Methode Simulationen

1 Die Wahrscheinlichkeit dafür, eine Mandel zu ziehen, beträgt $\frac{1}{2} = 50\,\%$.
Das Ereignis für die drei Zufallsgeräte muss also jeweils $\frac{1}{2} = 50\,\%$ betragen.
Beispiel-Ereignisse:
① Eine rote Kugel ziehen. ODER Eine blaue oder grüne Kugel ziehen.
② Eine schwarze Karte ziehen. ODER Eine rote Karte ziehen.
③ Kein rotes Feld treffen. ODER Herz treffen.

Seite 160 ▶ Methode Simulationen

2 Die Wahrscheinlichkeiten bei den Vorgängen sind vorgegeben. Man bestimmt die Wahrscheinlichkeiten der Simulationen. Wenn die Wahrscheinlichkeit die gleiche ist, dann passen Vorgang und Simulation zueinander.

Vorgang	Simulation und Erklärung
① Der Ausflug findet statt, wenn es nicht regnet. Die Wahrscheinlichkeit für Regen beträgt 20 %.	Ⓓ Berat dreht „Blau". Die Wahrscheinlichkeit, dass Berat das blaue Feld trifft, beträgt 20 %.
② deine Lieblingssorte Bonbon aus einer Tüte zu ziehen: P(Lieblingssorte) $= \frac{1}{2}$	Ⓒ Christos wirft „Zahl". Die Wahrscheinlichkeit, dass Christos Zahl wirft, beträgt 50 %.
③ sich im Unterricht melden und mit einer Wahrscheinlichkeit von 10 % dran kommen	Ⓑ Louise dreht am Glücksrad. Der Pfeil zeigt auf „2". Die Wahrscheinlichkeit, dass Louise eine 2 trifft, beträgt 10 %.
④ die eine richtige Antwort von sechs Antworten in einem Test ankreuzen	Ⓐ Vincent würfelt eine 4. Die Wahrscheinlichkeit, dass Vincent eine 4 würfelt, beträgt $\frac{1}{6}$.
⑤ als eines von vier Kindern den Film auswählen dürfen	Ⓔ Mark zieht „Rot". Die Wahrscheinlichkeit, dass Mark die rote Kugel zieht, beträgt 25 %.

3 **a)** Die Vorgänge ① und ② lassen sich mit den fünf Kugeln im Beutel simulieren, weil die Wahrscheinlichkeit bei ① $\frac{4}{5}$ beträgt und bei ② $\frac{1}{5}$. Bei Vorgang ③ beträgt die Wahrscheinlichkeit, einen Berliner mit Himbeer-Füllung zu ziehen, $\frac{1}{4} = 25\,\%$. Dafür müssten 4 Kugeln im Beutel sein.

b) Individuelle Lösungen. Beispiele:
Ⓐ An einem von 5 Schultagen in der Woche die Federmappe vergessen.
Ⓑ Mit einer Wahrscheinlichkeit von 40 % den angespitzten Stift aus der Federmappe ziehen.

Seite 161 ▶ Methode Simulation mit einer Tabellenkalkulation

1 Die größte relative Häufigkeit hat die 7, die geringste haben die 2 und die 12. Das hängt damit zusammen, dass die 7 mit ganz unterschiedlichen Kombinationen erzeugt wird: $1 + 6, 2 + 5, 3 + 4, 4 + 3, 5 + 2, 6 + 1$.
Bei 2 und 12 hingegen gibt es nur je eine Kombination: $1 + 1 = 2$, $6 + 6 = 12$.

2 Nach dem Gesetz der großen Zahlen nähert sich die relative Häufigkeit mit der steigenden Zahl an Versuchen immer mehr der Wahrscheinlichkeit an.

3 In den Zellen **A2** und **B2** muss jeweils **=Zufallsbereich(0;1)** eingetragen werden.
Die Wahrscheinlichkeit für das Ergebnis „2" (Zahl = 1, daher zwei Mal Zahl = 2) beträgt 25 %.

Seite 162 ▶ Wissen Zweistufige Zufallsexperimente

1

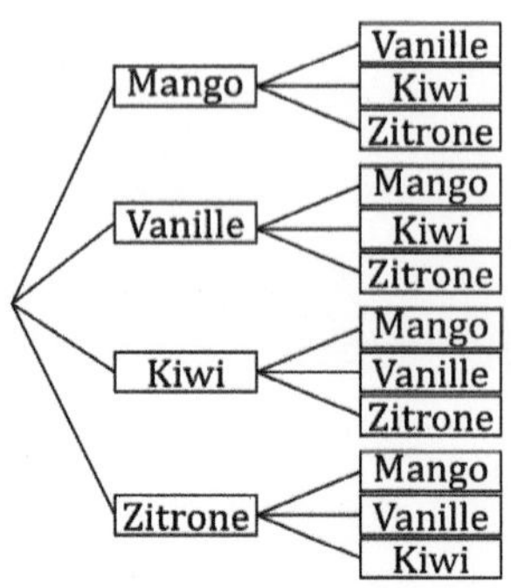

(Mango | Vanille), (Mango | Kiwi), (Mango | Zitrone),
(Vanille | Mango), (Vanille | Kiwi), (Vanille | Zitrone),
(Kiwi | Mango), (Kiwi | Kiwi), (Kiwi | Zitrone),
(Zitrone | Mango), (Zitrone | Vanille), (Zitrone | Kiwi)

2 ① ohne Zurücklegen: 1. Stufe: 4 Zettel; 2. Stufe: 3 Zettel; $4 \cdot 3 = 12$, also 12 Ergebnisse
② mit Zurücklegen: 1. Stufe: 4 Zettel; 2. Stufe: 4 Zettel; $4 \cdot 4 = 16$, also 16 Ergebnisse

Seite 163 ▶ Üben – Zweistufige Zufallsexperimente

1 **a)** rote Kugel (R), grüne Kugel (G), blaue Kugel (K)

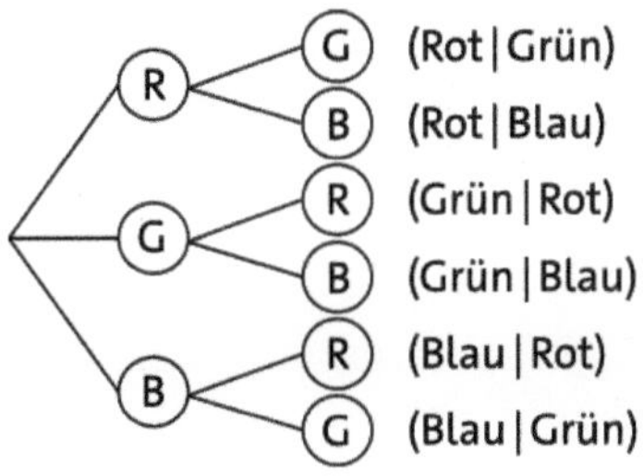

b) (Rot | Grün), (Rot | Blau), (Grün | Rot), (Grün | Blau), (Blau | Rot), (Blau | Grün)

2 **a)** Orange (O), Grün (G)

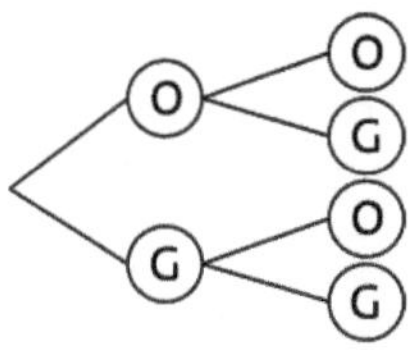

b) Hier können gleiche Farben auch nacheinander vorkommen.

c) (Orange | Orange), (Orange | Grün), (Grün | Orange), (Grün | Grün)

3 **a)**

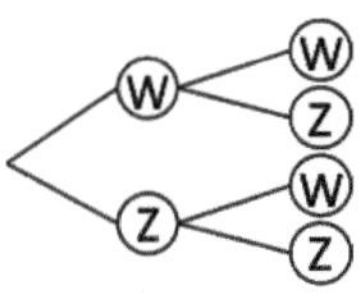

b) (W | W), (W | Z), (Z | W), (Z | Z)

4 **a)** (Mädchen | Mädchen), (Mädchen | Junge), (Junge | Mädchen), (Junge | Junge)

b) A: (Mädchen | Mädchen), (Junge | Junge)
B: (Mädchen | Junge), (Junge | Mädchen)
C: (Mädchen | Mädchen)

5 rote Schale (R), blaue Schale (B)

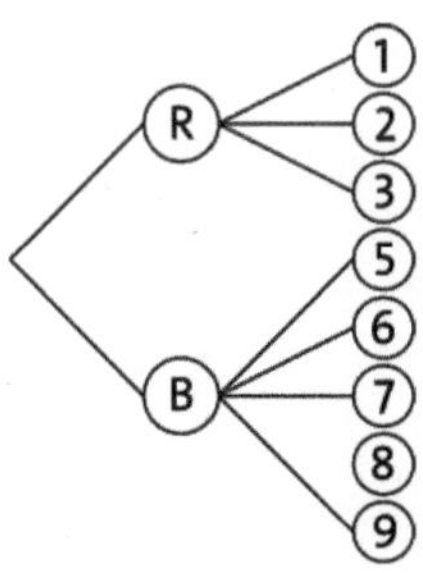

rote. Schale: 3 Ergebnisse
blaue Schale: 5 Ergebnisse
$3 + 5 = 8$, also 8 mögliche Ergebnisse

6 Das **Baumdiagramm** beginnt mit **drei** Ästen. Alle 8. Klassen sind in der 1. und alle 9. Klassen in der 2. **Stufe** dargestellt. Der Ast zu 8 b und der Ast zu 9 a bilden einen Pfad. Jeder Pfad ergibt ein **geordnetes Paar** für ein **Ergebnis**.

7 **a)** blauer Stift (B), roter Stift (R), gelber Stift (G)

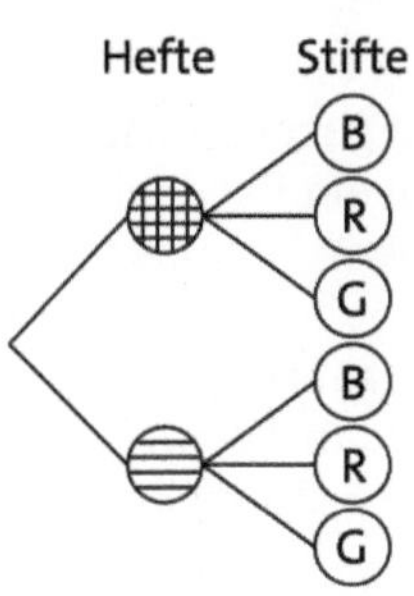

b) (kariertes Heft | blauer Stift), (kariertes Heft | roter Stift), (kariertes Heft | gelber Stift), (liniertes Heft | blauer Stift), (liniertes Heft | roter Stift), (liniertes Heft | gelber Stift)

c) 1. Stufe: 2 Ergebnisse;
2. Stufe: 3 Ergebnisse; $2 \cdot 3 = 6$, also 6 Ergebnisse
Das stimmt, denn es sind in b) auch insgesamt sechs Ergebnisse.

Seite 164 ► Üben ☒ Zweistufige Zufallsexperimente

1 **a)** Zitrone (Z), Minze (M), Erdbeere (E)

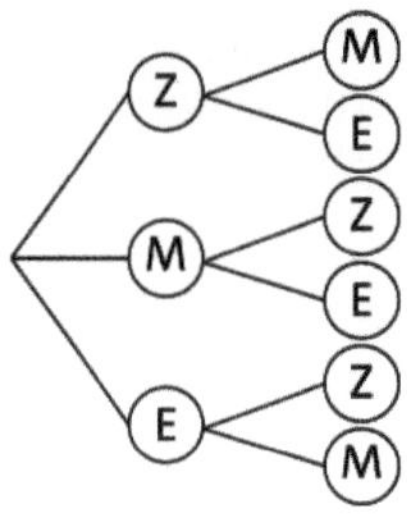

b) (Zitrone | Minze), (Zitrone | Erdbeere), (Minze | Zitrone), (Minze | Erdbeere), (Erdbeere | Zitrone), (Erdbeere | Minze)

2 **a)** Blau (B), Rot (R), Orange (O), Schwarz (S), Grün (G)

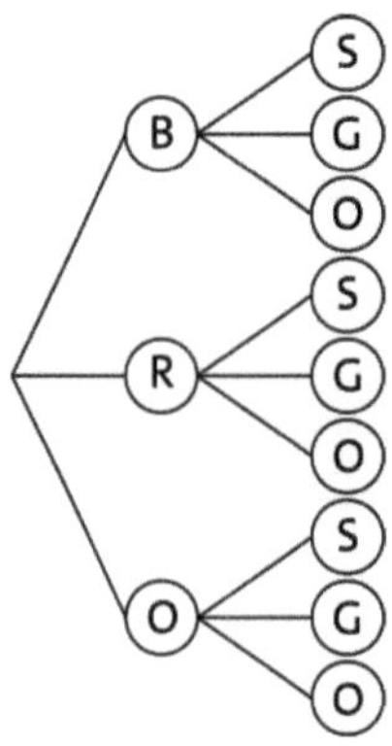

b) (Blau | Schwarz), (Blau | Grün), (Blau | Orange), (Rot | Schwarz), (Rot | Grün), (Rot | Orange), (Orange | Schwarz), (Orange | Grün), (Orange | Orange)

3 **a)** Es fehlen in der zweiten Stufe auch die anderen drei Ergebnisse für 2, 3 und 4, so wie es bei 1 dargestellt ist.

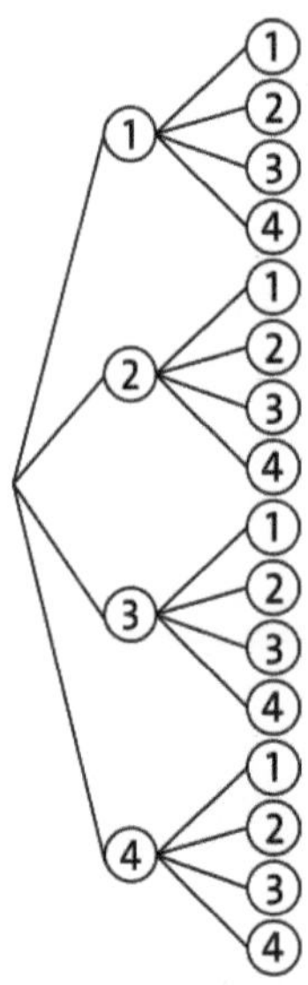

b) (1 | 1), (1 | 2), (1 | 3), (1 | 4), (2 | 1), (2 | 2), (2 | 3), (2 | 4), (3 | 1), (3 | 2), (3 | 3), (3 | 4), (4 | 1), (4 | 2), (4 | 3), (4 | 4)

4 Das Baumdiagramm ③ ist richtig. Wenn der Berliner mit Senf gezogen wird, kann nicht noch einer mit Senf gezogen werden. Das zeigt das Baumdiagramm ①. Wenn ein Berliner mit Marmelade gezogen wird, dann kann noch einmal ein Berliner mit Marmelade gezogen werden. Das fehlt im Baumdiagramm ②.

5 **a)** Das ist das Baumdiagramm für das Zufallsexperiment 2 Kugeln ohne Zurücklegen ziehen aus Box 1. Wenn 1 gezogen wird, kann nur noch 2 und 3 gezogen werden. Wenn 2 gezogen wird, kann nur noch 1 und 3 gezogen werden. Wenn 3 gezogen wird, kann noch 1, 2 und 3 gezogen werden. Das ist so im Baumdiagramm dargestellt.

b) zweimal das Glücksrad drehen

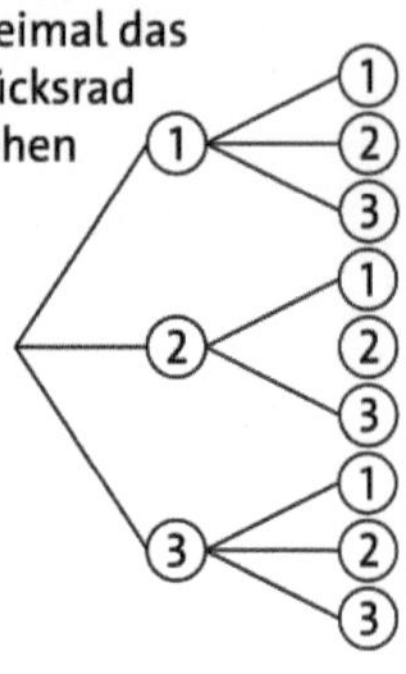

zwei Kugeln ohne Zurücklegen ziehen aus Box 2

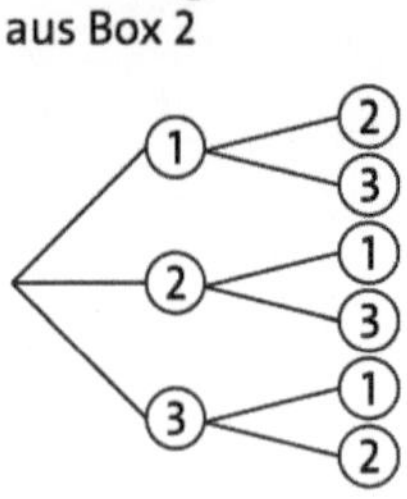

Seite 164 ▶ Üben ☒ Zweistufige Zufallsexperimente

6 Alexandra: 1. Stufe: 8 T-Shirts; 2. Stufe: 4 Hosen; $8 \cdot 4 = 32$, also 32 Ergebnisse
Ben: 1. Stufe: 9 T-Shirts; 2. Stufe: 3 Hosen; $9 \cdot 3 = 27$, also 27 Ergebnisse

7 **a)** 1. Stufe: 3 Eintreffende; 2. Stufe: 2 Eintreffende; $3 \cdot 2 = 6$, also 6 Ergebnisse
b) 1. Stufe: 4 Eintreffende; 2. Stufe: 3 Eintreffende; $4 \cdot 3 = 12$, also 12 Ergebnisse

8 **a)** 1. Stufe: 4 Ziffern; 2. Stufe: 3 Ziffern; 3. Stufe: 2 Ziffern; 4. Stufe: 1 Ziffer
$4 \cdot 3 \cdot 2 \cdot 1 = 24$, also 256 Ergebnisse
b) 1. Stufe: 10 Ziffern; 2. Stufe: 10 Ziffern; 3. Stufe: 10 Ziffern; 4. Stufe: 10 Ziffern
$10 \cdot 10 \cdot 10 \cdot 10 = 10\,000$, also 10 000 Ergebnisse
c) Teilaufgabe b) trifft zu, weil in jeder Stufe jede Ziffer wieder vorkommen kann.

Seite 165 ▶ Üben ☒ Zweistufige Zufallsexperimente

1 **a)**

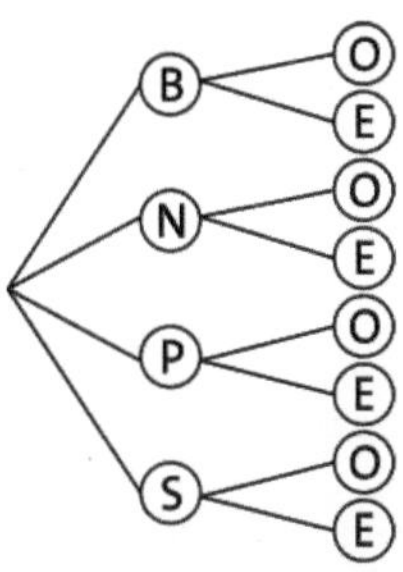

b) (Burger | Obst), (Burger | Eis),
(Nudeln | Obst), (Nudeln | Eis),
(Pizza | Obst), (Pizza | Eis),
(Salat | Obst), (Salat | Eis)
c) In der 2. Stufe werden es dann viermal drei Ergebnisse.

2 **a)**

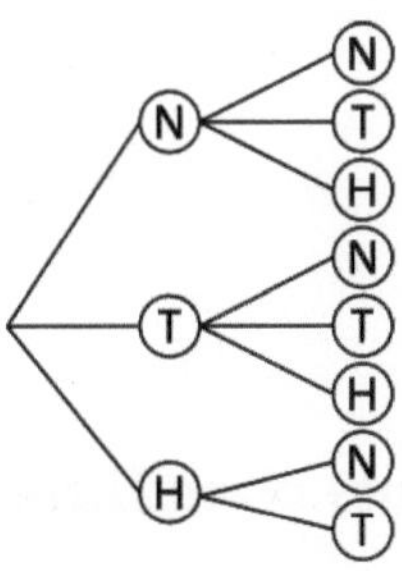

b) Das stimmt nicht, denn es gibt 8 Ergebnisse.

3 **a)** In der 1. Stufe ist bei Marzipan in der 2. Stufe auch noch Marzipan möglich. In der 1. Stufe ist bei Nuss in der 2. Stufe auch noch Nuss möglich.

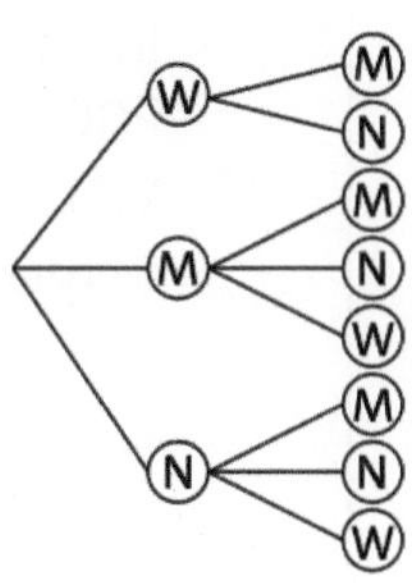

b) (W | M), (W | N),
(M | M), (M | N), (M | W),
(N | M), (N | N), (N | W)

4 Jan hat alle Möglichkeiten ausgelassen, in denen bei beiden Spielen gewonnen, verloren oder unentschieden gespielt wird.
(g | g), (g | v), (g | u), (v | g), **(v | v)**, (v | u), (u | g), (u | v), **(u | u)**

5 **a)** einen Fruchtgummi ziehen, dann vom Rest einen weiteren Fruchtgummi ziehen
b) individuell, z. B.: aus einem Strauß mit einem gelben, roten, blauen und grünen Blumenstängel beliebig nacheinander einen Stängel ziehen

6 **a)** Bastian hat die Ergebnisse nicht miteinander multipliziert.
b) Richtig ist: $5 \cdot 4 = 20$, also 20 Möglichkeiten:

Seite 165 ▶ Üben ☒ — Zweistufige Zufallsexperimente

7 **a)** 1. Stufe: 8 Zahlen; 2. Stufe: 7 Zahlen; $8 \cdot 7 = 56$, also 56 geordnete Paare
b) 1. Stufe: 8 Zahlen; 2. Stufe: 8 Zahlen; $8 \cdot 8 = 64$, also 64 Gewinnmöglichkeiten

8 **a)** 1. Stufe: 7 Teesorten; 2. Stufe: 3 Teebecher; $7 \cdot 3 = 21$, also 21 mögliche Ergebnisse
b) 3. Stufe: 3 weitere Möglichkeiten; $21 \cdot 3 = 63$, also 63 mögliche Ergebnisse
c) individuell, z. B.: 8 Teesorten und die 3 verschiedenen Teebecher

Seite 166 ▶ Methode — Ein Baumdiagramm mit Wahrscheinlichkeiten beschriften

1 Erdbeersoße (E), Schokoladensoße (S), Karamellsoße (K)

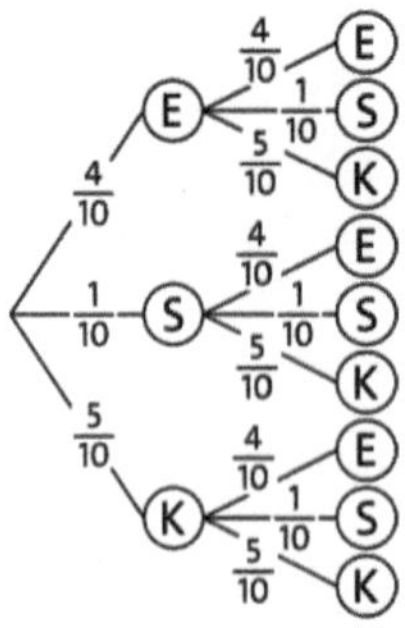

2 Schwarz (S), Rot (R), Blau (B), Grün (G)

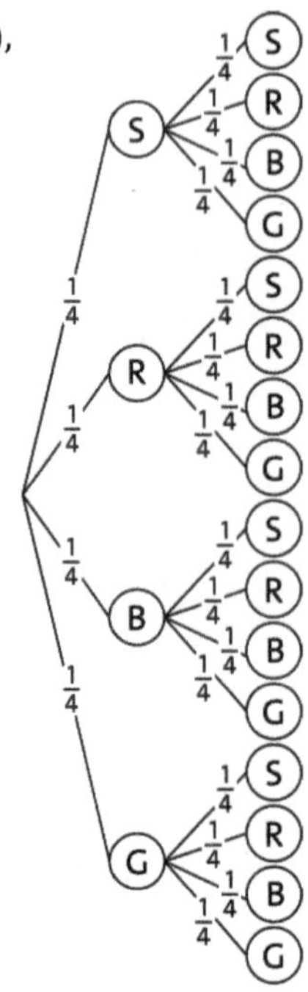

3 Rot (R), Gelb (G), Blau (B)

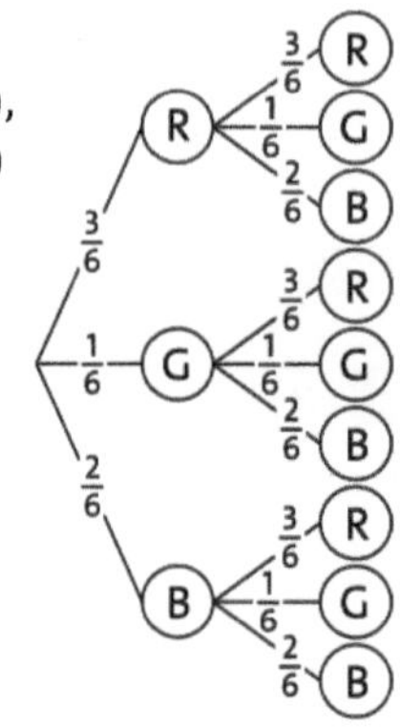

Seite 167 ▶ Methode — Zweistufige Zufallsexperimente ohne Zurücklegen

1 Schwarz (S), Grün (Gr), Gelb (Ge)

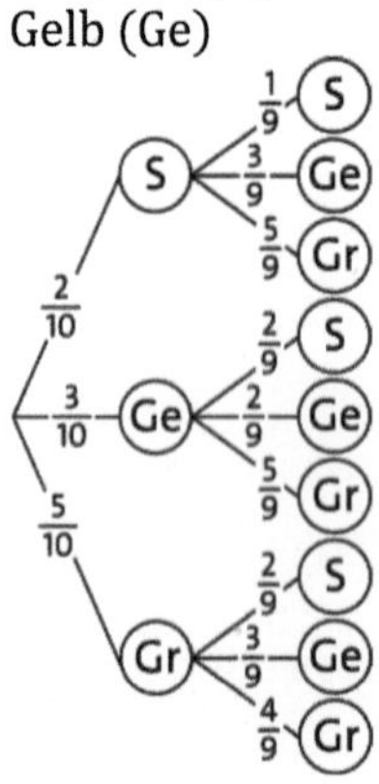

2 Gewinn (G), Niete (N)

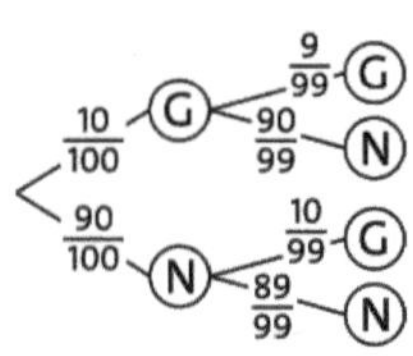

3 Rot (R), Blau (B)

In der 2. Stufe ist nach Rot $P(R) = \frac{3}{4}$ und nach Blau kann kein blauer Stift mehr gezogen werden, sodass $P(R) = \frac{4}{4}$ ist.

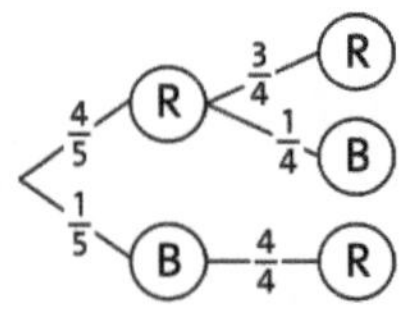

Seite 168 ▶ Wissen — Produktregel und Summenregel

1 1. Stufe: $P(\text{Rot}) = \frac{3}{5}$; 2. Stufe: $P(\text{Rot}) = \frac{3}{5}$; $P(\text{Rot} \mid \text{Rot}) = \frac{3}{5} \cdot \frac{3}{5} = \frac{9}{25} = \frac{36}{100} = 36\,\%$
Mit einer Wahrscheinlichkeit von 60 % zieht Lennart zweimal einen roten Apfel.

2 $P(\text{gleichfarbige Äpfel}) = P(\text{Rot} \mid \text{Rot}) + P(\text{Grün} \mid \text{Grün}) = \frac{3}{5} \cdot \frac{3}{5} + \frac{2}{5} \cdot \frac{2}{5} = \frac{9}{25} + \frac{4}{25} = \frac{13}{25} = \frac{52}{100} = 52\,\%$

Seite 169 ▶ Üben Produktregel und Summenregel

1 $P(\text{kurz} \mid \text{kurz}) = \frac{2}{5} \cdot \frac{1}{4} = \frac{2}{20} = \frac{10}{100} = 10\,\%$

2 Grün (G), Blau (B), Orange (O)

a) $P(B \mid B) = \frac{1}{3} \cdot \frac{1}{4} = \frac{1}{12} \approx 8{,}3\,\%$ **b)** $P(G \mid G) = \frac{1}{3} \cdot \frac{1}{4} = \frac{1}{12} \approx 8{,}3\,\%$ **c)** $P(O \mid O) = \frac{1}{3} \cdot \frac{1}{4} = \frac{1}{12} \approx 8{,}3\,\%$

3 **a)**

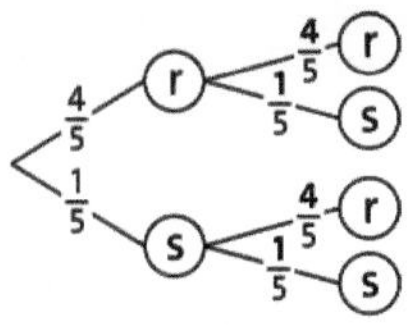

b) ① $P(r \mid r) = \frac{4}{5} \cdot \frac{4}{4} = \frac{16}{25} = \frac{64}{100} = 64\,\%$; ② $P(s \mid s) = \frac{1}{5} \cdot \frac{1}{4} = \frac{1}{25} = \frac{4}{100} = 4\,\%$

c) Das ist nicht möglich, da noch $P(r \mid s)$ und $P(s \mid r)$ fehlen und mit diesen Wahrscheinlichkeiten werden erst 100 % erreicht.

4 Beere (B), Schoko (S), Nuss (K)

a)

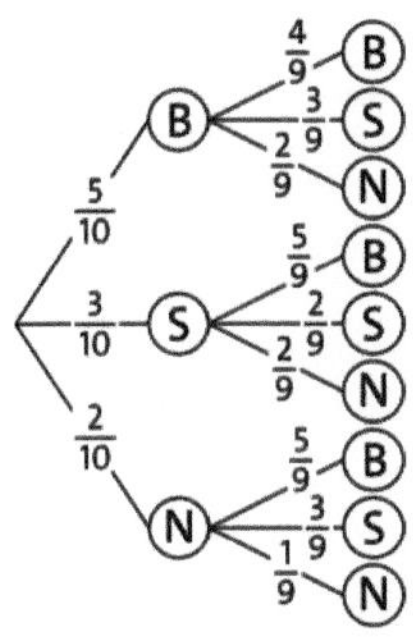

b) $P(S \mid S) = \frac{3}{10} \cdot \frac{2}{9} = \frac{6}{90} \approx 6{,}7\,\%$

$P(B \mid N) = \frac{5}{10} \cdot \frac{2}{9} = \frac{10}{90} \approx 11{,}1\,\%$

5 Blau (B), Grün (G), Rot (R)

a) zwei gleichfarbige: $P(B \mid B) + P(G \mid G) + P(R \mid R) = \frac{3}{9} \cdot \frac{3}{9} + \frac{2}{9} \cdot \frac{2}{9} + \frac{4}{9} \cdot \frac{4}{9} = \frac{9}{81} + \frac{4}{81} + \frac{16}{81} = \frac{29}{81} \approx 35{,}8\,\%$

genau eine blaue: $P(B \mid G) + P(B \mid R) + P(G \mid B) + P(R \mid B)$

$= \frac{3}{9} \cdot \frac{2}{9} + \frac{3}{9} \cdot \frac{4}{9} + \frac{2}{9} \cdot \frac{3}{9} + \frac{4}{9} \cdot \frac{3}{9} = \frac{6}{81} + \frac{12}{81} + \frac{6}{81} + \frac{12}{81} = \frac{36}{81} \approx 44{,}4\,\%$

zwei verschiedenfarbige: $P(B \mid G) + P(B \mid R) + P(G \mid B) + P(R \mid B) + P(G \mid R) + P(R \mid G)$

$= \frac{36}{81} + \frac{2}{9} \cdot \frac{4}{9} + \frac{4}{9} \cdot \frac{2}{9} = \frac{36}{81} + \frac{8}{81} + \frac{8}{81} = \frac{52}{81} \approx 64{,}2\,\%$

b) $35{,}8\,\% + 64{,}2\,\% = 100\,\%$; Das ist die Summe aller möglichen Ergebnisse, also 100 %.

6 **a)**

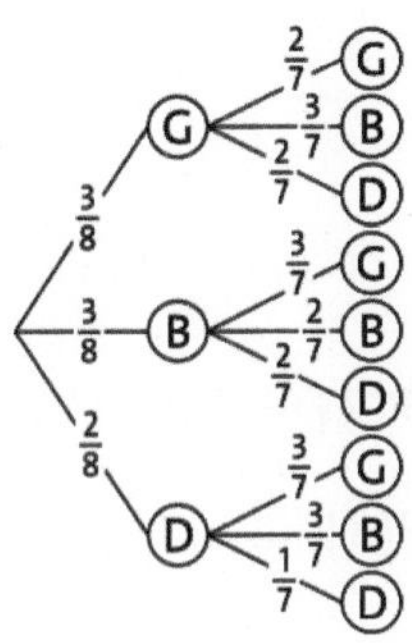

b) beide Ordner gehören zu verschiedenen Fächern:

$P(G \mid B) + P(G \mid D) + P(B \mid G) + P(B \mid D) + P(D \mid G) + P(D \mid B)$

$= \frac{3}{8} \cdot \frac{3}{7} + \frac{3}{8} \cdot \frac{2}{7} + \frac{3}{8} \cdot \frac{3}{7} + \frac{3}{8} \cdot \frac{2}{7} + \frac{2}{8} \cdot \frac{3}{7} + \frac{2}{8} \cdot \frac{3}{7} = \frac{9}{56} + \frac{6}{56} + \frac{9}{56} + \frac{6}{56} + \frac{6}{56} + \frac{6}{56}$

$= \frac{42}{56} = \frac{3}{4} = 75\,\%$

ein Biologie-Ordner ist dabei:

$P(G \mid B) + P(B \mid G) + P(B \mid D) + P(D \mid B)$

$= \frac{3}{8} \cdot \frac{3}{7} + \frac{3}{8} \cdot \frac{3}{7} + \frac{3}{8} \cdot \frac{2}{7} + \frac{2}{8} \cdot \frac{3}{7} = \frac{9}{56} + \frac{9}{56} + \frac{6}{56} + \frac{6}{56} = \frac{30}{56} = \frac{15}{28} \approx 53{,}6\,\%$

mindestens ein Deutsch-Ordner ist dabei:

$P(G \mid D) + P(B \mid D) + P(D \mid G) + P(D \mid B) + P(D \mid D)$

$= P(G \mid D) + P(B \mid D) + P(D) = \frac{3}{8} \cdot \frac{2}{7} + \frac{3}{8} \cdot \frac{2}{7} + \frac{2}{8} = \frac{6}{56} + \frac{6}{56} + \frac{2}{8} = \frac{13}{28} \approx 56{,}4\,\%$

c) Es trifft zu: Julia nimmt als zweiten Ordner einen Deutsch-Ordner heraus, denn es passt $P(G \mid D) + P(B \mid D) + P(D \mid D)$.

Es trifft zu: Beide Ordner gehören zum selben Fach, denn es passt $P(G \mid G) + P(B \mid B) + P(D \mid D)$.

7 Daniel hat falsch gerechnet, denn es sind fünf Farben.

Celine hat falsch gerechnet, denn $P(\text{Farbe}) = \frac{1}{5}$.

Fine hat richtig gerechnet, denn $P(\text{zweimal Farbe}) = \frac{1}{5} \cdot \frac{1}{5}$ und das trifft fünfmal zu.

Seite 170 ► Üben ☒ Produktregel und Summenregel

1 **a)**

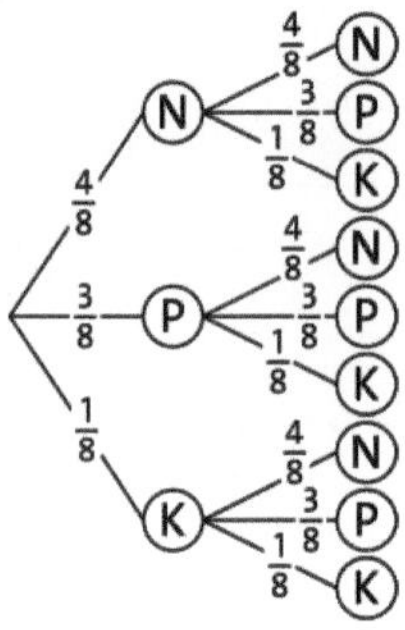

b) ① $P(K \mid K) = \frac{1}{8} \cdot \frac{1}{8} = \frac{1}{64} \approx 1{,}6\,\%$

② $P(N \mid P) = \frac{4}{8} \cdot \frac{3}{8} = \frac{12}{64} = \frac{3}{16} = 18{,}75\,\%$

③ $P(N \mid N) = \frac{4}{8} \cdot \frac{4}{8} = \frac{16}{64} = \frac{1}{4} = 25\,\%$

2 rote Trikots (r); weiße Trikots (w)

① $P(w \mid w) = \frac{14}{30} \cdot \frac{14}{30} = \frac{196}{900} = \frac{49}{225} \approx 21{,}8\,\%$; ② $P(r \mid w) = \frac{16}{30} \cdot \frac{14}{30} = \frac{224}{900} = \frac{56}{225} \approx 24{,}9\,\%$

3 **a)** $1 - \frac{1}{4} - \frac{1}{4} = \frac{11}{20}$ **b)** Schwarz (S), Weiß (W), farbig (f)

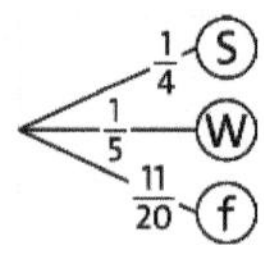

c) ① $P(S \mid S) = \frac{1}{4} \cdot \frac{1}{4} = \frac{1}{16} = 6{,}25\,\%$; ② $P(W \mid f) = \frac{1}{5} \cdot \frac{11}{20} = \frac{11}{100} = 11\,\%$

d) Die Wahrscheinlichkeiten der Einzelergebnisse werden miteinander multipliziert.

e) die nächsten beiden vorbeifahrenden Autos sind nicht weiß

4 **a)** (1 | 1), (2 | 2), (3 | 3), (4 | 4), (5 | 5), (6 | 6)

b) (1 | 6), (2 | 5), (3 | 4), (4 | 3), (5 | 2), (6 | 1)

c) (1 | 2), (1 | 3), (1 | 4), (1 | 5), (1 | 6), (2 | 3), (2 | 4), (2 | 5), (2 | 6), (3 | 4), (3 | 5), (3 | 6), (4 | 5), (4 | 6), (5 | 6)

d) (4 | 6), (5 | 5), (5 | 6), (6 | 4), (6 | 5), (6 | 6)

5 **a)**

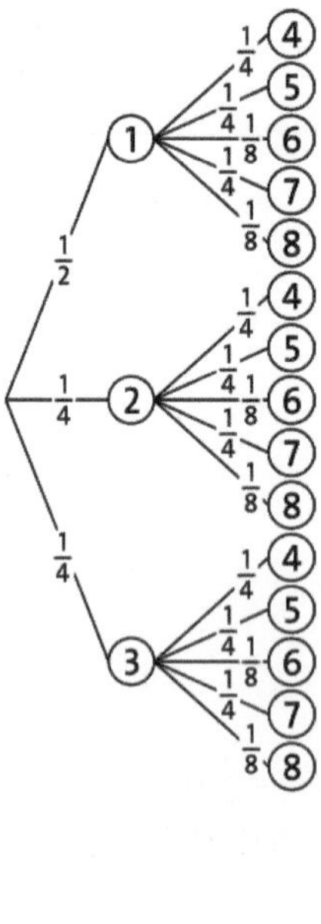

b) zwei gerade Zahlen:

$P(2 \mid 4) + P(2 \mid 6) + P(2 \mid 8)$

$= \frac{1}{4} \cdot \frac{1}{4} + \frac{1}{4} \cdot \frac{1}{8} + \frac{1}{4} \cdot \frac{1}{8} = \frac{1}{16} + \frac{1}{32} + \frac{1}{32} = \frac{1}{8} = 12{,}5\,\%$

beide Zahlen zusammen ergeben 8:

$P(1 \mid 7) + P(2 \mid 6) + P(3 \mid 5)$

$= \frac{1}{2} \cdot \frac{1}{4} + \frac{1}{4} \cdot \frac{1}{8} + \frac{1}{4} \cdot \frac{1}{4} = \frac{1}{8} + \frac{1}{32} + \frac{1}{16} = \frac{7}{32} \approx 21{,}9\,\%$

höchstens eine ungerade Zahl:

$P(1 \mid 4) + P(1 \mid 6) + P(1 \mid 8) + P(2 \mid 4) + P(2 \mid 5) + P(2 \mid 6) + P(2 \mid 7) + P(2 \mid 8) + P(3 \mid 4) + P(3 \mid 6) + P(3 \mid 8)$

$= P(1 \mid 4) + P(1 \mid 6) + P(1 \mid 8) + P(2) + P(3 \mid 4) + P(3 \mid 6) + P(3 \mid 8)$

$= \frac{1}{8} + \frac{1}{16} + \frac{1}{16} + \frac{1}{4} + \frac{1}{16} + \frac{1}{32} + \frac{1}{32} = \frac{5}{8} = 62{,}5\,\%$

Das Produkt der Zahlen ist eine gerade Zahl:

$P(1 \mid 4) + P(1 \mid 6) + P(1 \mid 8) + P(2 \mid 4) + P(2 \mid 5) + P(2 \mid 6) + P(2 \mid 7) + P(2 \mid 8) + P(3 \mid 4) + P(3 \mid 6) + P(3 \mid 8)$

$= P(1 \mid 4) + P(1 \mid 6) + P(1 \mid 8) + P(2) + P(3 \mid 4) + P(3 \mid 6) + P(3 \mid 8)$

$= \frac{1}{8} + \frac{1}{16} + \frac{1}{16} + \frac{1}{4} + \frac{1}{16} + \frac{1}{32} + \frac{1}{32} = \frac{5}{8} = 62{,}5\,\%$

Seite 170 ▶ Üben ☒ Produktregel und Summenregel

6 **a)** Zwei Teebeutel sind von gleicher Sorte.

$P(F|F) + P(K|K) + P(R|R) = \frac{6}{20} \cdot \frac{5}{20} + \frac{4}{20} \cdot \frac{3}{20} + \frac{10}{20} \cdot \frac{9}{20} = \frac{30}{400} + \frac{12}{400} + \frac{90}{400} = \frac{132}{400} = \frac{33}{100} = 33\,\%$

Es kommt genau einmal Früchte-Tee vor.

$P(F|K) + P(F|R) + P(K|F) + P(R|F) = \frac{6}{20} \cdot \frac{4}{20} + \frac{6}{20} \cdot \frac{10}{20} + \frac{4}{20} \cdot \frac{6}{20} + \frac{10}{20} \cdot \frac{6}{20} = \frac{24}{400} + \frac{60}{400} + \frac{24}{400} + \frac{60}{400}$

$= \frac{168}{400} = \frac{42}{100} = 42\,\%$

Es kommt höchstens einmal Kräuter-Tee vor.

$P(F|F) + P(F|K) + P(F|R) + P(K|F) + P(K|R) + P(R|F) + P(R|K) + P(R|R)$

$= P(F) + P(K|F) + P(K|R) + P(R)$

$= \frac{6}{20} + \frac{24}{400} + \frac{40}{400} + \frac{10}{20} = \frac{24}{25} = \frac{96}{100} = 96\,\%$ oder $1 - P(K|K) = 1 - \frac{16}{400} = \frac{384}{400} = \frac{24}{25} = 96\,\%$

b) $P(R|R)$ ist falsch. $P(R|R) = \frac{10}{20} \cdot \frac{9}{20} = \frac{9}{40}$; $P(\text{kein Rooibos}) = 1 - \frac{9}{40} = \frac{31}{40} = 77{,}5\,\%$

c) Sie muss die gleiche Anzahl Teebeutel für jede Sorte in die Box füllen.

7 Tarek hat die Wahrscheinlichkeit für den Zufallsversuch ohne Zurücklegen berechnet. Diese hat er jedoch richtig berechnet.

Seite 171 ▶ Üben ☒ Produktregel und Summenregel

1 Meer (M), zu Hause (H), Berge (B)

a)

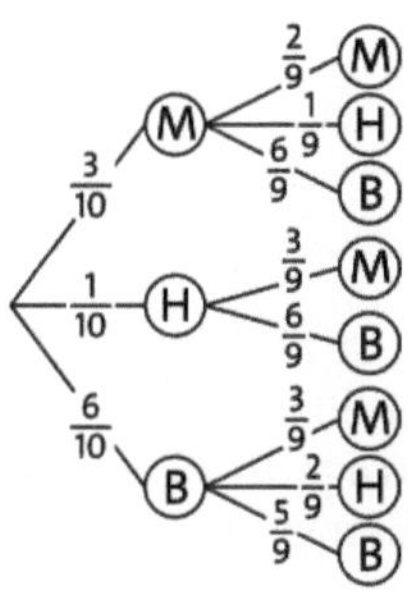

b) $P(B|B) = \frac{6}{10} \cdot \frac{5}{9} = \frac{30}{90} = \frac{1}{3} \approx 33{,}3\,\%$

c) 1. Woche Meer, 2. Woche zu Hause:

$P(M|H) = \frac{3}{10} \cdot \frac{1}{9} = \frac{3}{90} = \frac{1}{30} \approx 3{,}3\,\%$

1. Woche zu Hause, 2. Woche Meer:

$P(H|M) = \frac{1}{10} \cdot \frac{3}{9} = \frac{3}{90} = \frac{1}{30} \approx 3{,}3\,\%$

d) Die Wahrscheinlichkeiten in c) sind gleich groß, obwohl die Einzelwahrscheinlichkeiten verschieden sind.

2 **a)**

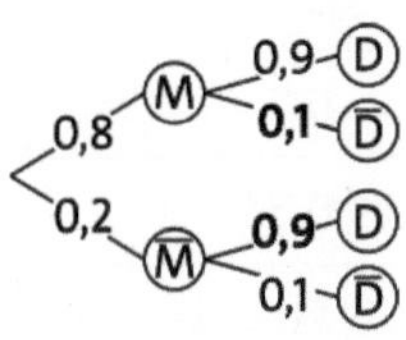

b) Der Prüfling besteht beide Prüfungen.

$P(M|D) = 0{,}8 \cdot 0{,}9 = 0{,}72 = 72\,\%$

Der Prüfling besteht nicht in Mathe aber in Deutsch.

$P(\overline{M}|D) = 0{,}2 \cdot 0{,}9 = 0{,}18 = 18\,\%$

Der Prüfling besteht beide Prüfungen nicht.

$P(\overline{M}|\overline{D}) = 0{,}2 \cdot 0{,}1 = 0{,}02 = 2\,\%$

3 **a)** ① (Stern | Stern), (Herz | Herz); ② (Stern | Stern)

b) ① (Stern | Stern)$\frac{1}{2} \cdot \frac{1}{2} = \frac{1}{4}$: $= 25\,\%$; (Herz | Herz): $\frac{1}{3} \cdot \frac{1}{3} = \frac{1}{9} \approx 11{,}1\,\%$

② (Stern | Stern): $\frac{1}{2} \cdot \frac{2}{5} = \frac{2}{10} = 20\,\%$

4 **a)** $P(2) = 0{,}125$; $P(4) = 0{,}125$; $P(6) = 0{,}125$; $P(8) = 0{,}125$; $P(\text{Pokal}) = 0{,}125$; $P(1) = 0{,}375$

zwei gerade Zahlen:

$P(2|2) + P(2|4) + P(2|6) + P(2|8) + P(4|2) + P(4|4) + P(4|6) + P(4|8) + P(8|2) + P(8|4) + P(8|6) + P(8|8) = 12 \cdot 0{,}125^2 = 0{,}1875 = 18{,}75\,\%$

mindestens 1-mal Pokal: $P(\text{Pokal}) = 0{,}125 = 12{,}5\,\%$

verschiedenfarbige Felder:

Grün (G), $P(G) = 0{,}375$; Rot (R), $P(R) = 0{,}25$; Blau (B), $P(B) = 0{,}25$; Gelb (Ge), $P(Ge) = 0{,}125$

$P(G|R) + P(G|B) + P(G|Ge) + P(R|G) + P(R|B) + P(R|Ge) + P(Ge|G) + P(Ge|R) + P(Ge|B)$

$= 0{,}375 \cdot 0{,}25 + 0{,}375 \cdot 0{,}25 + 0{,}375 \cdot 0{,}125 + 0{,}25 \cdot 0{,}375 + 0{,}25 \cdot 0{,}25 + 0{,}25 \cdot 0{,}325$

$+ 0{,}125 \cdot 0{,}375 + 0{,}125 \cdot 0{,}25 + 0{,}125 \cdot 0{,}25$

$= 4 \cdot 0{,}375 \cdot 0{,}25 + 2 \cdot 0{,}375 \cdot 0{,}125 + 0{,}25 \cdot 0{,}25 + 2 \cdot 0{,}125 \cdot 0{,}25 = 0{,}59375 = 59{,}375\,\%$

b) Clara rechnet mit dem Gegenereignis $P(\overline{E}|\overline{E}) = 1 - P(E|E)$.

Seite 171 ▶ Üben ☒ Produktregel und Summenregel

5 $P(A) = \frac{3}{16}$; 2. Stufe: $P(A) = \frac{3}{15} = \frac{1}{5}$; $P(K) = \frac{2}{16} = \frac{1}{8}$; $P(Pf) = \frac{5}{16}$; $P(Pa) = \frac{4}{16} = \frac{1}{4}$; $P(N) = \frac{2}{16} = \frac{1}{8}$

a) Henrik mag die Suppe nicht:
$P(A) + P(K\,|\,A) + P(Pf\,|\,A) + P(Pa\,|\,A) + P(N\,|\,A)$
$= \frac{3}{16} + \frac{1}{8} \cdot \frac{1}{5} + \frac{5}{16} \cdot \frac{1}{5} + \frac{1}{4} \cdot \frac{1}{5} + \frac{1}{8} \cdot \frac{1}{5} = \frac{3}{16} + \frac{1}{40} + \frac{1}{16} + \frac{1}{20} + \frac{3}{40} = \frac{2}{5} = 40\,\%$
Henrik mag die Suppe: Das ist das Gegenereignis zu Henrik mag die Suppe.
$1 - 40\,\% = 60\,\%$
höchstens einmal Nelke: Das ist das Gegenereignis zu zweimal Nelke
$1 - P(N\,|\,A) = 1 - \frac{1}{64} = \frac{63}{64} \approx 98{,}4\,\%$
zwei gleiche Gewürze:
$P(A\,|\,A) + P(K\,|\,K) + P(Pf\,|\,Pf) + P(Pa\,|\,Pa) + P(N\,|\,N) = \frac{9}{256} + \frac{1}{64} + \frac{25}{256} + \frac{1}{16} + \frac{1}{64} = \frac{29}{128} \approx 22{,}7\,\%$

b) Die Wahrscheinlichkeit wird kleiner.
$= \frac{3}{16} + \frac{1}{8} \cdot \frac{3}{16} + \frac{5}{16} \cdot \frac{3}{16} + \frac{1}{4} \cdot \frac{3}{16} + \frac{1}{8} \cdot \frac{3}{16} = \frac{3}{16} + \frac{3}{128} + \frac{15}{256} + \frac{3}{64} + \frac{3}{128} = \frac{87}{256} = 34{,}0\,\%$

6 **a)** Sina hat vernachlässigt, dass es 6-mal gleiche Zahlen gibt.
$P(\text{2 nicht gleiche Zahlen}) = 1 - 6 \cdot \frac{1}{6} \cdot \frac{1}{6} = 1 - \frac{1}{6} = \frac{5}{6} = 83{,}3\,\%$

b) individuelle Möglichkeiten

Seite 174 ▶ Thema Vierfeldertafel

1 Zum Beispiel:
Die Wahrscheinlichkeit, dass die Person ein Junge ist und den Test nicht bestanden hat, beträgt 12 %.
Die Wahrscheinlichkeit, dass ein Junge ausgewählt wird, beträgt 60 %.
Die Wahrscheinlichkeit, dass ein Mädchen ausgewählt wird, beträgt 40 %.
Die Wahrscheinlichkeit, dass die ausgewählte Person ein Mädchen ist und den Test nicht besteht, ist 4 %.

2 **a)**

	Bestanden	Nicht bestanden	gesamt
Mädchen	0,42	0,28	0,7
Junge	0,21	0,09	0,3
gesamt	0,63	0,37	1

b) Zum Beispiel:
Die Wahrscheinlichkeit, dass eine zufällig ausgewählte Person ein Mädchen ist, das bestanden hat, beträgt 42 %.
Die Wahrscheinlichkeit, dass eine zufällig ausgewählte Person ein Junge ist, beträgt 30 %.

3 **a)** In der ersten Zeile bzw. ersten Spalte stehen die zwei Ergebnisse pro Stufe. Die vier Felder werden mit den Wahrscheinlichkeiten für den jeweiligen Pfad gefüllt.

	Gehäuse	$\overline{\text{Gehäuse}}$	gesamt
Display	15 %	**35 %**	**50 %**
$\overline{\text{Display}}$	**5 %**	**45 %**	50 %
gesamt	**20 %**	80 %	**100 %**

c) Iwan hat recht, denn P(nur Display) = P(Display | nicht Gehäuse) = 35 % und P(nur Gehäuse) = P(nicht Display | Gehäuse) = 5 %.

Seite 174 ▶ Thema — Vierfeldertafel

4 a) und b)

	angespitzt	nicht angespitzt	gesamt
pastellfarben	0,65	**0,05**	0,7
nicht pastellfarben	**0,15**	0,15	**0,3**
gesamt	**0,8**	**0,2**	**1**

c) Nein, denn P(pastellfarben) = 0,7 und P(angespitzt) = 0,8. Also ist es wahrscheinlicher, einen angespitzten Stift zu ziehen, als einen pastellfarbenen.

Seite 175 ▶ Vermischte Übungen — Zufall und Wahrscheinlichkeit

1 a)

Farbe des Felds	gelb	rot	lila
absolute Häufigkeit	11	52	37
relative Häufigkeit	$\frac{11}{100} = 11\ \%$	$\frac{52}{100} = 52\ \%$	$\frac{37}{100} = 37\ \%$

b) Es gibt wahrscheinlich 1 gelbes Feld, 4 rote Felder und 3 lila Felder.
Es ist egal, in welcher Reihenfolge die Felder gefärbt sind.
c) Individuelle Gruppenarbeit
d) Es gibt $3 \cdot 3 = 9$ Möglichkeiten.

2 a) Beim Würfeln von Würfel ② handelt es sich nicht um ein Zufallsexperiment.
Du kannst den Ausgang des Versuchs vorhersagen, da jedes Feld orange ist.
Es ist damit vorhersagbar.
b) ① P(orange) $= \frac{3}{6} = 0{,}5 = 50\ \%$ ② P(orange) $= \frac{6}{6} = 1 = 100\ \%$
③ P(orange) $= \frac{2}{6} = 0{,}333 = 33{,}3\ \%$

3 a) ① Mögliche Ergebnisse: blau, rot, grün — Unmögliches Ergebnis: gelb
② Mögliche Ergebnisse: A, E, I, O, U — Unmögliches Ergebnis: X
③ Mögliche Ergebnisse: Reißzwecke liegt auf dem Kopf, Reißzwecke liegt auf der Seite
Unmögliches Ergebnis: Reißzwecke berührt nur mit der Spitze den Boden
Du kannst auch andere unmögliche Ergebnisse genannt haben.
b) ① Kein Laplace-Experiment, da die Sektoren (Felder) unterschiedlich groß sind
② Laplace-Experiment, da jede Karte die gleiche Chance hat, gezogen zu werden
③ Kein Laplace-Experiment, da die Wahrscheinlichkeiten der beiden Ergebnisse nicht gleich sind
c) ② P(E) $= \frac{1}{5}$

4 a) $\frac{3}{6} \cdot \frac{3}{6} = \frac{1}{4} = 25\ \%$
b) ① Zufallsexperiment mit Zurücklegen
② Zufallsexperiment mit Zurücklegen

Seite 175 ▶ Vermischte Übungen ☒ Zufall und Wahrscheinlichkeit

5 Rot (R), Weiß (W), Blau (B)

a)

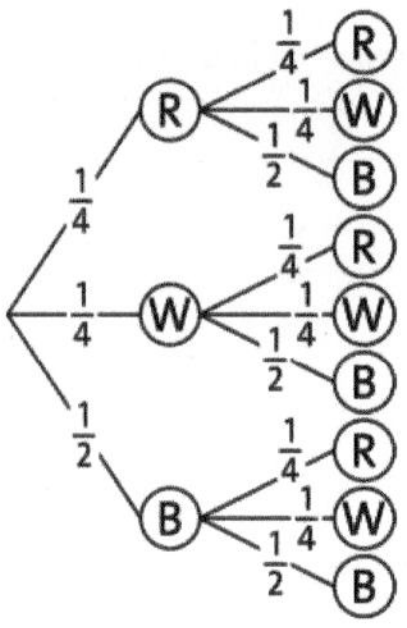

b) (R | R), (R | W), (R | B), (W | R), (W | W), (W | B), (B | R), (B | W), (B | B)

c) Zuerst Blau, dann Weiß

$P(B\,|\,W) = \frac{1}{2} \cdot \frac{1}{4} = \frac{1}{8} = 12{,}5\,\%$

2-mal die gleiche Farbe

$P(R\,|\,R) + P(W\,|\,W) + P(B\,|\,B) = \frac{1}{16} + \frac{1}{16} + \frac{1}{8} = \frac{1}{4} = 25\,\%$

genau 1-mal Rot

$P(R\,|\,W) + P(R\,|\,B) + P(W\,|\,R) + P(B\,|\,R) = 3 \cdot \frac{1}{16} + \frac{1}{8} = \frac{5}{16} = 31{,}25\,\%$

mindestens 1-mal Blau

$P(R\,|\,B) + P(W\,|\,B) + P(B) = 2 \cdot \frac{1}{8} + \frac{1}{2} = \frac{3}{4} = 75\,\%$

Höchstens 1-mal Weiß; Das ist das Gegenereignis zu 2-mal Weiß.

$1 - P(W\,|\,W) = 1 - \frac{1}{16} = \frac{15}{16} = 93{,}75\,\%$

6 **a)** Ibrahim legt die Kugel nicht zurück, denn in der 2. Stufe sind nur 7 Kugeln zur Auswahl, also Siebentel.

b) $\frac{5}{8} \cdot \frac{4}{7} = \frac{5}{14} \approx 35{,}7\,\%$ **c)** Rot (R), Blau (B); $P(R\,|\,B) + P(B\,|\,R) = \frac{3}{8} \cdot \frac{5}{7} + \frac{5}{8} \cdot \frac{3}{7} = 2 \cdot \frac{15}{56} = \frac{15}{28} \approx 53{,}6\,\%$

d) Es gibt nur zwei verschiedene Farben, die Ibrahim ziehen kann: Rot und Blau.
Also gibt es nur $2 \cdot 2 = 4$ verschiedene Ergebnisse bei seinem Experiment.

Seite 176 ▶ Vermischte Übungen ☒ Zufall und Wahrscheinlichkeit

1 **a)**

Farbe der Karte	rot	blau	gelb
absolute Häufigkeit	124	16	60
relative Häufigkeit	$\frac{124}{200} = 62\,\%$	$\frac{16}{200} = 8\,\%$	$\frac{60}{200} = 30\,\%$

b) Die relative Häufigkeit für blau ist 8 %. 8% von 25 Karten sind 2 Karten. Die relative Häufigkeit nähert sich bei vielen Versuchen der Wahrscheinlichkeit an, deswegen ist Felix' Vermutung sinnvoll.

c) P(nicht blau) = 1 - P(blau) = 1 - 0,08 = 0,92 = 92 %.

2 ① „Den Becher werfen" ist ein Zufallsexperiment, aber kein Laplace-Experiment.
Du kannst nicht beeinflussen oder vorhersagen, wie der Becher landet.
Du kennst alle Ergebnisse: auf der Seite, auf dem Boden, auf der geöffneten Seite.
Den Becher kannst du so oft werfen, wie du möchtest.

② „Eine Kugel aus diesem Beutel ziehen" ist kein Zufallsexperiment, weil du genau vorhersagen kannst, dass die gezogene Kugel grau ist.

③ „Den Würfel werfen" ist ein Zufallsexperiment.
Du kannst nicht beeinflussen oder vorhersagen, welche Seite oben liegen wird.
Drei mögliche Ergebnisse sind: Stern, Herz, Sonne. Eventuell kommen noch bis zu drei weitere Ergebnisse hinzu, je nachdem, wie die nicht sichtbaren Seiten des Würfels bedruckt sind.
Das Zufallsexperiment kannst du beliebig oft wiederholen.
Das Experiment ist ein Laplace-Experiment, wenn auf den nicht sichtbaren Seiten des Würfels noch ein Herz, ein Stern und eine Sonne mit gleicher Farbgebung abgebildet sind oder wenn alle sechs Seiten des Würfels verschieden bedruckt sind. Dann sind alle Ergebnisse gleich wahrscheinlich.
Kein Laplace-Experiment ist es zum Beispiel, wenn die drei nicht sichtbaren Seiten des Würfels alle mit Herzen bedruckt sind, die genauso aussehen wie das sichtbare. Dann ist die Wahrscheinlichkeit für ein Herz viermal so groß wie für jede der beiden anderen Abbildungen.

Seite 176 ▶ Vermischte Übungen ☒ — Zufall und Wahrscheinlichkeit

2 ⇨ Fortsetzung

④ „Die Hand mit der Münze wählen" ist ein Zufallsexperiment, sogar ein Laplace-Experiment. Du kannst nicht beeinflussen oder vorhersagen, ob du die Hand mit der Münze gewählt hast. Die Ergebnisse sind: Hand mit Münze, Hand ohne Münze. Das Experiment kannst du wiederholen. Alle Ergebnisse sind gleich wahrscheinlich.

3 **a)** Für die Ereignisse Ⓐ und Ⓒ beträgt die Wahrscheinlichkeit $\frac{1}{3}$.

Ⓐ Für das Ereignis, eine 5 oder 6 würfeln, gibt es zwei günstige Ergebnisse (5 und 6). Bei einem Spielwürfel gibt es insgesamt sechs mögliche Ergebnisse. Die Wahrscheinlichkeit, eine 5 oder 6 zu würfeln, beträgt $\frac{2}{6}$ oder gekürzt $\frac{1}{3}$.

Ⓑ Die Wahrscheinlichkeit, bei einem Spielwürfel eine 3 oder 7 zu würfeln, beträgt $\frac{1}{6}$, weil man die 7 nicht würfeln kann. Es gibt nur ein günstiges Ergebnis.

Ⓒ Für das Ereignis, eine von den 10 grünen Murmeln zu ziehen, wenn 30 Murmeln in der Kiste sind, gibt es zehn günstige Ergebnisse. Insgesamt gibt es 30 mögliche Ergebnisse.
Die Wahrscheinlichkeit, eine von den 10 grünen Murmeln zu ziehen, beträgt $\frac{10}{30}$ oder gekürzt $\frac{1}{3}$.

Ⓓ Die Wahrscheinlichkeit, einen Jungen (bei 27 Kindern und 9 Mädchen) auszuwählen, beträgt $\frac{18}{27} = \frac{2}{3}$. Es gibt 18 günstige Ergebnisse.

b) Deine Ereignisse können anders lauten. Beispiele:
① Mit einem Spielwürfel höchstens eine 2 würfeln.
② Aus einem Monat mit 30 Tagen 10 Tage auswählen, an denen du Sport machen möchtest, dann eine andere Person die Sporttage erraten lassen.

4 **a)** Wenn die relative Häufigkeit als Wahrscheinlichkeit angesehen wird, dann könnte bei dem pinken Glücksrad die 4 bei 100-mal Drehen 50-mal vorkommen, weil die 4 bei diesem Glücksrad 50 % Wahrscheinlichkeit hat.
Bei dem blauen Glücksrad könnte die 5 ca. 33-mal vorkommen, weil die 5 bei diesem Glücksrad ca. 33,3 % Wahrscheinlichkeit hat.

b) 4 Ergebnisse in der 1. Stufe und 3 Ergebnisse in der 2. Stufe, also $3 \cdot 4 = 12$, also 12 Ergebnisse.
(1 | 5), (1 | 7), (1 | 8), (2 | 5), (2 | 7), (2 | 8), (3 | 5), (3 | 7), (3 | 8), (4 | 5), (4 | 7), (4 | 8)

c) gerade (g),
ungerade (u)

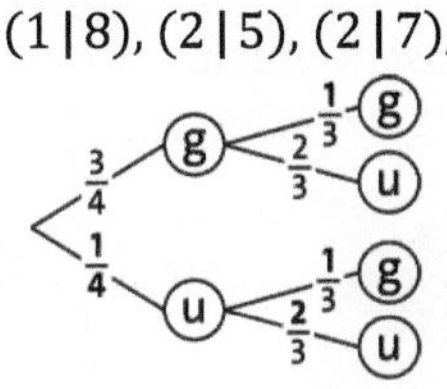

d) $P(g\,|\,g) = \frac{3}{4} \cdot \frac{1}{3} = \frac{1}{4} = 25\,\%$

5 **a)** Der Obstbauer hat die Anzahl der fehlerhaften Flaschen durch die Gesamtanzahl der Flaschen geteilt.

b) P(Etikett klebt richtig) = 1 − P(Etikett klebt falsch) = 1 − 0,05 = 0,95 = 95 %
P(richtige Menge Saft in der Flasche) = 1 − P(Flasche nicht ganz voll) = 1 − 0,1 = 0,9 = 90 %

c) ① P(beide Mängel) = $2 \cdot 0{,}05 \cdot 0{,}1 = 0{,}01 = 1\,\%$
② P(genau einen der Mängel) = $0{,}05 \cdot 0{,}9 + 0{,}95 \cdot 0{,}1 = 0{,}045 + 0{,}095 = 0{,}14 = 14\,\%$

6 **a)** Klasse 7 a: $\frac{12}{25} = \frac{48}{100} = 48\,\%$;
Klasse 7 b: $\frac{9}{20} = \frac{45}{100} = 45\,\%$

b) weiblich (w),
männlich (m)

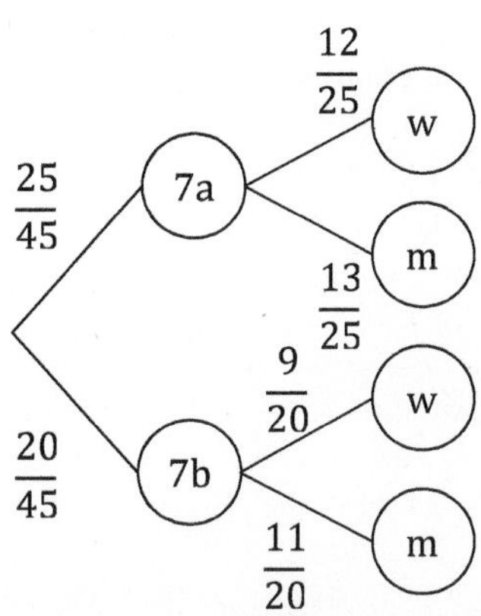

Seite 176 ▶ Vermischte Übungen ☒ Zufall und Wahrscheinlichkeit

6 ⇨ Fortsetzung

c) P(Die Person ist ein Junge aus 7a oder ein Mädchen aus 7b.)
$= P(7a \mid \text{Junge}) + P(7b \mid \text{Mädchen})$
$= \frac{25}{45} \cdot \frac{13}{25} + \frac{20}{45} \cdot \frac{9}{20} = \frac{22}{45} \approx \mathbf{48{,}9\,\%}$
P(Die Person ist weiblich.)
$= P(7a \mid \text{Mädchen}) + P(7b \mid \text{Mädchen})$
$= \frac{25}{45} \cdot \frac{12}{25} + \frac{20}{45} \cdot \frac{9}{20} = \frac{21}{45} \approx \mathbf{46{,}7\%}$
P(Die Person ist aus der Klasse 7b.) $= \frac{20}{45} \approx \mathbf{44{,}4\,\%}$
Es ist am wahrscheinlichsten, dass die Person ein Junge aus der 7a oder ein Mädchen aus der 7b ist.

Seite 177 ▶ Vermischte Übungen ☒ Zufall und Wahrscheinlichkeit

1 **a)** $\frac{108}{500} = 0{,}216 = 21{,}6\,\%$ Die Wahrscheinlichkeit für „Fläche 3 oben" kann man mit 21,6 % schätzen.

b) Das Ergebnis „Fläche 4 liegt oben" ist genauso groß, weil die Fläche ebenso groß ist wie die Fläche 3. Gleichgroße Flächen haben die gleiche Wahrscheinlichkeit, wenn das Gewicht gleich verteilt ist.

c) Die Flächen 3 und 4 werden mit einer Wahrscheinlichkeit von jeweils 21,6 % (zusammen: 43,2 %) geworfen. Für die übrigen Flächen bleibt eine Wahrscheinlichkeit von 56,8 %. Da alle Flächen gleich groß sind, gilt: 56,8 : 4 = 14,2. Die Wahrscheinlichkeit, dass eine der kleinen Flächen oben liegt, beträgt 14,2 %. Das entspricht annähernd Marias Schätzung.

2 ① Es handelt sich nicht um ein Zufallsexperiment, da eine Kerze immer gleich schnell abbrennt, und das Experiment deshalb bei der zweiten Durchführung vorhersagbar ist.
② Es handelt sich um ein Zufallsexperiment, da es beliebig oft durchführbar ist, nicht vorhersagbar und die möglichen Ergebnisse bekannt sind (es regnet, es regnet nicht). Es ist aber kein Laplace-Experiment, da es in Deutschland viel mehr Sonnen- als Regentage gibt, und deswegen die Wahrscheinlichkeit für einen Regentag niedriger ist.
③ Es handelt sich um ein Zufallsexperiment. Man kann das Experiment beliebig oft durchführen und das Ergebnis nicht vorhersagen. Die möglichen Ergebnisse sind bekannt. Die Wahrscheinlichkeit für jede Seite ist gleich. Deswegen ist es ein Laplace-Experiment.

3 **a)** Bei einem Laplace-Experiment ist jedes Ergebnis gleich wahrscheinlich.
Beispiel für eine Lösung:

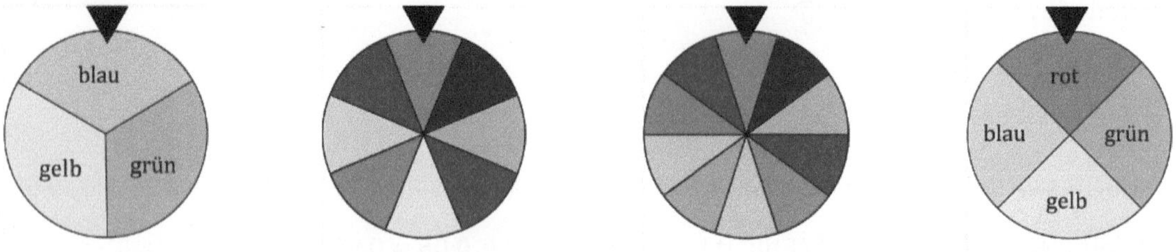

$P = \frac{1}{3}$ $P = \frac{1}{8}$ $P = \frac{1}{10}$ $P = \frac{1}{4}$

b) Um mit einem Glücksrad kein Laplace-Experiment durchführen zu können, müssen die Ergebnisse unterschiedliche Wahrscheinlichkeiten haben, also müssen entweder die Farben verschieden oft vorkommen, oder die Felder unterschiedlich groß sein.
Beispiel für eine Lösung:

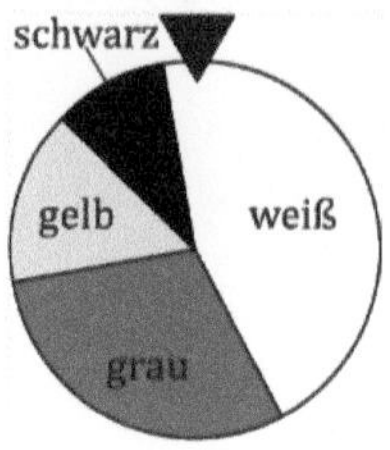

Seite 177 ▶ Vermischte Übungen ☒ Zufall und Wahrscheinlichkeit

4 **a)** $P(\text{Herz}) = \frac{2}{8} = \frac{1}{4} = \frac{25}{100} = \mathbf{25\,\%}$

$P(\text{grüne Raute}) = \frac{1}{8} = \frac{125}{1000} = \mathbf{12{,}5\,\%}$

b) Du kannst andere Ereignisse formuliert haben.

$P = \frac{1}{2} = \frac{4}{8}$ → Gesucht ist ein Ereignis mit 4 günstigen Ergebnissen.

Beispiel: Der Pfeil bleibt auf einer Raute stehen.

c) Beispiel: Der Pfeil bleibt auf einem grünen Herz stehen.

d) Beispiele:

① Der Pfeil bleibt auf einer Raute oder einem Herz stehen.

$P(\text{Raute oder Herz}) = \frac{4+2}{8} = \frac{6}{8} = \frac{3}{4} = \frac{75}{100} = \mathbf{75\,\%}$

② Der Pfeil bleibt auf einem weißen oder roten Feld stehen.

$P(\text{weiß oder rot}) = \frac{2+3}{8} = \frac{5}{8} = \frac{625}{1000} = \mathbf{62{,}5\,\%}$

③ Der Pfeil bleibt auf einem Feld stehen, das kein Pik-Symbol enthält.

$P(\text{kein Pik}) = \frac{7}{8} = \frac{875}{1000} = \mathbf{87{,}5\,\%}$

5 **a)** $P(\text{nicht Grün}) = \frac{1}{2} = 50\,\%$

b) jede Stufe 4 Ergebnisse, also $4 \cdot 4 = 16$ Ergebnisse

c) Gelb (Ge), Blau (B), Rot (R), Grün (Gr)

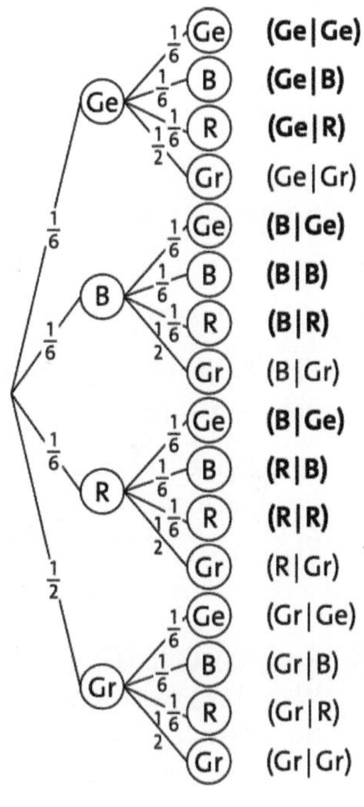

d) Jana überlegt falsch. Sie muss mit den Wahrscheinlichkeiten rechnen und nicht mit der Anzahl der Ergebnisse, weil die Wahrscheinlichkeiten nicht für alle Ergebnisse gleich groß sind.

Janas Überlegung:

9 von 16 sind $\frac{9}{16} = 0{,}5625 = 56{,}25\,\%$

richtige Rechnung:

$9 \cdot \frac{1}{6} \cdot \frac{1}{6} = \frac{1}{4} = 25\,\%$

6 **a)**

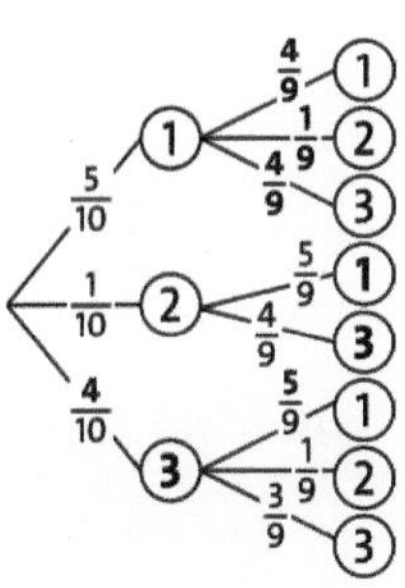

b) Es sind 10 Kugeln, denn in der 1. Stufe sind Zehntel angegeben.

c) Nein, Sarah legt die erste Kugel nicht zurück, denn in der 2. Stufe sind Neuntel angegeben.

d) $P(1|2) + P(1|3) + P(2|1) + P(2|3) + P(3|1) + P(3|2)$

$= \frac{1}{2} \cdot \frac{1}{9} + \frac{1}{2} \cdot \frac{4}{9} + \frac{1}{10} \cdot \frac{5}{9} + \frac{1}{10} \cdot \frac{4}{9} + \frac{2}{5} \cdot \frac{5}{9} + \frac{2}{5} \cdot \frac{1}{9}$

$= \frac{1}{18} + \frac{2}{9} + \frac{1}{18} + \frac{2}{45} + \frac{2}{9} + \frac{2}{45} = \frac{29}{45} \approx 64{,}4\,\%$

7 **a)** Es kann das Gegenereignis zu „Hausaufgaben erledigt“ verwendet werden.

Mädchen vergessen: 30 %

Jungen vergessen: 40 %

b) Mädchen (M), Jungen (J) erledigt (e) nicht erledigt (n)

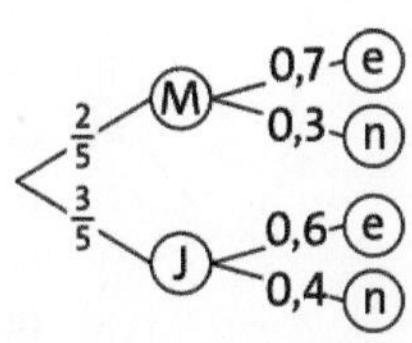

Seite 177 ▶ Vermischte Übungen ☒ Zufall und Wahrscheinlichkeit

7 ⇨ Fortsetzung

c) Schülerin, die keine Hausaufgaben erledigt hat: $P(M \mid n) = 0{,}4 \cdot 0{,}3 = 0{,}12 = 12\,\%$
Schüler, der die Hausaufgaben erledigt hat: $P(J \mid e) = 0{,}6 \cdot 0{,}6 = 0{,}36 = 36\,\%$

d) Ayla berechnet die Wahrscheinlichkeit „Die Person hat die Hausaufgabe erledigt."

Seite 178 ▶ Tieftauchen Tulpen für den Schulgarten

A

Anzahl der Tulpenzwiebeln	10	50	100
Anzahl der gelben Tulpen	4	18	35
relative Häufigkeit	$\frac{4}{10} = \frac{2}{5} = 40\,\%$	$\frac{18}{50} = \frac{9}{25} = 36\,\%$	$\frac{35}{100} = \frac{7}{20} = 35\,\%$

B Pink (P), Lila (L), Orange (O)
Farbkombination ohne Beachtung der Reihenfolge:
Pink / Lila,
Pink / Orange,
Lila / Orange

Für ein Baumdiagramm muss von einem zweistufigen Zufallsexperiment ausgegangen werden.

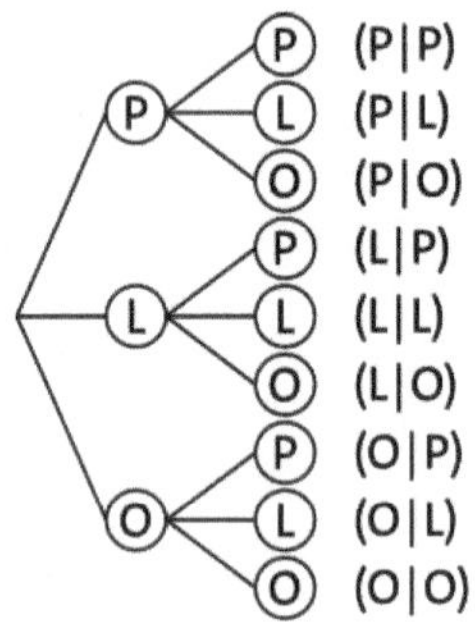

C Es sind 3 pink blühende Tulpen, 5 lila blühende und 2 orange blühende.
$P(O \mid O) = \frac{1}{5} \cdot \frac{1}{9} = \frac{1}{45} \approx 2{,}2\,\%$

D „Die Tulpe ist nicht rot.": Gegenereignis: „Die Tulpe ist rot." $P(\overline{R}) = 1 - P(R) = 1 - \frac{3}{8} = \frac{5}{8} = 62{,}5\,\%$
„Die Tulpe ist weiß, rosa oder schwarz.": Gegenereignis: „Die Tulpe ist rot (R) oder gelb (G)."
$P(\overline{E}) = 1 - (P(R) + P(G)) = 1 - \left(\frac{3}{8} + \frac{2}{8}\right) = 1 - \frac{5}{8} = \frac{3}{8} = 37{,}5\,\%$
„Die Tulpe ist weder weiß, noch rot noch schwarz.":
Gegenereignis: „Die Tulpe ist weiß (W) oder rot (R) oder schwarz (S)."
$P(\overline{E}) = 1 - (P(W) + P(R) + P(R)) = 1 - \left(\frac{1}{8} + \frac{3}{8} + \frac{1}{8}\right) = 1 - \frac{5}{8} = \frac{3}{8} = 37{,}5\,\%$

E Rot (Rt), Gelb (G), Weiß (W), Schwarz (S), Rosa (R)

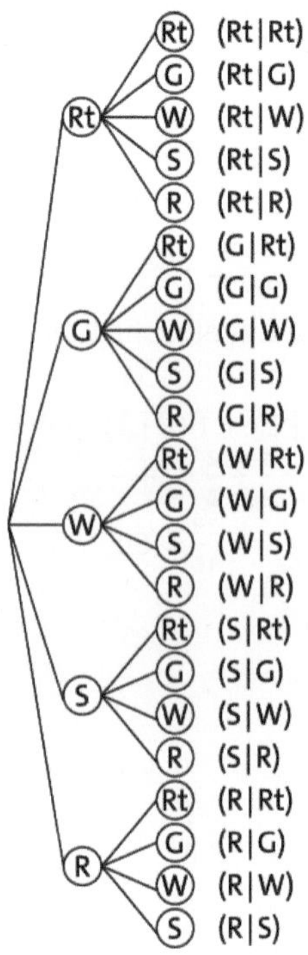

Luisas Aussage ist falsch, denn nach dem zweiten Zug gibt es keine weiße oder schwarze oder rosa Zwiebel mehr zu ziehen.
Es ergeben sich $2 \cdot 5 + 3 \cdot 4$ Pfade, also 22 Pfade.

Seite 178 ▶ Tieftauchen — Tulpen für den Schulgarten

F Rot (Rt), Gelb (G), Weiß (W), Schwarz (S), Rosa (R)

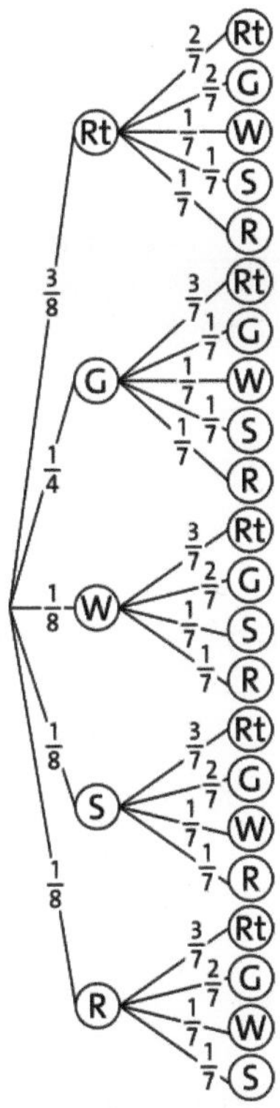

① Das ist das Gegenereignis zu „zwei gleichfarbige Tulpen.

$$P(\overline{E}) = 1 - (P(R\,|\,R) + P(G\,|\,G))$$
$$= 1 - \left(\frac{6}{35} + \frac{1}{28}\right) = 1 - \frac{29}{140} = \frac{111}{140} \approx 79{,}3\,\%$$

② $$P(E) = P(Rt) + P(G\,|\,Rt) + P(W\,|\,Rt) + P(S\,|\,Rt) + P(R\,|\,Rt)$$
$$= \frac{3}{8} + \frac{3}{28} + 3 \cdot \frac{3}{56} = \frac{9}{14} \approx 64{,}3\,\%$$

③ $$P(E) = P(Rt\,|\,Rt) + P(Rt\,|\,W) + P(Rt\,|\,S) + P(Rt\,|\,R) + P(W\,|\,Rt) + P(W\,|\,S) + P(W\,|\,R) + P(S\,|\,Rt) + P(S\,|\,W) + P(S\,|\,R) + P(R\,|\,Rt) + P(R\,|\,W) + P(R\,|\,S)$$
$$= \frac{3}{28} + 6 \cdot \frac{3}{56} + 6 \cdot \frac{1}{56} = \frac{15}{28} \approx 53{,}6\,\%$$

Seite 184 ▶ Wissen — Terme aufstellen und berechnen

1 $110 \cdot x + 600$

2 $100 \cdot x + 700$ $100\,€ \cdot 30 + 700\,€ = 3000\,€ + 700\,€ = 3700\,€$

Seite 185 ▶ Üben — Terme aufstellen und berechnen

1 Terme sind a) b) e). Bei den anderen stehen entweder Rechenzeichen hintereinander oder es ist gar keins vorhanden.

2 Term a) **4y**; sowie b), wenn man vorher die Multiplikatoren vertauscht: $x \cdot 5 = 5 \cdot x =$ **5x**

3 ① $1 \cdot x = 1x = x$ ② $1 \cdot x + 1 \cdot v = x + v = 1x + 1v$ ③ $8 \cdot x = 8x$

4 **a)** $2 + 4 =$ **6** **b)** $4 \cdot 2 =$ **8** **c)** $18 : 2 =$ **9** **d)** $2 \cdot 2 + 1 = 4 + 1 =$ **5**

5 **a)** $2 \cdot 1 + 3 = 2 + 3 =$ **5** **b)** $2 \cdot 3 + 3 = 6 + 3 =$ **9** **c)** $2 \cdot 15 + 3 = 30 + 3 =$ **33**

6

		x = 3	x = 8	x = 10	x = 20
a)	x + 8	11	16	18	28
b)	x – 5	-2	3	5	15
c)	3 · x	9	24	30	60
d)	5x	15	40	50	100

7 Ⓐ② „jünger" Ⓑ③ „teurer" Ⓒ① „doppelt so viel"

8 **a)** $x + 5$ **b)** $x - 10$ **c)** $x + 5$ **d)** $x - 5$

9 **a)** $6 \cdot y$ **b)** $2 \cdot k$

10 ① $8 \cdot k$ ② $12 \cdot e$

11 **a)** $4 \cdot x + 25$ **b)** $7 \cdot x + 72$

Seite 186 ▶ Üben — Terme aufstellen und berechnen

1 Terme sind: **a)** Variable: **x** **c)** Variablen: **y** und **z** **d)** Variable: **r** **f)** keine Variable

2 **a)** $5 + 4y$ **b)** $4x + 3$ **c)** $3 \cdot 5x$

3 Individuelle Lösungen

4 **a)** ① $3 \cdot 6 =$ **18** ② $3 \cdot 1{,}5 =$ **4,5** ③ $3 \cdot 4\frac{1}{2} = \mathbf{13\frac{1}{2}}$

b) ① $24 - 6 =$ **18** ② $24 - 1{,}5 =$ **22,5** ③ $24 - 4\frac{1}{2} = \mathbf{19\frac{1}{2}}$

c) ① $2 \cdot 6 + 6 = 12 + 6 =$ **18** ② $2 \cdot 1{,}5 + 6 = 3 + 6 =$ **9** ③ $2 \cdot 4\frac{1}{2} + 6 = 9 + 6 =$ **15**

d) ① $9 \cdot (6 - 3) = 9 \cdot 3 =$ **27** ② $9 \cdot (1{,}5 - 3) = 9 \cdot (-1{,}5) =$ **-13,5** ③ $9 \cdot (4\frac{1}{2} - 3) = 9 \cdot 1\frac{1}{2} = \mathbf{13\frac{1}{2}}$

5

		x = 8	x = 2,5	x = 1,3
a)	20 + x	28	22,5	21,3
b)	32 – x	24	29,5	30,7
c)	3x	24	7,5	3,9
d)	2x + 1	17	6	3,6

Seite 186 ▶ Üben ☒ Terme aufstellen und berechnen

6 28 → 20 → 32 → 14

7 ① c) Ich erkenne es am Wort „teilen". Die Variable steht für die Kosten der Klassenfahrt insgesamt. Der Term steht für die Kosten der Klassenfahrt für jeden Jugendlichen.

② a) Ich erkenne es am Wort „früher". Die Variable steht für den Zeitpunkt des Trainingsbeginns. Der Term steht für den früheren Trainingsbeginn.

③ b) Ich erkenne es an den Worten „nimmt sich". Die Variable steht für die Anzahl der Bonbons, die sich Lisa nimmt. Der Term steht für die Anzahl der Bonbons, die danach noch in der Packung sind.

8 ① $2a + 2b$ $2 \cdot 6\text{ cm} + 2 \cdot 11\text{ cm} = 12\text{ cm} + 22\text{ cm} = \mathbf{34\text{ cm}}$

② $2a + b$ $2 \cdot 6\text{ cm} + 11\text{ cm} = 12\text{ cm} + 11\text{ cm} = \mathbf{23\text{ cm}}$

③ $3a + 2b$ $3 \cdot 6\text{ cm} + 2 \cdot 11\text{ cm} = 18\text{ cm} + 22\text{ cm} = \mathbf{40\text{ cm}}$

9 **a)** Die Variable x steht für die Anzahl der Kisten. Der Term ist $5 \cdot x$

b) Die Variable x steht für die Anzahl der Tage. Der Term ist $2 \cdot x$

c) Die Variable x steht für die Anzahl der Runden. Der Term ist $2 + 4 \cdot x$

10 **a)** ① $x - 0{,}5$ ② $2 \cdot x$ ③ $x + 4$

b) ① $3{,}5\text{ kg} - 0{,}5\text{ kg} = 3\text{ kg}$ ② $2 \cdot 3{,}5\text{ kg} = 7\text{ kg}$ ③ $3{,}5\text{ kg} + 4\text{ kg} = 7{,}5\text{ kg}$

11 **a)** $65 \cdot x + 48$

b) $65 \cdot 7 + 48 = 455 + 48 = \mathbf{503}$ Die Kosten für 7 Tage betragen 503 €.
$65 \cdot 14 + 48 = 910 + 48 = \mathbf{958}$ Die Kosten für 14 Tage betragen 958 €.
$65 \cdot 21 + 48 = 1365 + 48 = \mathbf{1413}$ Die Kosten für 21 Tage betragen 1413 €

12 Beispiele:

a) Der Eintritt kostet pro Person 12 €. Für 10 Personen kostet der Eintritt $10 \cdot 12 = 120$ €.

b) Ich habe 4,50 € gespart. Ich spare jede Woche 3 € von meinem Taschengeld.
Nach 10 Wochen habe ich $3 \cdot 10 + 4{,}5 = 30 + 4{,}5 = 34{,}50$ € gespart.

c) Wir teilen 200 Gummibärchen unter uns auf.
Bei 10 Personen bekommt jeder $200 : 10 = 20$ Gummibärchen.

Seite 187 ▶ Üben ☒ Terme aufstellen und berechnen

1 Terme sind: a) b) d) **a)** $22 + 8w + 2 \cdot 9$ **b)** $4x + 3y$

2 Individuelle Lösungen

3

		x = 9	x = 2,5	x = -2	x = 0
a)	x + 4	13	6,5	2	4
b)	2x + 3,5	21,5	8,5	-0,5	3,5
c)	5,5 - 3x	-21,5	-2	11,5	5,5
d)	4x - 2,5	33,5	7,5	-10,5	-2,5

4 **a)** $2 \cdot 9 + 7 = 18 + 7 = \mathbf{25}$ **b)** $9 + 2 \cdot 7 = 9 + 14 = \mathbf{23}$ **c)** $2 \cdot 9 \cdot 7 = \mathbf{126}$

5 **a)** $6a$ **b)** $2a + 2b$ **c)** $a + 5b + c$

6 **a)** x ist das Alter von Katja. Ihr Vater ist $x + 25$. x ist das Alter des Vaters. Katja ist $x - 25$.

b) x ist die Zeit von Andrej. Seans Zeit ist $x + 15$. x ist die Zeit von Sean. Andrejs Zeit ist $x - 15$

c) x ist das Alter von Marc. Das Alter des Bruders ist $x \cdot 2$.
x ist das Alters des Bruders. Marcs Alter ist $x : 2$.

d) x ist die Anzahl der Fehler von Olli. Die Anzahl der Fehler von Hanna ist $x : 3$.
x ist die Anzahl der Fehler von Hanna. Die Anzahl der Fehler von Olli ist $3 \cdot x$.

Seite 187 ▶ Üben ☒ Terme aufstellen und berechnen

7 a) ① $x - 6$ ② $x \cdot 1{,}5$ ③ $x + 11{,}5$ ④ $x \cdot 0{,}8$

b) ① $45{,}5\,s - 6\,s = \mathbf{39{,}5\,s}$ ② $45{,}5\,s \cdot 1{,}5 = \mathbf{68{,}25\,s}$ ③ $45{,}5\,s + 11{,}5\,s = \mathbf{57\,s}$ ④ $45{,}5\,s \cdot 0{,}8 = \mathbf{36{,}4\,s}$

8 a) Ich benutze die Variable m für die Anzahl der Monate. Der Term ist $25 \cdot m + 50$

b) Ich benutze die Variable t für die Anzahl der Tage. Der Term ist $5 \cdot t + 4$

c) Ich benutze die Variable t für die Anzahl der Tage. Der Term ist $150 - 2 \cdot t$

9 a) $3 \cdot x + 0{,}25 \cdot y + 0{,}15 \cdot z$

b) gegeben: Pfand Getränkekasten: 3 €; Pfand Plastikflasche: 0,25 €; Pfand Glasflasche: 0,15 €
Rechnung: 3 € · 2 + 0,25 € · 6 + 0,15 € · 24 = 6 € + 1,50 € + 3,60 € = **11,10 €**

10 Beispiele:

a) Ich habe schon 13 € gespart. Jede Woche spare ich 4 €. Die Variable steht für die Anzahl der Wochen.

b) Ich kaufe 7 Tafeln Schokolade. Dann bekomme ich einen Rabatt von 3 €. Die Variable steht für den Preis einer Tafel Schokolade.

c) 200 Bonbons werden gerecht verteilt. Die Variable steht für die Anzahl der Personen.

Seite 188 ▶ Wissen Terme vereinfachen

1 $7r + 4b - 3r + 2b = 7r - 3r + 4b + 2b = \mathbf{4r + 6b}$

2 a) $4a - 6b + (2a + 6b) = 4a - 6b + 2a + 6b = 4a + 2a - 6b + 6b = \mathbf{6a}$

b) $3a - 7b - (-4a + 8b) = 3a - 7b + 4a - 8b = 3a + 4a - 7b - 8b = \mathbf{7a - 15b}$

Seite 189 ▶ Üben ◩ Terme vereinfachen

1 a) 9a b) 10b c) 32c d) 47d

2 a) 3w b) 3x c) 5y d) 4z

3

29x
13x | **16x**
7x | **6x** | **10x**
5x | 2x | 4x | 6x

4 a) $u = 6x + 4x + 6x + 4x$; $\mathbf{u = 20x}$ b) $u = 7x + 3x + 7x + 3x$; $\mathbf{u = 20x}$

c) $u = 8x + 5x + 4x + 6x$; $\mathbf{u = 23x}$

5 a) $7x + 4x + 5y + 2 = \mathbf{11x + 5y + 2}$ b) $7x + 4x + 5y - 2y = \mathbf{11x + 3y}$

c) $7x - 4x + 5y - 2 = \mathbf{3x + 5y - 2}$ d) $7x - 4x - 5y - 2y = \mathbf{3x - 7y}$

e) $9a + 2a - 3b + 5b - 4 = \mathbf{11a + 2b - 4}$ f) $6i + 8i - 9i + 5k - 2k = \mathbf{5i + 3k}$

6 $6r + 4g - 2r - 3g = 6r - 2r + 4g - 3g = 4r + 1g = \mathbf{4r + g}$
Stian hat noch 4 rote Tüten und 1 grüne Tüte.

7 a) $2 \cdot 5 + 4 \cdot 2 = 10 + 8 = \mathbf{18}$ b) $6 \cdot 2 + 10 \cdot 4 = 12 + 40 = \mathbf{52}$ c) $10 \cdot 3 - 2 \cdot 5 = 30 - 10 = \mathbf{20}$

8 a) Ⓐ $5 \cdot 5 + 3 \cdot 2 + 4 \cdot 5 - 2 \cdot 2 = 25 + 6 + 20 - 4 = \mathbf{47}$
Ⓑ $5x + 4x + 3y - 2y = 9x + 1y$; $9 \cdot 5 + 1 \cdot 2 = 45 + 2 = \mathbf{47}$

b) Ⓐ $6 \cdot 5 + 3 \cdot 2 + 2 \cdot 2 - 5 \cdot 5 = 30 + 6 + 4 - 25 = \mathbf{15}$
Ⓑ $6x - 5x + 3y + 2y = 1x + 5y$; $1 \cdot 5 + 5 \cdot 2 = 5 + 10 = \mathbf{15}$

Seite 189 ▶ Üben – Terme vereinfachen

9 a) $7m + 8k + 12z + 5m + 10k + 5z - 2m - 3k = 7m + 5m - 2m + 8k + 10k - 3k + 12z + 5z$
$= \mathbf{10m + 15k + 17z}$
Pia und Asha haben zusammen 10 Magier-Päckchen, 15 Kreaturen-Päckchen und 17 Zauber-Päckchen.

b) $10 \cdot 4 + 15 \cdot 3 + 17 \cdot 5 = 40 + 45 + 85 = \mathbf{170}$
Pia und Asha haben zusammen 170 Karten.

10 a) $7a + 2b + 3c$ b) $7a - 2b - 3c$ c) $7a + 2b - 3c$ d) $7a + 2b + 3c$

11 a) $6x + 3x + 4y = \mathbf{9x + 4y}$ $9 \cdot 2 + 4 \cdot 3 = 18 + 12 = \mathbf{30}$
b) $8x + 5x - 3y = \mathbf{13x - 3y}$ $13 \cdot 2 - 3 \cdot 3 = 26 - 9 = \mathbf{17}$
c) $5x - 3x - 5y = \mathbf{2x - 5y}$ $2 \cdot 2 - 5 \cdot 3 = 4 - 15 = \mathbf{-11}$
d) $9x - 6x + 3y = \mathbf{3x + 3y}$ $3 \cdot 2 + 3 \cdot 3 = 6 + 9 = \mathbf{15}$
e) $12x + 7y - 11x = 12x - 11x + 7y = \mathbf{1x + 7y}$ $1 \cdot 2 + 7 \cdot 3 = 2 + 21 = \mathbf{23}$
f) $4x + 2x + 12y = \mathbf{6x + 12y}$ $6 \cdot 2 + 12 \cdot 3 = 12 + 36 = \mathbf{48}$

Seite 190 ▶ Üben – Terme vereinfachen

1 a) 25a b) 11b c) 41c d) 13d

2

$22x + 10$
$\mathbf{8x + 2}$ | $\mathbf{14x + 8}$
$\mathbf{3x - 2}$ | $\mathbf{5x + 4}$ | $\mathbf{9x + 4}$
$x - 2$ | $2x$ | $3x + 4$ | $6x$

3 a) $u = 8x + 6x + 3x + 6x$ $u = \mathbf{23x}$ b) $u = 4x + 2x + 3x + 4x + 3x + 2x$ $u = \mathbf{18x}$
c) $u = 3x + 4x + 2x + 2x + 6x + x$ $u = \mathbf{18x}$

4 a) $6x - x + 4x + 2y - y + 3y = \mathbf{9x + 4y}$
b) $22 - 8 + 3x - x + 5y + 2y = \mathbf{2x + 7y + 14}$
c) $9a - 2a + 7a + 7b - 4b - b - 4b + 11 = \mathbf{14a - 2b + 11}$
d) $5z + 4z + 6x - 2x - 3y + 8y = \mathbf{4x + 5y + 9z}$

5 a) $3c + 4s + 5k + 4c + 6s + 3k = 3c + 4c + 4s + 6s + 5k + 3k = \mathbf{7c + 10s + 8k}$
Sie haben zusammen 7 Tüten Chips, 10 Tüten Salzstangen und 8 Tüten Kekse.
b) $7c - 1c + 10s - 7s + 8k - 2k = \mathbf{6c + 3s + 6k}$
Sie haben 6 Tüten Chips, 3 Tüten Salzstangen und 6 Tüten Kekse gegessen.

6 a) $3 \cdot 2 + 5 \cdot 1 + 4 = 6 + 5 + 4 = \mathbf{15}$ b) $2 \cdot 10 + 8 \cdot 2 - 9 \cdot 3 = 20 + 16 - 27 = \mathbf{9}$
c) $10 \cdot 4 - 5 \cdot 6 - 3 \cdot 3 = 40 - 30 - 9 = \mathbf{1}$

7 a) Ⓐ $2 \cdot 6 + 3 \cdot 5 + 4 \cdot 6 - 5 = 12 + 15 + 24 - 5 = \mathbf{46}$
Ⓑ $2a + 4a + 3b - b = 6a + 2b$; Einsetzen: $6 \cdot 6 + 2 \cdot 5 = 36 + 10 = \mathbf{46}$
b) Ⓐ $16 \cdot 5 + 18 \cdot 2 - 14 \cdot 5 - 12 \cdot 2 = 80 + 36 - 70 - 24 = \mathbf{22}$
Ⓑ $16b - 14b + 18a - 12a = 2b + 6a$; Einsetzen: $2 \cdot 5 + 6 \cdot 2 = 10 + 12 = \mathbf{22}$
c) Ⓐ $4 \cdot 2 + 7 \cdot 3 + 6 \cdot 4 - 4 \cdot 3 + 3 \cdot 2 - 5 \cdot 4 = 8 + 21 + 24 - 12 + 6 - 20 = \mathbf{27}$
Ⓑ $4a + 3a + 7b - 4b + 6c - 5c = 7a + 3b + c$; Einsetzen: $7 \cdot 2 + 3 \cdot 3 + 4 = 14 + 9 + 4 = \mathbf{27}$

8 a) $12a + 9b + 3c$ b) $27b - 13c - 5d$ c) $19c + 11d - 7e$ d) $25d + 12e + 8f$

9 a) $9a + 7b + 11a + 8b = 9a + 11a + 7b + 8b = \mathbf{20a + 15b}$
b) $22d + 19c - 16c - 3d = 22d - 3d + 19c - 16c = \mathbf{19d + 3c}$

Seite 190 ▶ Üben ☒ — Terme vereinfachen

9 ⇨ Fortsetzung

c) $21d - 19d + 6e - 2e = \mathbf{2d + 4e}$

d) $35e + 20f - 18g + 17f + 26g - 22e = 35e - 22e + 20f + 17f - 18g + 26g = \mathbf{13e + 37f + 8g}$

10 a) ① $120 \cdot 3 = 360$ Karten ② $150 \cdot 4 = 600$ Karten ③ $240 \cdot 6 = 1440$ Karten

b) $(120h + 130h) + (150w + 80w) + (240t + 40t) - (80h + 120w + 230t)$
$= 250h + 230w + 280t - 80h - 120w - 230t$
$= 250h - 80h + 230w - 120w + 280t - 230t = \mathbf{170h + 110w + 50t}$
Am Ende sind es 170 Heldinnen-Päckchen, 110 Werkzeuge-Päckchen und 50 Tränke-Päckchen.

Seite 191 ▶ Üben ☒ — Terme vereinfachen

1 a) $36a$ b) $90b$ c) $41c$ d) $6d$

2

45x – 14			
18x – 8	**27x – 6**		
7x + 1	**11x – 9**	**16x + 3**	
3x + 5	4x – 4	7x – 5	9x + 8

3 a) $u = 3x + 5x + 4x + 4x + 5x$ $u = \mathbf{21x}$ b) $u = 4x + 7x + 5x + 4x + 7x + 5x$ $u = \mathbf{32x}$
c) $u = 6x + 2x + 3x + 8x + 4x + 5x + x$ $u = \mathbf{29x}$

4 Beispiele:
① $5x + 4x + 1x$ ② $2x + 2x + 2x + 2x + 2x$ ③ $3x + 2x + 3x + 2x$
Ich nehme 10x und zerlege den Term in verschiedene Varianten, wie oben gezeigt.

5 $97y + 85y - 71y - 11y = \mathbf{100y}$ $3 + 7 = \mathbf{10}$ Der Koeffizient ist 100. Der Term ist **100y + 10**.
$100 \cdot 2 + 10 = 200 + 10 = \mathbf{210}$
$100 \cdot 5 + 10 = 500 + 10 = \mathbf{510}$
$100 \cdot 34 + 10 = 3400 + 10 = \mathbf{3410}$
Silke multipliziert die Zahl mit dem Koeffizienten 100 und addiert 10.

6 a) $13x - 9x + 8x + 20y - 7y + 11y + 12 = \mathbf{12x + 24y + 12}$
b) $8x - 7x + 19 - 14 - 10y + 12y = \mathbf{x + 2y + 5}$
c) $32a - 14a + 16a - 17b + 24b - b - 4b - 6 + 17 = \mathbf{34a + 2b + 11}$

7 a) $75b + 92n + 73r$
b) $75b + 92n + 73r - 12b - 24n - 24r = 75b - 12b + 92n - 24n + 73r - 24r = \mathbf{63b + 68n + 49r}$
Am Abend sind noch 63 Tüten mit Bonbons, 68 Tüten mit Nüssen und 49 Tüten mit Riegeln da.

8 ① $8x + 11y - 7y + 2x = 8x + 2x + 11y - 7y = 10x + 4y$; Einsetzen: $10 \cdot 4 + 4 \cdot 7 = 40 + 28 = \mathbf{68}$
② $54b - 44b + 28a - 18a = 10b + 10a$; Einsetzen: $10 \cdot 6 + 10 \cdot 8 = 60 + 80 = \mathbf{140}$
③ $25r + 25r + 8s - 5s + 30t = 50r + 3s + 30t$; Einsetzen: $50 \cdot 2 + 3 \cdot 7 + 30 \cdot 8 = 100 + 21 + 240 = \mathbf{361}$
Ich fasse zuerst die Variablen zusammen. Dann ersetze ich die Variablen durch Zahlen.
Zuletzt berechne ich den Wert des Terms.

9 a) $4x + 8y \mathbf{+ 3x - 2y} = 7x + 6y$ b) $11x + 9y - 7x \mathbf{- 1x + 11y} = 3x + 20y$
c) $21x - 7y + 9x - 20y \mathbf{- 18x + 35y} = 12x + 8y$

10 a) $15x + 8y - 9x - 7y + 6x - 85 = 15x - 9x + 6x + 8y - 7y - 85 = \mathbf{12x + y - 85}$
b) $23u + 12v - 8w + 34w - 42v - 16u = 23u - 16u + 12v - 42v - 8w + 34w = \mathbf{7u - 30v + 26w}$
c) $36a - 27b + 52a + 40c + 16c - 25b + 56a = 36a + 52a + 56a - 27b - 25b + 40c + 16c$
$= \mathbf{144a - 52b + 56c}$

Seite 191 ▶ Üben ☒ Terme vereinfachen

10 ⇨ Fortsetzung

d) 19 - 6t - 12s + 63r - 33r - 11s + 46t = 19 - 6t + 46t - 12s - 11s + 63r - 33r = **30r - 23s + 40t + 19**

e) 12 + 4z - 11y + 46x + 24x - 14y + 61z = 12 + 4z + 61z - 11y - 14y + 46x + 24x
= **- 25y + 65z + 12**

11 **a)** 400w + 350o + 500k - (285w + 142o + 302k) - (104w + 95o + 126k)
= 400w + 350o + 500k - 285w - 142o - 302 k - 104w - 95o - 126k
= 400w - 285w - 104w + 350o - 142o - 95o + 500k - 302k - 126k = **11w + 113o + 72k**
Am Ende der Messe sind noch 11 Päckchen mit Wesen, 113 mit Orten und 72 mit Kräften vorhanden.

b) $400 \cdot 6 + 350 \cdot 5 + 500 \cdot 4 = 2400 + 1750 + 2000 =$ **6150**
Zu Beginn der Messe sind es insgesamt 6150 Karten.
$11 \cdot 6 + 113 \cdot 5 + 72 \cdot 4 = 66 + 565 + 288 =$ **919**
Am Ende der Messe sind es noch 919 Karten.

Seite 192 ▶ Wissen Gleichungen lösen

1

x	3 · x + 4	Ist das Ergebnis 13?
2	3 · 2 + 4 = 6 + 4 = 10	nein
3	3 · 3 + 4 = 9 + 4 = 13	ja
5	3 · 5 + 4 = 15 + 4 = 19	nein

In jeder Schachtel liegen 3 Streichhölzer.

2

□□ || = ||||| |||||	Nimm auf jeder Seite 2 Streichhölzer weg.
□□ = ||||| |||	Verteile in 2 Schachteln gleich viele Streichhölzer.
□ = ||||	In jeder Schachtel sind 4 Streichhölzer.
2x + 2 = 10 | - 2	Rechne auf beiden Seiten - 2.
2x = 8 | : 2	Dividiere beide Seiten durch 2.
x = 4	Die Lösung ist x = 4.

Seite 193 ▶ Üben ◩ Gleichungen lösen

1 **a)** x + x + x = 9 x = 3?
3 + 3 + 3 = 9 Das stimmt.
3 Streichhölzer sind in jeder Schachtel.

b) x + x + 2 = 8 x = 3?
3 + 3 + 2 = 8 Das stimmt.
3 Streichhölzer sind in jeder Schachtel.

c) x + x + x + x + 2 = 11 x = 3?
3 + 3 + 3 + 3 + 2 = 11 Das stimmt nicht.

d) x + x + x + 1 = 10 x = 3?
3 + 3 + 3 + 1 = 10 Das stimmt.
3 Streichhölzer sind in jeder Schachtel.

2 **a)**

x	2x + 1	Ist das Ergebnis 7?
1	2 · 1 + 1	nein
2	2 · 2 + 1	nein
3	2 · 3 + 1	ja
4	2 · 4 + 1	nein

In jeder Schachtel sind 3 Streichhölzer.

b)

x	x + 4	Ist das Ergebnis 5?
1	1 + 4	ja
2	2 + 4	nein
3	3 + 4	nein
4	4 + 4	nein

In jeder Schachtel ist 1 Streichholz.

c)

x	3x	Ist das Ergebnis 12?
1	3 · 1	nein
2	3 · 2	nein
3	3 · 3	nein
4	3 · 4	ja

In jeder Schachtel sind 4 Streichhölzer.

d)

x	3x + 3	Ist das Ergebnis 9?
1	3 · 1 + 3	nein
2	3 · 2 + 3	ja
3	3 · 3 + 3	nein
4	3 · 4 + 3	nein

In jeder Schachtel sind 2 Streichhölzer.

Seite 193 ▶ Üben ⧄ Gleichungen lösen

3 a) □□□ | = ||||| ||||| |||
1 + 1 + 1 + 1 = 13 → nein
2 + 2 + 2 + 1 = 13 → nein
3 + 3 + 3 + 1 = 13 → nein
4 + 4 + 4 + 1 = 13 → ja

b) □□□□□ |||| = ||||| ||||| ||||
1 + 1 + 1 + 1 +1 + 4 = 14 → nein
2 + 2 + 2 + 2 + 2 + 4 = 14 → ja
3 + 3 + 3 + 3 + 3 + 4 = 14 → nein
4 + 4 + 4 + 4 + 4 + 4 = 14 → nein

c) □□□□□□ ||||| = ||||| ||||| |
1 + 1 + 1 + 1 + 1 + 1 + 5 = 11 → ja
2 + 2 + 2 + 2 + 2 + 2 + 5 = 11 → nein
3 + 3 + 3 + 3 + 3 + 3 + 5 = 11 → nein
4 + 4 + 4 + 4 + 4 + 4 + 5 = 11 → nein

d) □□ |||| = ||||| |||||
1 + 1 + 4 = 10 → nein
2 + 2 + 5 = 10 → nein
3 + 3 + 4 = 10 → ja
4 + 4 + 4 = 10 → nein

4 a)

x	3x + 5	Ist das Ergebnis 14?
1	3 · 1 + 5	nein
2	3 · 2 + 5	nein
3	3 · 3 + 5	ja
4	3 · 4 + 5	nein

Die Lösung ist x = 3.

b)

x	6x – 8	Ist das Ergebnis 4?
1	6 · 1 – 8	nein
2	6 · 2 – 8	ja
3	6 · 3 – 8	nein
4	6 · 4 – 8	nein

Die Lösung ist x = 2.

c)

x	2x + 8	Ist das Ergebnis 10?
1	2 · 1 + 8	ja
2	2 · 2 + 8	nein
3	2 · 3 + 8	nein
4	2 · 4 + 8	nein

Die Lösung ist x = 1.

d)

x	3x – 7	Ist das Ergebnis 5?
1	3 · 1 – 7	nein
2	3 · 2 – 7	nein
3	3 · 3 – 7	nein
4	3 · 4 – 7	ja

Die Lösung ist x = 4.

5 a) x = 12 b) x = 8 c) x = 5 d) x = 10 e) x = 6 f) x = 20

6 a) □□ = ||||| ||||| gleichmäßig aufteilen
□ = ||||| In jeder Schachtel sind 5 Streichhölzer.

b) □ ||| = |||| jeweils 3 | wegnehmen
□ = | In der Schachtel ist 1 Streichholz.

c) □□□ ||| = ||||| | jeweils 3 | wegnehmen
□□□ = ||| gleichmäßig aufteilen
□ = | In jeder Schachteil ist 1 Streichholz.

d) □□ | = ||||| jeweils 1 | wegnehmen
□□ = |||| gleichmäßig aufteilen
□ = || In jeder Schachteil sind 2 Streichhölzer.

7 Individuelle Lösungen

8 a) 2x + 5 = 23 jeweils 5 subtrahieren
2x = 18 durch 2 dividieren
x = 9

b) 3x + 6 = 18 jeweils 6 subtrahieren
3x = 12 durch 3 dividieren
x = 4

c) 13 + 2x = 85 jeweils 13 subtrahieren
2x = 72 durch 2 dividieren
x = 36

d) 3x – 7 = 113 jeweils 7 addieren
3x = 120 durch 3 dividieren
x = 40

e) 2x – 4 = 20 jeweils 4 addieren
2x = 24 durch 2 dividieren
x = 12

f) 5x – 2 = 33 jeweils 2 addieren
5x = 35 durch 5 dividieren
x = 7

9 Olivia:
4x + 8 = 16 jeweils 8 subtrahieren
4x = 8 durch 4 dividieren
x = 2

Muhammed:
3x – 6 = 15 jeweils 6 addieren
3x = 21 durch 3 dividieren
x = 7

10 a) 10x + 5 = 25 | **- 5**
10x = **20** | : 10
x = **2**

b) 12x + 4 = 28 | **- 4**
12x = 24 | : 12
x = **2**

c) 3x + 15 = 18 | – 15
3x = 3 | : 3
x = **1**

d) 10x – 12 = 8 | + 12
10x = 20 | **: 10**
x = **2**

Seite 194 ▶ Üben ☒ Gleichungen lösen

1
a) $4 + 1 = 5$ Das stimmt.
$5 = 5$ Die Lösung ist 4

b) $4 + 4 + 4 + 3 = 12$ Das stimmt nicht.
$15 \neq 12$ Die Lösung ist nicht 4.

c) $3 \cdot 4 + 5 = 17$ Das stimmt.
$17 = 17$ Die Lösung ist 4.

d) $5 \cdot 4 - 11 = 14$ Das stimmt nicht.
$9 \neq 14$ Die Lösung ist nicht 4.

2
a) $1 + 1 + 1 + 1 = 8 \rightarrow$ nein
$2 + 2 + 2 + 2 = 8 \rightarrow$ ja
Die Lösung ist 2.

b) $1 + 5 = 6 \rightarrow$ ja
Die Lösung ist 1.

c) $1 + 1 + 1 = 9 \rightarrow$ nein
$2 + 2 + 1 = 9 \rightarrow$ nein
$3 + 3 + 1 = 9 \rightarrow$ nein
$4 + 4 + 1 = 9 \rightarrow$ ja
Die Lösung ist 4.

d) $1 + 1 + 1 + 3 = 12 \rightarrow$ nein
$2 + 2 + 2 + 3 = 12 \rightarrow$ nein
$3 + 3 + 3 + 3 = 12 \rightarrow$ ja
Die Lösung ist 3.

3
a) □□□□ || = ||||| ||||| ||||| |||
$5 + 5 + 5 + 5 + 2 = 18 \rightarrow$ nein
$4 + 4 + 4 + 4 + 2 = 18 \rightarrow$ ja
Die Lösung ist 4.

b) □□□ ||||| = ||||| |||
$5 + 5 + 5 + 5 = 8 \rightarrow$ nein
$4 + 4 + 4 + 5 = 8 \rightarrow$ nein
$3 + 3 + 3 + 5 = 8 \rightarrow$ nein
$2 + 2 + 2 + 5 = 8 \rightarrow$ nein
$1 + 1 + 1 + 5 = 8 \rightarrow$ ja
Die Lösung ist 1.

c) □□□□□ | = ||||| ||||| |
$5 + 5 + 5 + 5 + 5 + 1 = 11 \rightarrow$ nein
$4 + 4 + 4 + 4 + 4 + 1 = 11 \rightarrow$ nein
$3 + 3 + 3 + 3 + 3 + 1 = 11 \rightarrow$ nein
$2 + 2 + 2 + 2 + 2 + 1 = 11 \rightarrow$ ja
Die Lösung ist 2.

4
a) $3 \cdot 2 + 7 = 22 \rightarrow$ nein
$3 \cdot 4 + 7 = 22 \rightarrow$ nein
$3 \cdot 5 + 7 = 22 \rightarrow$ ja
$3 \cdot 7 + 7 = 22 \rightarrow$ nein

b) $3 \cdot 2 + 12 = 24 \rightarrow$ nein
$3 \cdot 4 + 12 = 24 \rightarrow$ ja
$3 \cdot 5 + 12 = 24 \rightarrow$ nein
$3 \cdot 7 + 12 = 24 \rightarrow$ nein

c) $7 \cdot 2 - 14 = 35 \rightarrow$ nein
$7 \cdot 4 - 14 = 35 \rightarrow$ nein
$7 \cdot 5 - 14 = 35 \rightarrow$ nein
$7 \cdot 7 - 14 = 35 \rightarrow$ ja

d) $4 \cdot 2 - 8 = 12 \rightarrow$ nein
$4 \cdot 4 - 8 = 12 \rightarrow$ nein
$4 \cdot 5 - 8 = 12 \rightarrow$ ja
$4 \cdot 7 - 8 = 12 \rightarrow$ nein

5 ① $x = 11$ ② $x = 5$ ③ $x = 6$ ④ $x = 19$ ⑤ $x = 9$ ⑥ $x = 17$

6
a) Sie sollte es nicht machen: $21 > 17$. Also ist die Lösung kleiner als 8.
b) $2 \cdot 4 + 5 = 13 \neq 17$
$2 \cdot 5 + 5 = 15 \neq 17$
$2 \cdot 6 + 5 = 17$
Die Lösung ist $x = 6$.

7 **a)** $x = 11$ **b)** $x = 18$ **c)** $x = 15$ **d)** $x = 25$ **e)** $x = 15$ **f)** $x = 16$

8
a) □□ ||| = ||||| |||| | - 3
□□ = ||||| | | : 2
□ = |||
In jeder Schachtel sind 3 Streichhölzer.

b) □ || = ||||| ||| | - 2
□ = ||||| |
In der Schachtel sind 6 Streichhölzer.

c) □□□□ || = ||||| ||||| | - 2
□□□□ = ||||| ||| | : 4
□ = ||
In jeder Schachtel sind 2 Streichhölzer.

d) □□□ || = ||||| | - 2
□□□ = ||| | : 3
□ = |
In jeder Schachtel ist 1 Streichholz.

9 Individuelle Lösungen

10
Ben:
$5x + 7 = 42 \quad | -7$
$5x = 35 \quad | :5$
$x = 7$

Sven:
$4x - 16 = 8 \quad | +16$
$4x = 24 \quad | :4$
$x = 6$

Tanja:
$1 + 11x = 89 \quad | -1$
$11x = 88 \quad | :11$
$x = 8$

Leonie:
$-4 + 8x = 12 \quad | +4$
$8x = 16 \quad | :8$
$x = 2$

Seite 194 ▶ Üben ☒ — Gleichungen lösen

11 a)
$2x + 4 = 14 \quad | -4$
$2x = 10 \quad | :2$
$\mathbf{x = 5}$
$2 \cdot 5 + 4 = 14$ ✓

b)
$3x + 12 = 39 \quad | -12$
$3x = 27 \quad | :3$
$\mathbf{x = 9}$
$3 \cdot 9 + 12 = 39$ ✓

c)
$7x - 4 = 80 \quad | +4$
$7x = 84 \quad | :7$
$\mathbf{x = 12}$
$7 \cdot 12 - 5 = 80$ ✓

d)
$4x - 7 = 93 \quad | +7$
$4x = 100 \quad | :4$
$\mathbf{x = 25}$
$4 \cdot 15 - 7 = 93$ ✓

e)
$8x + 11 = 83 \quad | -11$
$8x = 72 \quad | :8$
$\mathbf{x = 9}$
$8 \cdot 9 + 11 = 83$ ✓

f)
$20x - 2 = 78 \quad | +2$
$20x = 80 \quad | :20$
$\mathbf{x = 4}$
$20 \cdot 4 - 2 = 78$ ✓

12 Tim:
$5x - 10 = 30 \quad | \mathbf{+10}$
$5x = \mathbf{40} \quad | :5$
$x = \mathbf{8}$
Fehler: Tim hat 10 **subtrahiert** statt addiert.

Rita:
$4x + 26 = 34 \quad | -26$
$4x = 8 \quad | \mathbf{:4}$
$x = \mathbf{2}$
Fehler: Rita hat **durch 2** statt durch 4 dividiert.

13 Beispiele:
a) $2x + 7 = 17$ **b)** $2x - 12 = 4$ **c)** $13 - 3x = 2{,}5$ **d)** $12x + 20 = 20$

Seite 195 ▶ Üben ☒ — Gleichungen lösen

1 a) $4 + 4 + 4 + 4 + 1 = 11$ Das stimmt nicht.
$13 \neq 11$ Die Lösung ist nicht 4.

b) $4 + 4 + 1 = 9$ Das stimmt.
$9 = 9$ Die Lösung ist 4.

c) $7 \cdot 4 + 2 = 30$ Das stimmt.
$30 = 30$ Die Lösung ist 4.

d) $11 \cdot 4 - 9 = 46$ Das stimmt nicht.
$35 \neq 46$ Die Lösung ist nicht 4.

2

a)	b)	c)	d)
$4 \cdot 1 + 3 = 11$ → nein	$3 \cdot 1 + 2 = 5$ → ja	$6 \cdot 1 - 12 = 18$ → nein	$12 \cdot 1 + 8 = 44$ → nein
$4 \cdot 2 + 3 = 11$ → ja	$3 \cdot 2 + 2 = 5$ → nein	$6 \cdot 2 - 12 = 18$ → nein	$12 \cdot 2 + 8 = 44$ → nein
$4 \cdot 3 + 3 = 11$ → nein	$3 \cdot 3 + 2 = 5$ → nein	$6 \cdot 3 - 12 = 18$ → nein	$12 \cdot 3 + 8 = 44$ → ja
$4 \cdot 4 + 3 = 11$ → nein	$3 \cdot 4 + 2 = 5$ → nein	$6 \cdot 4 - 12 = 18$ → nein	$12 \cdot 4 + 8 = 44$ → nein
$4 \cdot 5 + 3 = 11$ → nein	$3 \cdot 5 + 2 = 5$ → nein	$6 \cdot 5 - 12 = 18$ → ja	$12 \cdot 5 + 8 = 44$ → nein

3 a) ①□□□□ || = ||||| ||||| |||| ②□□ |||| = ||||| ||||| ||||
In der ersten Gleichung sind es **4 Schachteln** und **2 Streichhölzer**.
In der zweiten Gleichung sind es **2 Schachteln** und **4 Streichhölzer**.

b) ① In einer Schachtel sind 3 Streichhölzer. ② In einer Schachtel sind 5 Streichhölzer.

4 a) $2 \cdot 5 + 1 = 5 + 6$
$11 = 11$ Die Lösung ist 5.

b) $3 \cdot 3 + 5 = 4 \cdot 3 + 2$
$14 = 14$ Die Lösung ist 3.

5 ① $x = 24$ ② $x = 11$ ③ $x = 16$ ④ $x = 8$ ⑤ $x = 15$ ⑥ $x = 26$

6 a) Da $x = 5$ zu klein und $x = 20$ zu groß ist, muss die Lösung dazwischen liegen.

b) $x = 10$: $4 \cdot 10 + 22 = 62$
$40 + 22 = 62$ zu klein
$x = 11$: $4 \cdot 11 + 22 = 66$
$44 + 22 = 66$ zu klein
$x = 12$: $4 \cdot 12 + 22 = 70$
$48 + 22 = 70$ zu groß
$x = 11{,}5$: $4 \cdot 11{,}5 + 22 = 68$
$46 + 22 = 68$ Die Lösung ist 11,5.

7 **a)** $x = 26$ **b)** $x = 17$ **c)** $x = 31$ **d)** $x = 42$

Seite 195 ▶ Üben ☒ Gleichungen lösen

8 a) □□□ ||| = ||||| |||| | − 3
□□□ = ||||| | | : 3
□ = ||
In einer Schachtel sind 2 Streichhölzer.

b) □□ |||| = ||||| ||| | − 4
□□ = |||| | : 2
□ = |
In einer Schachtel sind 2 Streichhölzer.

c) □□□□□ || = ||||| || | − 2
□□□□□ = ||||| | : 5
□ = |
In einer Schachtel ist 1 Streichholz.

d) □□□ || = □ ||||| ||| | − 2
□□□ = □ ||||| | | − 1□
□□ = ||||| | | : 2
□ = |||
In einer Schachtel sind 3 Streichhölzer.

9 a)
$4x + 4 = 40 \quad | -4$
$4x = 36 \quad | :4$
$x = 9$
$4 \cdot 9 + 4 = 40$
$40 = 40$ ✓

b)
$5x + 12 = 122 \quad | -12$
$5x = 110 \quad | :5$
$x = 22$
$5 \cdot 22 + 12 = 122$
$122 = 122$ ✓

c)
$3x - 4 = 92 \quad | +4$
$3x = 96 \quad | :3$
$x = 32$
$3 \cdot 32 - 4 = 92$
$92 = 92$ ✓

d)
$15x - 35 = 115 \quad | +35$
$15x = 150 \quad | :15$
$x = 10$
$15 \cdot 10 - 35 = 115$
$115 = 115$ ✓

e)
$8x + 11 = 499 \quad | -11$
$8x = 488 \quad | :8$
$x = 61$
$8 \cdot 61 + 11 = 499$
$499 = 499$ ✓

f)
$2x - 99 = 77 \quad | +99$
$2x = 176 \quad | :2$
$x = 88$
$2 \cdot 88 - 99 = 77$
$77 = 77$ ✓

10 a) Beispiele: ① $3x + 15 = 51$ ② $124 - 2x = 78$ ③ $7x - 20{,}5 = 60$
b), c) Individuelle Lösungen

11 Nein. Mit Streichhölzern kann die Gleichung nicht stimmen.
Auf der rechten Seite kann ich keine 13 Streichhölzer wegnehmen.

12 Lena:
$8x - 4 = 20 \quad | +4$
$8x = \mathbf{24} \quad | :8$
$x = \mathbf{3}$
Lena hat auf der rechten Seite 4 **subtrahiert**.

Timo:
$4x = 10 + 2x \quad | -2x$
$\mathbf{2x} = 10 \quad | :2$
$x = \mathbf{5}$
Timo hat die **2x** vergessen.

13 a) John hat zuerst dividiert und dann addiert bzw. subtrahiert.
Er konnte so vorgehen, weil alle vorkommenden Zahlen durch den Koeffizienten vor x teilbar sind.

b) Ⓐ $5x + 55 = 80 \quad | :5$
$x + 11 = 16 \quad | -11$
$x = 5$

Ⓑ $7x - 49 = 21 \quad | :7$
$x - 7 = 3 \quad | +7$
$x = 10$

c) Die Anzahl der Schachteln und die Anzahl der Streichhölzer müssen durch dieselbe Zahl teilbar sein.

Seite 196 ▶ Wissen Sachaufgaben mit Gleichungen lösen

1
1. Schritt: Die Variable festlegen — Alter von Marco: x
2. Schritt: Die Terme aufstellen — Alter von Herr Aytekin: $4 \cdot x$ (4-mal so alt wie Marco)
3. Schritt: Die Gleichung aufstellen — Marcos Alter + Herrn Aytekins Alter = 60
   $x + 4x = 60$
4. Schritt: Die Gleichung lösen —
   $x + 4x = 60$
   zusammenfassen: $5x = 60$
   durch 5 teilen: $x = 12$
5. Schritt: Die Lösung überprüfen —
   Alter von Marco: 12 Jahre
   Alter von Herrn Aytekin: $4 \cdot 12 = 48$ Jahre
   $12 + 4 \cdot 12 = 60$ ✓
6. Schritt: Die Antwort formulieren — Marco ist 12 Jahre alt. Herr Aytekin ist 48 Jahre alt.

Seite 197 ▶ Üben – Sachaufgaben mit Gleichungen lösen

1 a) ① $x + x + 3 = 25$ ② $x + x - 5 = 17$ ③ $x + 3 + x - 5 = 20$

b) ① $x + x + 3 = 25$
$2x + 3 = 25 \quad | -3$
$2x = 22 \quad | :2$
$x = 11$

② $x + x - 5 = 17$
$2x - 5 = 17 \quad | +5$
$2x = 22 \quad | :2$
$x = 11$

③ $x + 3 + x - 5 = 20$
$2x - 2 = 20 \quad | +2$
$2x = 22 \quad | :2$
$x = 11$

Tom: $x + 3 = 11 + 3 = 14$. Sarah: $x - 5 = 11 - 5 = 6$.
Mira ist 11 Jahre alt. Tom ist 14 Jahre alt. Sarah ist 6 Jahre alt.

2 a) ① $x : 2$ ② $5 \cdot x$ ③ $x + 25$ ④ $x - 5$

b) Ich wähle die Gleichung Ⓐ. Das Alter von Lara (x) und das Alter der Mutter (x + 25) werden **addiert**.

c) $14 + 14 + 25 = 49 \rightarrow$ nein $12 + 12 + 25 = 49 \rightarrow$ ja
Lara ist 12 Jahre alt. Ihre Mutter Lena ist 37 Jahre alt.
Rudi ist $12 : 2 = 6$ Jahre alt. Hans ist $12 \cdot 5 = 60$ Jahre alt.
Lena ist $12 + 25 = 37$ Jahre alt. Tobi ist $12 - 5 = 7$ Jahre alt.

3 a)

1. Schritt: Die Variable festlegen	Alter der Mutter: x
2. Schritt: Die Terme aufstellen	Alter von Tobias: x - 24
3. Schritt: Die Gleichung aufstellen	$x + x - 24 = 46$
4. Schritt: Die Gleichung lösen	$2x - 24 = 46 \quad \vert +24$ $2x = 70 \quad \vert :2$ $x = 35$
5. Schritt: Die Lösung überprüfen	Alter der Mutter: 35 Jahre Alter von Tobias: 35 - 24 = 11 Jahre $35 + 35 - 24 = 46$ $46 = 46$ ✓
6. Schritt: Die Antwort formulieren	Tobias' Mutter ist 35 Jahre alt. Tobias ist 11 Jahre alt.

b)

1. Schritt: Die Variable festlegen	Alter von Juri: x
2. Schritt: Die Terme aufstellen	Alter des Cousins: x + 9
3. Schritt: Die Gleichung aufstellen	$x + x + 9 = 43$
4. Schritt: Die Gleichung lösen	$2x + 9 = 43 \quad \vert -9$ $2x = 34 \quad \vert :2$ $x = 17$
5. Schritt: Die Lösung überprüfen	Alter von Juri: 17 Jahre Alter des Cousins: 17 + 9 = 26 Jahre $17 + 17 + 9 = 43$ $43 = 43$ ✓
6. Schritt: Die Antwort formulieren	Juri ist 17 Jahre alt. Sein Cousin ist 26 Jahre alt.

4

1. Schritt: Die Variable festlegen	Alter von Irina: x
2. Schritt: Die Terme aufstellen	Alter von Hanna: x - 1 Alter von Ceyda: x + 1
3. Schritt: Die Gleichung aufstellen	$x + x - 1 + x + 1 = 48$ $3x = 48$
4. Schritt: Die Gleichung lösen	$3x = 48 \quad \vert :3$ $x = 16$
5. Schritt: Die Lösung überprüfen	Alter von Irina: 16 Jahre Alter von Hanna: 16 - 1 = 15 Jahre Alter von Ceyda: 16 + 1 = 17 Jahre $16 + 15 + 17 = 48$
6. Schritt: Die Antwort formulieren	Irina ist 16 Jahre alt, Hanna 15 Jahre alt, Ceyda 17 Jahre alt.

5 Individuelle Lösungen

Seite 197 ▶ Üben — Sachaufgaben mit Gleichungen lösen

6
1. Schritt: Die Variable festlegen — Anzahl der Sticker von Cheyenne: x
2. Schritt: Die Terme aufstellen — Anzahl der Sticker von Sina: $x + 10$
3. Schritt: Die Gleichung aufstellen — $x + x + 10 = 60$
4. Schritt: Die Gleichung lösen —
$2x + 10 = 60 \quad | -10$
$2x = 50 \quad | :2$
$x = 25$
5. Schritt: Die Lösung überprüfen — Anzahl der Sticker von Cheyenne: 25
Anzahl der Sticker von Sina: $x + 10 = 25 + 10 = 35$
$25 + 35 = 60$
$60 = 60$ ✓
6. Schritt: Die Antwort formulieren — Cheyenne hat 25 Sticker. Sina hat 35 Sticker.

7 **a)**
1. Schritt: Die Variable festlegen — Alter von Mia: x
2. Schritt: Die Terme aufstellen — Alter von Chris: $x + 2$
Alter von Jan: $x + 2 + 4 = x + 6$
3. Schritt: Die Gleichung aufstellen — $x + x + 2 + x + 6 = 26$
4. Schritt: Die Gleichung lösen —
$3x + 8 = 26 \quad | -8$
$3x = 18 \quad | :3$
$x = 6$
5. Schritt: Die Lösung überprüfen — Alter von Mia: 6 Jahre
Alter von Chris: $x + 2 = 6 + 2 = 8$ Jahre
Alter von Jan: $x + 6 = 6 + 6 = 12$ Jahre
$6 + 8 + 12 = 26$
$26 = 26$ ✓
6. Schritt: Die Antwort formulieren — Mia ist 6 Jahre alt. Chris ist 8 Jahre alt. Jan ist 12 Jahre alt.

b) Ihr könnt auch das Alter von Chris oder das Alter von Jan als Variable festlegen.
Alter von Chris: x → Alter von Mia: $x - 2$; Alter von Jan: $x + 4$.
Alter von Jan: x → Alter von Mia: $x - 2 - 4 = x - 6$; Alter von Chris: $x - 4$.

8
1. Schritt: Die Variable festlegen — Gewicht der Känguru-Mama: x
2. Schritt: Die Terme aufstellen — Gewicht des kleinen Kängurus: $x - 25$
3. Schritt: Die Gleichung aufstellen — $x + x - 25 = 28$
4. Schritt: Die Gleichung lösen —
$2x - 25 = 28 \quad | +25$
$2x = 53 \quad | :2$
$x = 26{,}5$
5. Schritt: Die Lösung überprüfen — Gewicht der Känguru-Mama: 26,5 kg
Gewicht des kleinen Kängurus: $x - 25 = 26{,}5 - 25 = 1{,}5$ kg
26,5 kg + 1,5 kg = 28 kg ✓
6. Schritt: Die Antwort formulieren — Mama Känguru wiegt 26,5 kg, das kleine Känguru 1,5 kg.

9 Individuelle Lösungen

Seite 198 ▶ Üben — Sachaufgaben mit Gleichungen lösen

1 **a)** Tims Strecke: x; Ninas Strecke: $x + 200$
b) Gewicht von Edo: x; Gewicht von Natumi: $2 \cdot x$
c) Anzahl der Bonbons von Keno: x; Anzahl der Bonbons von Sofia: $3 \cdot x$

2 **a)** Victors Mutter: $x + 26$; Victors Bruder: $x - 4$
b) ① $x + x + 26 = 54$
② $x + x - 4 = 24$
③ $x + 26 + x - 4 = 50$
c) Nein. Dann stimmt die Gleichung nicht.

Seite 198 ▶ Üben ☒ Sachaufgaben mit Gleichungen lösen

2 ⇨ Fortsetzung

d) ①
$x + x + 26 = 54$
$2x + 26 = 54 \quad | -26$
$2x = 28 \quad | :2$
$x = 14$

②
$x + x - 4 = 24$
$2x - 4 = 24 \quad | +4$
$2x = 28 \quad | :2$
$x = 14$

③
$x + 26 + x - 4 = 50$
$2x + 22 = 50 \quad | -22$
$2x = 28 \quad | :2$
$x = 14$

Victor ist 14 Jahre alt. Seine Mutter ist $x + 26 = 14 + 26 = 40$ Jahre alt.
Sein Bruder ist $x - 4 = 14 - 4 = 10$ Jahre alt.

3 **a)**

1. Schritt: Variable festlegen	Alter von David: x
2. Schritt: Terme aufstellen	Alter der Mutter: x + 31
3. Schritt: Gleichung aufstellen	$x + x + 31 = 57$
4. Schritt: Gleichung lösen	$2x + 31 = 57 \quad | -31$ $2x = 26 \quad | :2$ $x = 13$
5. Schritt: Lösung überprüfen	Alter von David: 13 Jahre Alter der Mutter: $x + 31 = 13 + 31 = 44$ Jahre $13 + 44 = 57$ $57 = 57$ ✓
6. Schritt: Antwort formulieren	David ist 13 Jahre alt. Seine Mutter ist 44 Jahre alt.

b)

1. Schritt: Variable festlegen	Stimmen für Laura: x
2. Schritt: Terme aufstellen	Stimmen für Berat: x + 5
3. Schritt: Gleichung aufstellen	$x + x + 5 = 29$
4. Schritt: Gleichung lösen	$2x + 5 = 29 \quad | -5$ $2x = 24 \quad | :2$ $x = 12$
5. Schritt: Lösung überprüfen	Stimmen für Laura: 12 Stimmen für Berat: $x + 4 = 12 + 5 = 17$ $12 + 17 = 29$ $29 = 29$ ✓
6. Schritt: Antwort formulieren	Laura bekommt 12 Stimmen. Berat bekommt 17 Stimmen.

c)

1. Schritt: Variable festlegen	Körpergröße von Matheo: x
2. Schritt: Terme aufstellen	Körpergröße des Vaters: x + 30
3. Schritt: Gleichung aufstellen	$x + x + 30 = 330$
4. Schritt: Gleichung lösen	$2x + 30 = 330 \quad | -30$ $2x = 300 \quad | :2$ $x = 150$
5. Schritt: Lösung überprüfen	Körpergröße von Matheo: 150 cm Körpergröße des Vaters: $x + 30 = 150 + 30 = 180$ cm $150 + 180 = 330$ $330 = 330$ ✓
6. Schritt: Antwort formulieren	Matheo ist 150 cm groß. Sein Vater ist 180 cm groß.

4 Individuelle Lösungen

5 **a)** Das Wasser kostet 0,20 €, die Limonade 1,20 €. **b)** Ein Apfel kostet 0,25 €, die Chips 1,25 €.

6

1. Schritt: Variable festlegen	Taschengeld von Anita: x
2. Schritt: Terme aufstellen	Taschengeld von Ena: x + 5. Taschengeld von Jenny: x − 3
3. Schritt: Gleichung aufstellen	$x + x + 5 + x - 3 = 92$
4. Schritt: Gleichung lösen	$3x + 2 = 92 \quad | -2$ $3x = 90 \quad | :3$ $x = 30$
5. Schritt: Lösung überprüfen	Taschengeld von Anita: 30 € Taschengeld von Ena: $x + 5 = 30 + 5 = 35$ € Taschengeld von Jenny: $x - 3 = 30 - 3 = 27$ € $30 + 35 + 27 = 92$ $92 = 92$ ✓
6. Schritt: Antwort formulieren	Anita erhält 30 € Taschengeld. Ena erhält 35 € Taschengeld im Monat. Jenny erhält 27 € Taschengeld im Monat.

Seite 198 ▶ Üben ☒ Sachaufgaben mit Gleichungen lösen

7 a) 1. Schritt: Variable festlegen — **Alter von Marcel: x**

2. Schritt: Terme aufstellen — Alter der Mutter: $x + 29$. Alter des Vaters: $x + 31$

3. Schritt: Gleichung aufstellen — $x + x + 29 + x + 31 = 72$

4. Schritt: Gleichung lösen

$3x + 60 = 72 \quad | -60$

$3x = 12 \quad | :3$

$x = 4$

5. Schritt: Lösung überprüfen — Alter von Marcel: 4 Jahre

Alter der Mutter: $x + 29 = 4 + 29 = 33$ Jahre

Alter des Vaters: $x + 31 = 4 + 31 = 35$ Jahre

$4 + 33 + 35 = 72$

$72 = 72$ ✓

6. Schritt: Antwort formulieren — Marcel ist 4 Jahre alt. Seine Mutter ist 33 Jahre alt. Sein Vater ist 35 Jahre alt.

1. Schritt: Variable festlegen — **Alter des Vaters: x**

2. Schritt: Terme aufstellen — Alter von Marcel: $x - 31$

Alter der Mutter: $x - 31 + 29 = x - 2$

3. Schritt: Gleichung aufstellen — $x + x - 31 + x - 2 = 72$

4. Schritt: Gleichung lösen

$3x - 33 = 72 \quad | +33$

$3x = 105 \quad | :3$

$x = 35$

5. Schritt: Lösung überprüfen — Alter des Vaters: 35 Jahre

Alter von Marcel: $x - 31 = 35 - 31 = 4$ Jahre

Alter der Mutter: $x - 31 + 29 = x - 2 = 35 - 2 = 33$ Jahre

$35 + 4 + 33 = 72$

$72 = 72$ ✓

6. Schritt: Antwort formulieren — Der Vater ist 35 Jahre alt. Marcel ist 4 Jahre alt. Seine Mutter ist 33 Jahre alt.

1. Schritt: Variable festlegen — **Alter der Mutter: x**

2. Schritt: Terme aufstellen — Alter von Marcel: $x - 29$

Alter des Vaters: $x - 29 + 31 = x + 2$

3. Schritt: Gleichung aufstellen — $x + x - 29 + x + 2 = 72$

4. Schritt: Gleichung lösen

$3x - 27 = 72 \quad | +27$

$3x = 99 \quad | :3$

$x = 33$

5. Schritt: Lösung überprüfen — Alter der Mutter: 33 Jahre

Alter von Marcel: $x - 29 = 33 - 29 = 4$ Jahre

Alter des Vaters: $x - 29 + 31 = x + 2 = 33 + 2 = 35$ Jahre

$33 + 4 + 35 = 72$

$72 = 72$ ✓

6. Schritt: Antwort formulieren — Die Mutter ist 33 Jahre alt. Marcel ist 4 Jahre alt. Sein Vater ist 35 Jahre alt.

Die Antworten sind also immer gleich, die Lösungen für x aber jeweils unterschiedlich.

8 Individuelle Lösungen

Seite 199 ▶ Üben ☒ Sachaufgaben mit Gleichungen lösen

1 a) Alter von Tolgas Mutter: $x + 22$; Alter von Victor: $x - 3$

b) ① $x + x + 22 = 48$ ② $x + x - 3 = 23$ ③ $x + 22 + x - 3 = 45$

c) Nein. Dann stimmt die Gleichung nicht.

d) ① $x + x + 22 = 48$

$2x + 22 = 48 \quad | -22$

$2x = 26 \quad | :2$

$x = 13$

② $x + x - 3 = 23$

$2x - 3 = 23 \quad | +3$

$2x = 26 \quad | :2$

$x = 13$

③ $x + 22 + x - 3 = 45$

$2x + 19 = 45 \quad | -19$

$2x = 26 \quad | :2$

$x = 13$

Tolga ist 13 Jahre alt. Seine Mutter ist 35 Jahre alt. Victor ist 9 Jahre alt.

Seite 199 ▶ Üben ☒ — Sachaufgaben mit Gleichungen lösen

2 **a)**

1. Schritt: Variable festlegen	Alter von Samy: x
2. Schritt: Terme aufstellen	Alter des Opas: $x + 62$
3. Schritt: Gleichung aufstellen	$x + x + 62 = 96$
4. Schritt: Gleichung lösen	$2x + 62 = 96 \quad \mid -62$ $2x = 34 \quad \mid :2$ $x = 17$
5. Schritt: Lösung überprüfen	Alter von Samy: 17 Jahre Alter des Opas: $x + 62 = 17 + 62 = 79$ Jahre $17 + 79 = 96$ $96 = 96$ ✓
6. Schritt: Antwort formulieren	Samy ist 17 Jahre alt. Sein Opa ist 79 Jahre alt.

b)

1. Schritt: Variable festlegen	Noras Gespartes: x
2. Schritt: Terme aufstellen	Jonas' Gespartes: $x + 8$
3. Schritt: Gleichung aufstellen	$x + x + 8 = 60$
4. Schritt: Gleichung lösen	$2x + 8 = 60 \quad \mid -8$ $2x = 52 \quad \mid :2$ $x = 26$
5. Schritt: Lösung überprüfen	Noras Gespartes: 26 € Jonas' Gespartes: $x + 8 = 26 + 8 = 34$ € $26 + 34 = 60$ $60 = 60$ ✓
6. Schritt: Antwort formulieren	Nora hat 26 € gespart. Jonas hat 34 € gespart.

c)

1. Schritt: Variable festlegen	Länge der Seite a: x
2. Schritt: Terme aufstellen	Länge der Seite b: $x + 3$
3. Schritt: Gleichung aufstellen	$x + x + 3 + x + x + 3 = 22$
4. Schritt: Gleichung lösen	$4x + 6 = 22 \quad \mid -6$ $4x = 16 \quad \mid :4$ $x = 4$
5. Schritt: Lösung überprüfen	Länge der Seite a: 4 cm Länge der Seite b: $x + 3 = 4 + 3 = 7$ cm $4 + 7 + 4 + 7 = 22$ $22 = 22$ ✓
6. Schritt: Antwort formulieren	Die Seite a ist 4 cm lang. Die Seite b ist 7 cm lang.

d)

1. Schritt: Variable festlegen	Preis der Fahrkarte für den Bus: x
2. Schritt: Terme aufstellen	Preis der Fahrkarte für den ICE: $5 \cdot x$
3. Schritt: Gleichung aufstellen	$x + 5x = 18$
4. Schritt: Gleichung lösen	$6x = 18 \quad \mid :6$ $x = 3$
5. Schritt: Lösung überprüfen	Preis der Fahrkarte für den Bus: 3 € Preis der Fahrkarte für den ICE: $5 \cdot 3$ € $= 15$ € $3 + 5 \cdot 3 = 18$ $18 = 18$ ✓
6. Schritt: Antwort formulieren	Die Fahrkarte für den Bus kostet 3 €. Die Fahrkarte für den ICE kostet 15 €.

3 ① Ben → Tina → Mia

② Mia: x; Ben: $x - 7$; Tina: $x - 4$

$x + x - 7 + x - 4 = 46$
$3x - 11 = 46 \quad \mid +11$
$3x = 57 \quad \mid :3$
$x = 19$

Mia ist 19 Jahre alt.
Ben ist 12 Jahre alt.
Tina ist 15 Jahre alt.

③ Ja.

4 Individuelle Lösungen

Seite 199 ▶ Üben ☒ **Sachaufgaben mit Gleichungen lösen**

5

1. Schritt: Variable festlegen — Gewicht des Hahns: x
2. Schritt: Terme aufstellen — Gewicht des Hundes: x + 10; Gewicht der Katze: x + 4; Gewicht des Esels: x + 4 + 114 = x + 118
3. Schritt: Gleichung aufstellen — x + x + 10 + x + 4 + x + 118 = 140
4. Schritt: Gleichung lösen —
$$4x + 132 = 140 \quad | -132$$
$$4x = 8 \quad | :4$$
$$x = 2$$
5. Schritt: Lösung überprüfen — Gewicht des Hahns: 2 kg
Gewicht des Hundes: x + 10 = 2 + 10 = 12 kg
Gewicht der Katze: x + 4 = 2 + 4 = 6 kg
Gewicht des Esels: x + 118 = 2 + 118 = 120 kg
$$2 + 12 + 6 + 120 = 140$$
$$140 = 140 \checkmark$$
6. Schritt: Antwort formulieren — Der Hahn wiegt 2 kg. Der Hund wiegt 12 kg. Die Katze wiegt 6 kg. Der Esel wiegt 120 kg.

6 a)

1. Schritt: Variable festlegen — **Anzahl der Zähne eines Delfins: x**
2. Schritt: Terme aufstellen — Anzahl der Zähne eines Weißen Hais: x - 32
Anzahl der Zähne eines Gürteltiers: x - 32 - 116 = x - 148
3. Schritt: Gleichung aufstellen — x + x - 32 + x - 148 = 576
4. Schritt: Gleichung lösen —
$$3x - 180 = 576 \quad | +180$$
$$3x = 756 \quad | :3$$
$$x = 252$$
5. Schritt: Lösung überprüfen — Anzahl der Zähne eines Delfins: 252
Anzahl der Zähne eines Weißen Hais:
x - 32 = 252 - 32 = 220
Anzahl der Zähne eines Gürteltiers:
x - 148 = 252 - 148 = 104
$$252 + 220 + 104 = 576$$
$$576 = 576 \checkmark$$
6. Schritt: Antwort formulieren — Delfine haben 252 Zähne, Weiße Haie 220, Gürteltiere 104.

1. Schritt: Variable festlegen — **Anzahl der Zähne eines Weißen Hais: x**
2. Schritt: Terme aufstellen — Anzahl der Zähne eines Delfins: x + 32
Anzahl der Zähne eines Gürteltiers: x - 116
3. Schritt: Gleichung aufstellen — x + x + 32 + x - 116 = 576
4. Schritt: Gleichung lösen —
$$3x - 84 = 576 \quad | +84$$
$$3x = 660 \quad | :3$$
$$x = 220$$
5. Schritt: Lösung überprüfen — Anzahl der Zähne eines Weißen Hais: 220
Anzahl der Zähne eines Delfins: x + 32 = 220 + 32 = 252
Anzahl der Zähne eines Gürteltiers:
x - 116 = 220 - 116 = 104
$$220 + 252 + 104 = 576$$
$$576 = 576 \checkmark$$
6. Schritt: Antwort formulieren — Weiße Haie haben 220 Zähne, Delfine 252, Gürteltiere 104.

1. Schritt: Variable festlegen — **Anzahl der Zähne eines Gürteltiers: x**
2. Schritt: Terme aufstellen — Anzahl der Zähne eines Weißen Hais: x + 116
Anzahl der Zähne eines Delfins: x + 116 + 32 = x + 148
3. Schritt: Gleichung aufstellen — x + x + 116 + x + 148 = 576
4. Schritt: Gleichung lösen —
$$3x + 264 = 576 \quad | -264$$
$$3x = 312 \quad | :3$$
$$x = 104$$
5. Schritt: Lösung überprüfen — Anzahl der Zähne eines Gürteltiers: 104
Anzahl der Zähne eines Weißen Hais:
x + 116 = 104 + 116 = 220
Anzahl der Zähne eines Delfins: x + 148 = 104 + 148 = 252
$$104 + 220 + 252 = 576$$
$$576 = 576 \checkmark$$
6. Schritt: Antwort formulieren — Gürteltiere haben 104 Zähne, Weiße Haie 220, Delfine 252.

Seite 199 ► Üben ☒ Sachaufgaben mit Gleichungen lösen

6 ⇨ Fortsetzung

b) Die Antworten sind alle immer gleich, die Lösungen für x allerdings jeweils unterschiedlich.

7

1. Schritt: Variable festlegen	Volumen Kirschsaft: x
2. Schritt: Terme aufstellen	Volumen Apfelsaft: 2x Volumen Orangensaft: 2x – 25
3. Schritt: Gleichung aufstellen	$x + 2x + 2x - 25 = 500$
4. Schritt: Gleichung lösen	$5x - 25 = 500 \quad \| +25$ $5x = 525 \quad \| :5$ $x = 105$
5. Schritt: Lösung überprüfen	Volumen Kirschsaft: 105 ml Volumen Apfelsaft: $2 \cdot 105 = 210$ ml Volumen Orangensaft: $2 \cdot 105 - 25 = 185$ ml $105 + 210 + 185 = 500$ $500 = 500$ ✓
6. Schritt: Antwort formulieren	Die Menge des Kirschsaftes ist 105 ml. Die Menge des Apfelsaftes ist 210 ml. Die Menge des Orangensaftes ist 185 ml.

8

1. Schritt: Variable festlegen	Dauer erste Quest: x
2. Schritt: Terme aufstellen	Dauer zweite Quest: x + 30 Dauer dritte Quest: $x + 30 + 30 = x + 60$ (9 min = 540 s)
3. Schritt: Gleichung aufstellen	$x + x + 30 + x + 60 = 540$
4. Schritt: Gleichung lösen	$3x + 90 = 540 \quad \| -90$ $3x = 450 \quad \| :3$ $x = 150$
5. Schritt: Lösung überprüfen	Dauer erste Quest: 150 s Dauer zweite Quest: $x + 30 = 150 + 30 = 180$ s Dauer dritte Quest: $x + 60 = 150 + 60 = 210$ s $150 + 180 + 210 = 540$ $540 = 540$ ✓
6. Schritt: Antwort formulieren	Die erste Quest dauert 150 Sekunden. Die zweite Quest dauert 180 Sekunden. Die dritte Quest dauert 210 Sekunden.

9 Individuelle Lösungen

Seite 202 ► Methode Gleichungen lösen mit einer Tabellenkalkulation

1 Sandra: $1 \cdot 2 + 3 = 5$ €; Hakim: $5 \cdot 2 + 3 = 13$ €; Olga, Max und Kim: $12 \cdot 2 + 9 = 27$ €

2 Term: $1{,}50 \cdot x + 3$
Maja: $1{,}50 \cdot 4 + 3 = 9$ €; Sam: $1{,}50 \cdot 6 + 3 = 12$ €; Jakub: $1{,}50 \cdot 2 + 3 = 6$ €; Pia: $1{,}50 \cdot 5 + 3 = 10{,}50$ €

3 **a)** $x = 4$ **b)** $x = 8$ **c)** $x = 7$ **d)** $x = 9$

4 **a)** ① $x = 4$ ② $x = 8$ **b)** $x = 2{,}5$; keine ganze Zahl löst die Gleichung

Seite 203 ► Vermischte Übungen ☒ Terme und Gleichungen

1 **a)** $12 + 2 = 14$ **b)** $8 - 1 = 7$ **c)** $2 \cdot 6 = 12$ **d)** $3 \cdot 7 + 10 = 31$ **e)** $5 \cdot 3 - 3 = 12$ **f)** $3 + 8 \cdot 2 = 19$

2 **a)** $5 + 1 = 6$; $5 + 3 = 8$ **b)** $6 \cdot 1 = 6$; $6 \cdot 3 = 18$ **c)** $15 : 1 = 15$; $15 : 3 = 5$
d) $13 - 1 = 12$; $13 - 3 = 10$ **e)** $2 \cdot 1 + 3 = 5$; $2 \cdot 3 + 3 = 9$ **f)** $12 - 3 \cdot 1 = 9$; $12 - 3 \cdot 3 = 3$

Seite 203 ▶ Vermischte Übungen ☒ Terme und Gleichungen

3 **a)** $s + s + 2s + 5s + 3t + 4t = 9s + 7t$ **b)** $4e + 2e + 3f + 2f + 5f = 6e + 10f$
c) $5a - 3a + 2b + 3b - 4b = 2a + 1b = 2a + b$ **d)** $12x + 2x - 8x - 4y - 3y = 6x - 7y$

4 **a)** $6d + 3d + 2f = 9d + 2f$ **b)** $6d + 3e - 2d = 4d + 3e$
c) $6d - 3d - 2f = 3d - 2f$ **d)** $6d - 3e + 2d = 8d - 3e$

5 **a)** $100 \cdot x + 600$ **b)** $100 \cdot 20 + 600 = 2600$ € Die Gesamtkosten betragen 2600 €.

6 **a)** ① Zain: $x + 2$ ② Aila: $y - 2$ **b)** ① Zain: $x - 500$ ② Aila: $y + 500$

7 **a)** $x = 5$ **b)** $x = 3$ **c)** $x = 6$ **d)** $x = 11$ **e)** $x = 7$ **f)** $x = 8$

8 **a)** $x \cdot 4 + 12 = 44; x = 8$ **b)** $x + 2 = 26; x = 24$

9 **a)** $12 \cdot 2 + 8 \cdot 3 = 48$ Familie Coskun bezahlt insgesamt 48 € Eintritt.
b)
$$30 \cdot x + 24 = 204 \quad | -24$$
$$30x = 180 \quad | :30$$
$$x = 6$$
Eine Schülerin oder ein Schüler bezahlt 6 € Eintritt.

10
1. Schritt: Variable festlegen — Alter von Leon: x
2. Schritt: Terme aufstellen — Alter von Beni: $x - 2$; Alter von Jan: $x + 1$
3. Schritt: Gleichung aufstellen — $x + x - 2 + x + 1 = 41$
4. Schritt: Gleichung lösen —
$$3x - 1 = 41 \quad | +1$$
$$3x = 42 \quad | :3$$
$$x = 14$$
5. Schritt: Lösung überprüfen — Alter von Leon: 14 Jahre
Alter von Beni: $x - 2 = 14 - 2 = 12$ Jahre
Alter von Jan: $x + 1 = 14 + 1 = 15$ Jahre
$$14 + 12 + 15 = 41$$
$$41 = 41 \checkmark$$
6. Schritt: Antwort formulieren — Leon ist 14 Jahre alt. Beni ist 12 Jahre alt. Jan ist 15 Jahre alt.

11
1. Schritt: Variable festlegen — Gewonnene Runden von „Winner Duo“: x
2. Schritt: Terme aufstellen — Gewonnene Runden von „Super-Player“: $2 \cdot x$
3. Schritt: Gleichung aufstellen — $x + 2x = 60$
4. Schritt: Gleichung lösen —
$$3x = 60 \quad | :3$$
$$x = 20$$
5. Schritt: Lösung überprüfen — Gewonnene Runden von „Winner Duo“: 20
Runden von „Super-Player“: $2 \cdot x = 2 \cdot 20 = 40$
$$20 + 40 = 60$$
$$60 = 60 \checkmark$$
6. Schritt: Antwort formulieren — Das Team „Winner Duo“ gewinnt 20 Runden.
Das Team „Super-Player“ gewinnt 40 Runden.

Seite 204 ▶ Vermischte Übungen ☒ Terme und Gleichungen

1 **a)** $12 \cdot 7 + 3 = 87$ **b)** $6 \cdot 4 + 12 = 36$ **c)** $5 \cdot 0,5 - 2 = 0,5$ **d)** $14,2 - 3 \cdot 2,5 = 6,7$

2 **a)** $5k - k + 2l + 3l - l = \mathbf{4k + 4l}$
b) $2,5m - 0,5m + 3,5n + 1,5n - n - 1,5n = \mathbf{2m + 2,5n}$
c) $12x + 6x - 4 = \mathbf{18x - 4}$
d) $5y - 4x - 3y + 7x = 5y - 3y - 4x + 7x = \mathbf{3x + 2y}$
e) $15 + 11x - 16y - 11 + 8x - 7y = 15 - 11 + 11x + 8x - 16y - 7y = \mathbf{19x - 23y + 4}$
f) $33x - 9 - 6x + 22y + 5y - 7 = 33x - 6x - 9 - 7 + 22y + 5y = \mathbf{27x + 27y - 16}$
g) $1,5y - 6,25x + 8,5x - 0,5y = 1,5y - 0,5y - 6,25x + 8,5x = 1y + 2,25x = \mathbf{2,25x + y}$

Seite 204 ► Vermischte Übungen ☒ Terme und Gleichungen

3 a) $5 \cdot x + 150$ b) $4 + 1{,}50 \cdot x$

4 a) $90 + 30 \cdot x$ b) $90 + 30 \cdot 8 = 330$ Die Gesamtzeit beträgt 330 Sekunden.

5 a) Sonjas Pizza: x → Nikos Pizza: x - 3; Nikos Pizza: x → Sonjas Pizza: x + 3
b) Sonjas Sandwich: x → Nikos Sandwich: x + 50; Nikos Sandwich: x → Sonjas Sandwich: x - 50
c) Sonjas Schulweg: x → Nikos Schulweg: x + 15; Nikos Schulweg: x → Sonjas Schulweg: x - 15

6 a)
$$\begin{aligned} 2x + 1 &= 23 \quad &| -1 \\ 2x &= 22 \quad &| :2 \\ x &= 11 \\ 2 \cdot 11 + 1 &= 23 \\ 23 &= 23 \checkmark \end{aligned}$$

b)
$$\begin{aligned} 33 &= 15 + 3x \quad &| -15 \\ 18 &= 3x \quad &| :3 \\ 6 &= x \\ 33 &= 15 + 3 \cdot 6 \\ 33 &= 33 \checkmark \end{aligned}$$

c)
$$\begin{aligned} 7x - 29 &= 62 \quad &| +29 \\ 7x &= 91 \quad &| :7 \\ x &= 13 \\ 7 \cdot 13 - 29 &= 62 \\ 62 &= 62 \checkmark \end{aligned}$$

d)
$$\begin{aligned} 28 - 3x &= 16 \quad &| -28 \\ -3x &= -12 \quad &| :(-3) \\ x &= 4 \\ 28 - 3 \cdot 4 &= 16 \\ 16 &= 16 \checkmark \end{aligned}$$

7 a) $(3 + x) \cdot 7 = 49; x = 4$ b) $12 \cdot x = 55 + x; x = 5$

8 a) Grundpreis + Anzahl der km · 2 + Anzahl der Arbeitsstunden · 60 = Gesamtkosten
$25 + 15 \cdot 2 + 2 \cdot 60 = 175$ Die Gesamtkosten betragen 175 €.

b)
$$\begin{aligned} 25 + 12 \cdot 2 + \mathbf{x} \cdot 60 &= 229 \\ 25 + 24 + 60x &= 229 \\ 49 + 60x &= 229 \quad &| -49 \\ 60x &= 180 \quad &| :60 \\ x &= 3 \end{aligned}$$
Der Handwerker hat 3 Stunden gearbeitet.

c)
$$\begin{aligned} 25 + \mathbf{y} \cdot 2 + 1{,}5 \cdot 60 &= 139 \\ 25 + 2y + 90 &= 139 \\ 115 + 2y &= 139 \quad &| -115 \\ 2y &= 24 \quad &| :2 \\ y &= 12 \end{aligned}$$
Die Länge der Anfahrt beträgt 12 km.

9
1. Schritt: Variable festlegen — Gewicht des zweiten Erdmännchens: x
2. Schritt: Terme aufstellen — Gewicht des ersten Erdmännchens: x - 120; Gewicht des dritten Erdmännchens: x + 60
3. Schritt: Gleichung aufstellen — $x + x - 120 + x + 60 = 1590$
4. Schritt: Gleichung lösen
$$\begin{aligned} 3x - 60 &= 1590 \quad &| +60 \\ 3x &= 1650 \quad &| :3 \\ x &= 550 \end{aligned}$$
5. Schritt: Lösung überprüfen — Gewicht des ersten Erdmännchens:
$x - 120 = 550 - 120 = 430$ g
Gewicht des zweiten Erdmännchens: 550 g
Gewicht des dritten Erdmännchens:
$x + 60 = 550 + 60 = 610$ g
$550 + 430 + 610 = 1590$
$1590 = 1590 \checkmark$
6. Schritt: Antwort formulieren — Das erste Erdmännchen wiegt 430 g, das zweite Erdmännchen 550 g, das dritte Erdmännchen 610 g.

10
1. Schritt: Variable festlegen — Höhe der Birke: x
2. Schritt: Terme aufstellen — Höhe der Buche: x + 7. Höhe der Eiche: x + 7 + 5 = x + 12
3. Schritt: Gleichung aufstellen — $x + x + 7 + x + 12 = 88$
4. Schritt: Gleichung lösen
$$\begin{aligned} 3x + 19 &= 88 \quad &| -19 \\ 3x &= 69 \quad &| :3 \\ x &= 23 \end{aligned}$$
5. Schritt: Lösung überprüfen — Höhe der Birke: 23 m
Höhe der Buche: $x + 7 = 23 + 7 = 30$ m
Höhe der Eiche: $x + 12 = 23 + 12 = 35$ m
$23 + 30 + 35 = 88$
$88 = 88 \checkmark$
6. Schritt: Antwort formulieren — Die Birke ist 23 m hoch, die Buche 30 m, die Eiche 35 m.

Seite 205 ▶ Vermischte Übungen ☒ Terme und Gleichungen

1 a) $6 \cdot 4 + 21 = 24 + 21 = \mathbf{45}$
b) $(6 + 4) \cdot 3 + 7 = 10 \cdot 3 + 7 = 30 + 7 = \mathbf{37}$
c) $6 \cdot (4 + 3) \cdot 7 = 6 \cdot 7 \cdot 7 = \mathbf{294}$
d) $6 + (-4 - 3) \cdot 7 = 6 - 7 \cdot 7 = 6 - 49 = \mathbf{-43}$

2 a) $24y - 9 - 5x + 3y + 12x - 17 + 6x - 2 + 6y$
$= 24y + 3y + 6y - 9 - 17 - 2 - 5x + 12x + 6x$
$= \mathbf{13x + 33y - 28}$

b) $76 + 2x + 45 - 7x + 43y - 31x + 15y - 11$
$= 76 + 45 - 11 + 2x - 7x - 31x + 43y + 15y$
$= \mathbf{-36x + 58y + 110}$

3 a) Er hat Variable und Zahl addiert. Korrektur: $4b + 3$ lässt sich nicht weiter vereinfachen.
b) Er hat die Variable vom Koeffizienten subtrahiert. Korrektur: $8c - c = \mathbf{7c}$
c) Er hat verschiedene Variablen zusammengefasst. Korrektur: $3e + 2e + 4g = \mathbf{5e + 4g}$
d) Im Ergebnis fehlt das Vorzeichen. Korrektur: $f - 9f = \mathbf{-8f}$

4 ① Tjerko: x; Jan: x – 3 (3 Jahre jünger); Lena: x : 2 (halb so alt) Term: $x + x - 3 + x : 2 = 2{,}5x - 3$
② Lena: x; Tjerko: 2x; Jan: 2x – 3 Term: $x + 2x + 2x - 3 = 5x - 3$

5 a) $0{,}70t + 0{,}90n + 1{,}80s$

b) $0{,}70 \cdot 8 + 0{,}90 \cdot 6 + 1{,}80 \cdot 1$
$= 5{,}60 + 5{,}40 + 1{,}80 = 12{,}80$
Der Preis für den Strauß beträgt 12,80 €.

c) Beispiele: 3 Tulpen (2,10 €), 1 Narzisse (0,90 €)
und 1 Sonnenblume (1,80 €) = 4,80 €
oder 2 Tulpen (1,40 €), 2 Narzissen (1,80 €)
und 1 Sonnenblume (1,80 €) = 5 €
oder 1 Tulpe (0,70 €), 1 Narzisse (0,90 €)
und 1 Sonnenblume (1,80 €) = 3,40 €

d) $0{,}70 \cdot t + 5 \cdot 0{,}90 + 3 \cdot 1{,}80 = 12{,}70$
$0{,}70t + 4{,}50 + 5{,}40 = 12{,}70$
$0{,}70t + 9{,}90 = 12{,}70 \quad | -9{,}90$
$0{,}70t = 2{,}80 \quad | : 0{,}70$
$t = 4$
Soraya hat 4 Tulpen gepflückt.

6 Individuelle Lösungen
a) $4 \cdot 10 + 3 \cdot 7 = 40 + 21 = \mathbf{61}$
b) $3 \cdot 5 + 5 \cdot 6 + 10 = 15 + 30 + 10 = \mathbf{55}$
c) $15 - 2 \cdot 5 = 15 - 10 = \mathbf{5}$

7 Beispiele: $4x + y$; $2x + 2y$; $x + 2{,}5y$; $5x + 0{,}5y$

8 a) $5x + 64 = 124 \quad | -64$
$5x = 60 \quad | : 5$
$x = 12$

b) $7x - 220 = -115 \quad | +220$
$7x = 105 \quad | : 7$
$x = 15$

c) $75 = 24x + 3 \quad | -3$
$72 = 24x \quad | : 24$
$3 = x$

d) $12x + 40 = 16 \quad | -40$
$12x = -24 \quad | : 12$
$x = -2$

9 Sonja subtrahiert erst die Zahl (– 4) und dividiert dann durch den Koeffizienten (: 2).
Manuel dividiert erst durch den Koeffizienten (: 2). Dann subtrahiert er die Zahl (4 : 2 = 2).

10 a) $x + x + 1 + x + 2 = 54$
$3x + 3 = 54 \quad | -3$
$3x = 51 \quad | : 3$
$x = 17$
Die Zahlen sind 17, 18 und 19.

b) Die Zahlen sind 9, 10 und 11:
$9 \cdot 10 \cdot 11 = 990$

11 1. Schritt: Variable festlegen — Länge der ersten Teilstrecke: x
2. Schritt: Terme aufstellen — Länge der zweiten Teilstrecke: 2x; Länge der dritten Teilstrecke: 2x + 2
3. Schritt: Gleichung aufstellen — $x + 2x + 2x + 2 = 32$
4. Schritt: Gleichung lösen —
$5x + 2 = 32 \quad | -2$
$5x = 30 \quad | : 5$
$x = 6$

Seite 205 ► Vermischte Übungen ☒ — Terme und Gleichungen

11 ⇨ Fortsetzung

5. Schritt: Lösung überprüfen
Länge der ersten Teilstrecke: 6 km
Länge der zweiten Teilstrecke: $2x = 2 \cdot 6 = 12$ km
Länge der dritten Teilstrecke: $2x + 2 = 2 \cdot 6 + 2 = 14$ km
$6 + 12 + 14 = 32$
$32 = 32$ ✓

6. Schritt: Antwort formulieren
Die erste Teilstrecke ist 6 km lang.
Die zweite Teilstrecke ist 12 km lang.
Die dritte Teilstrecke ist 14 km lang.

12 1. Schritt: Variable festlegen
Taschengeld im Monat: x

2. Schritt: Terme aufstellen
Sparbetrag im Monat: 0,5x
Sparbetrag in 5 Monaten: $5 \cdot 0{,}5x = 2{,}5x$
Kosten der VR-Brille: $2{,}5x + 20$

3. Schritt: Gleichung aufstellen
$2{,}5x + 20 = 70$

4. Schritt: Gleichung lösen
$2{,}5x + 20 = 70 \quad | -20$
$2{,}5x = 50 \quad | :2{,}5$
$x = 20$

5. Schritt: Lösung überprüfen
Taschengeld im Monat: 20 €
Sparbetrag im Monat: $0{,}5x = 0{,}5 \cdot 20 = 10$ €
Sparbetrag in 5 Monaten: $5 \cdot 10 = 50$ €
Kosten der VR-Brille: $50 + 20 = 70$ €
$2{,}5 \cdot 20 + 20 = 70$
$70 = 70$ ✓

6. Schritt: Antwort formulieren
Anja erhält 20 € Taschengeld im Monat.

13 1. Schritt: Variable festlegen
Schülerinnen und Schüler mit dem Fahrrad: x

2. Schritt: Terme aufstellen
Schülerinnen und Schüler mit dem Bus: 3x
Schülerinnen und Schüler zu Fuß: $3x - 75$
Schülerinnen und Schüler insgesamt: $x + 3x + 3x - 75 + 15$

3. Schritt: Gleichung aufstellen
$7x - 60 = 780$

4. Schritt: Gleichung lösen
$7x - 60 = 780 \quad | +60$
$7x = 840 \quad | :7$
$x = 120$

5. Schritt: Lösung überprüfen
Schülerinnen und Schüler mit dem Fahrrad: 120
Schülerinnen und Schüler mit dem Bus: $3x = 3 \cdot 120 = 360$
Schülerinnen und Schüler zu Fuß:
$3x - 75 = 3 \cdot 120 - 75 = 285$
$120 + 360 + 285 + 15 = 780$
$780 = 780$ ✓

6. Schritt: Antwort formulieren
285 Schülerinnen und Schüler kommen zu Fuß.
360 Schülerinnen und Schüler kommen mit dem Bus.
120 Schülerinnen und Schüler kommen mit dem Fahrrad.

Seite 206 ► Tieftauchen — Familienausflug mit Freunden

A $6k + 4e$

a) $6 \cdot 5 + 4 \cdot 8 = 30 + 32 = \mathbf{62}$ — Familie Stern bezahlt 62 € für den Eintritt.

b) Es kommen zwei Kinder dazu: $6k + 4e + 2k = \mathbf{8k + 4e}$
Familie Stern bezahlt dann 72 € für den Eintritt.

B $45 + 12 \cdot 2 = 45 + 24 = \mathbf{69}$ — Familie Stern bezahlt insgesamt 69 €.

Seite 206 ▶ Tieftauchen **Familienausflug mit Freunden**

C x: Alter von Melanie; **x – 1**: Alter von Maja; x – 2: Alter von Rita;

Gleichung aufstellen: $x + x - 1 + x - 2 = 33$

Gleichung lösen:

$$\begin{aligned} 3x - 3 &= 33 \quad &|+3 \\ 3x &= 36 \quad &|:3 \\ x &= 12 \end{aligned}$$

Antwort: Melanie ist 12 Jahre alt, Maja ist 11 und Rita ist 10.

D **a)** Florian: $46 - 3 \cdot 8 + 2 \cdot 8$
Adrian: $76 + 3 \cdot 8 - 2 \cdot 8$

b) Florian: $46 - 3 \cdot 8 + 2 \cdot 8 = 46 - 24 + 16 = 38$
Adrian: $76 + 3 \cdot 8 - 2 \cdot 8 = 76 + 24 - 16 = 84$

E Anzahl der Rehe + Anzahl der Gänse = Gesamtzahl

$$\begin{aligned} x + 2 \cdot x &= 18 \\ 3x &= 18 \quad &|:3 \\ x &= 6 \end{aligned}$$

Im Gehege sind 6 Rehe und 12 Gänse.

F

1. Schritt: Variable festlegen — Anzahl der Möhren pro Hase: x
2. Schritt: Terme aufstellen — Anzahl der Möhren für das Kaninchen: x – 2
3. Schritt: Gleichung aufstellen — $13x + x - 2 = 54$
4. Schritt: Gleichung lösen

$$\begin{aligned} 14x - 2 &= 54 \quad &|+2 \\ 14x &= 56 \quad &|:14 \\ x &= 4 \end{aligned}$$

5. Schritt: Lösung überprüfen — Anzahl der Möhren pro Hase: 4
Anzahl der Möhren für das Kaninchen: $x - 2 = 4 - 2 = 2$

$$\begin{aligned} 13 \cdot 4 + 2 &= 54 \\ 54 &= 54 \checkmark \end{aligned}$$

6. Schritt: Antwort formulieren — Jeder Hase hat 4 Möhren bekommen.
Das Kaninchen hat 2 Möhren bekommen.